U0233165

BRAUN

Fifty Years of Design and Innovation

博朗设计

[德] 伯恩德·波尔斯特 著
(Bernd Polster)
杜涵 译

浙江人民出版社
ZHEJIANG PEOPLE'S PUBLISHING HOUSE

图书在版编目（CIP）数据

博朗设计 /（德）伯恩德 · 波尔斯特著；杜涵译 . 一杭州：浙江人民出版社，2018.7
书名原文：BRAUN-Fifty Years of Design and Innovation
ISBN 978-7-213-08810-0

Ⅰ . ①博… Ⅱ . ①伯… ②杜… Ⅲ . ①工业设计－作品集－德国－现代 Ⅳ . ① TB47

中国版本图书馆 CIP 数据核字（2018）第 133965 号

浙江省版权局著作权合同登记章图字：11-2018-262

上架指导：设计

本书法律顾问　北京市盈科律师事务所　崔爽律师　张雅琴律师

BRAUN-Fifty Years of Design and Innovation
Copyright © 2009 Edition Axel Menges, Stuttgart / London
Chinese translation published by arrangement with Edition Axel Menges GmbH through Lei Ren, Media/Publishing Consultant.
All rights reserved.

本书中文简体字版由 Edition Axel Menges GmbH 授权在中华人民共和国境内独家出版发行。
未经出版者书面许可，不得以任何方式抄袭、复制或节录本书中的任何部分。

版权所有，侵权必究。

博朗设计

［德］伯恩德 · 波尔斯特　著
杜涵　译

出版发行：浙江人民出版社（杭州体育场路 347 号　邮编　310006）
　　　　　市场部电话：（0571）85061682　85176516
集团网址：浙江出版联合集团　http: //www.zjcb.com
责任编辑：方程
责任校对：俞建英　张志疆
印　　刷：北京雅昌艺术印刷有限公司
开　　本：787mm × 1092 mm　1/24　　印　　张：21.25
字　　数：400 千字　　插　　页：2
版　　次：2018 年 7 月第 1 版　　印　　次：2018 年 7 月第 1 次印刷
书　　号：ISBN 978-7-213-08810-0
定　　价：259.00 元

如发现印装质量问题，影响阅读，请与市场部联系调换。

关于本书

本书采用通俗易懂的文字来讲述博朗的故事，每位读者都可以通过博朗的设计形成自己对设计的理解。

本书包含以下几部分内容：

1 **“细节设计”**，用细致的特写镜头展现出博朗在历史上和现阶段最具代表性的产品。

2 **“博朗设计史”**，列举了博朗历史上的主要人物，阐释了博朗设计背后的理念，回顾了从 20 世纪 50 年代至今，博朗的设计哲学，以及博朗追求创新的历程。

3 本书主体部分由对 8 条**“产品线”**的介绍组成，针对每条产品线的开发历程进行了概括性的介绍和描述。

4 详细描述了每一条产品线的关键产品，即**“里程碑产品”**，并把它们放置在博朗设计史和一般产品发展史的背景下阐释。

5 在长长的**“图片系列”**中，高清图片辅以简单的文字描述，清晰地勾勒出产品线的发展历程。

6 附录中的**“产品清单”**列举了博朗的所有产品，并标注出了产品图片位于书中的页码。

7 **“人物小传”**为读者展示了博朗设计背后的主要人物。

ABK 30 壁挂钟
设计：迪特里希 · 卢布斯（Dietrich Lubs） 1982 年

目录

9 设计之旅
12 细节设计
29 博朗设计史

69 娱乐电子产品
173 摄像和电影器材
207 钟表和袖珍计算器
245 打火机和手电筒
263 电动剃须刀
301 身体护理电器
343 口腔护理电器
371 家用电器

457 产品清单

500 博朗设计 · 人物小传
504 致谢

HF 1 电视机
设计：汉斯 · 古杰洛特（Hans Gujerot）　1955 年

HL 1 / 11 台式鼓风机
设计：莱因霍尔德 · 韦斯（Reinhold Weiss） 1961 年

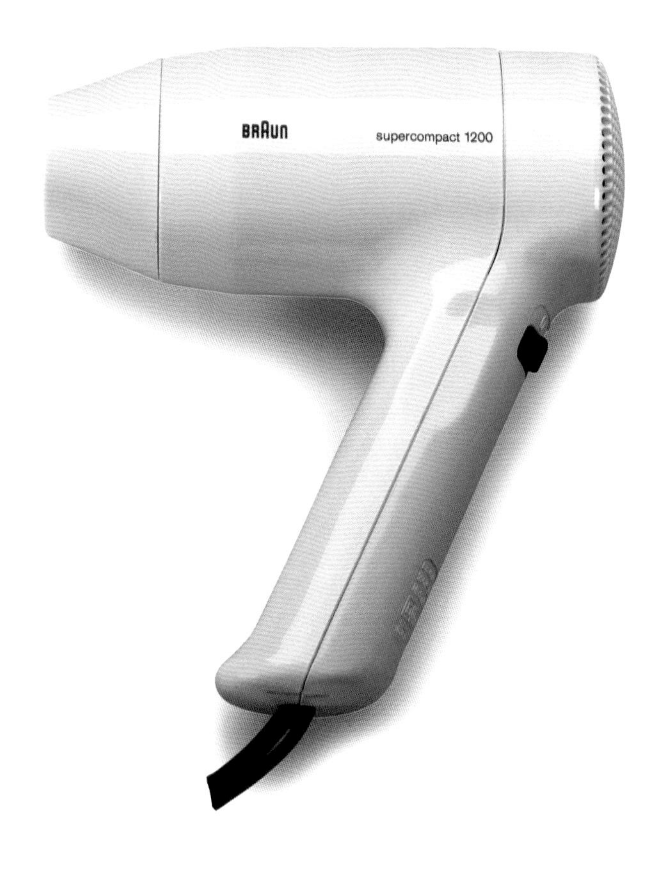

PGS / PGC 1200 吹风机
设计：海因茨 · 乌尔里克 · 哈泽（Heinz Ulrich Haase） 1982 年

PC 3-SV 电唱机
设计：威廉 · 瓦根费尔德（Wilhelm Wagenfeld）/
迪特 · 拉姆斯（Dieter Rams）/ 格尔德 · 艾尔弗雷德 · 马勒
（Gred Alfred Müller） 1959 年

ET 88 袖珍计算器
设计：迪特里希 · 卢布斯　1991 年

AB 20 / 20 tb 台式闹钟
设计：迪特 · 拉姆斯 / 迪特里希 · 卢布斯　1975 年

Flex control 4550 universal cc 电动剃须刀
设计：罗兰 · 厄尔曼（Roland Ullmann） 1991 年

S 8 T Nizo 胶片摄影机
设计：罗伯特 · 奥伯黑姆（Robert Oberheim） 1965 年

CSV 12 功率放大器
设计：迪特 · 拉姆斯 1966 年

设计之旅

我第一次接触到的博朗产品是一台电唱机。那是在 1969 年，我和同学举办了一场家庭聚会，那位同学的父亲是一名建筑师。我当时用那台电唱机循环播放着《站起来》（*Stand Up*），这首歌是杰思罗・塔尔乐队（Jethro Tull）最新唱片中的一首歌，我一遍一遍地反复听，完全停不下来。而在同一年，我们的艺术老师在幻灯片上做了一次主题为“卓越设计”的演讲，毫无疑问，他是个博朗迷。他的洞察力在我这里生根发芽，正是在这样一群“自由思想者”的引领下，我更加崇尚简约。不仅如此，就连没能为我们解释清楚“电子原理”的高中物理老师，也用着博朗的电子设备。而我直到大学，才有能力购买第一件属于自己的博朗产品——一个型号为 *370 BVC* 的闪存。

尽管我不是博朗的铁杆粉丝，博朗产品却一直悄然地伴随着我人生的每一个阶段，伴我一起成长。最近，我在看一场演出时才猛然发现，博朗已经深深地融入我们的日常生活中。演出一开始，黑暗的舞台上响起“哔哔”作响的闹钟声，毫无疑问，这是非常经典的博朗闹钟的声音，一种每个人都可以识别的声音标识。在游走世界的旅途中，博朗的闹钟一直陪伴着我。从一开始我就十分欣赏博朗的声控技术，因为它代表了在叫醒人类这件事上向人性化迈出的重要一步。当我的儿子在 4 岁就发现这个功能时，我突然意识到它还有如此有趣的一面。是的，我现在已经在用第三个博朗剃须刀了，它就在浴室里“随时待命”。

我与博朗公司的第一次私人接触是在 2002 年，那时我已经出版了几

KMM 2 Aromatic 咖啡研磨机
设计：迪特 · 拉姆斯 1969 年

本关于设计的著作，同时在做一个关于功能主义的广播节目：《迪特·拉姆斯》（*Dieter Rams*）。其间，我向世界上最了解博朗产品历史的专家乔·克拉特（Jo Klatt）学习了大量专业知识。[1] 更重要的是，在研究过程中，我拜访了博朗公司设计部，并结识了他们当时的设计总监彼得·施耐德（Peter Schneider）。萌生出版这本书的想法后，我们一起花了两年时间，愉快地从头至尾梳理出博朗的设计历程。

和想象不同的是，这个如此闻名的设计部并没有把他们的设计思路作为核心机密保护起来。现代产品设计是一个不断探索的过程，在这样一个创造性的过程中，结果取决于它的参与者——设计师的独特个性、实力和他们为团队带来的特殊资质。同样重要的还有在设计过程中与其他部门的交流，如与研发、生产和市场等部门的交流。博朗公司在最初就已经意识到，这种跨部门交流帮助设计师积累下的经验，或许才是他们成功的真正秘诀。

令我颇感惊讶的是，设计师们在进行采访时的喜悦和热情。这可能是因为他们中的大多数从未被如此认真地提问过：他们所做的到底是什么？博朗设计的意义在这里第一次被呈现在特写镜头下，并进行着深刻的剖析。同时，本书也揭示了博朗的一种尝试：在“设计”这样一个始终着眼于明天和未来的行业里，既要勇于颠覆传统，又要与过去保持些许平衡和联系。

1 乔·克拉特和格特·斯塔夫勒（GÜnter Staeffler）的成就尤其值得在此提及。1990年，他们出版了《博朗+设计精选》（*Braun + Design Collection*）一书，该书于1995年再版。此书得到以克劳斯·科巴格（Claus C. Cobarg）和迪特·拉姆斯教授为主的博朗员工的鼎力协助。两位作者系统地追溯了博朗产品在1955—1995年间的发展。我们要感谢他们开拓性的努力，才使博朗产品第一次有了全面、综合性的概述。

细节设计

改良后的收音机。合理的尺寸控制，被合理地安排在一个同样合理的造型里。自从乌尔姆设计学院（Ulm Academy of Design）执掌博朗收音机的设计主导权以后，理性精神获胜。源于乌尔姆设计原则，新的留声机设备开创了现代产品设计的先河。

exporter 2 便携式接收机　设计：乌尔姆设计学院　1956 年

520
600
700
800
900
MW
1000
1100
1200
1400
1600
140
150
160
180
200
220
240
260
280
LW

转换器。博朗一次又一次地成功构建了包豪斯（Banhans）的假设，却极少将其产品化。不过，在电影胶片相机领域，博朗创建的产品风格引发了整个行业的追随。其配色方案非常具有开创性：黑色和银色的搭配显得十分完美、高贵且优雅。

Nizo S 480 电影胶片摄影机　设计：罗伯特·奥伯黑姆　1970 年

autom.
manual
18
54
24
54

紧凑的艺术。当技术构件已经无法获取更多空间，但更多的功能需要被集成到日益紧凑的小型家电产品中的时候，设计师就显得尤为重要了。博朗第一款电波闹钟，无疑采用了引人注目的形式，成为一个实现小型化产品的成功案例。

DB 10 sl 电波闹钟　设计：迪特里希 · 卢布斯　1991 年

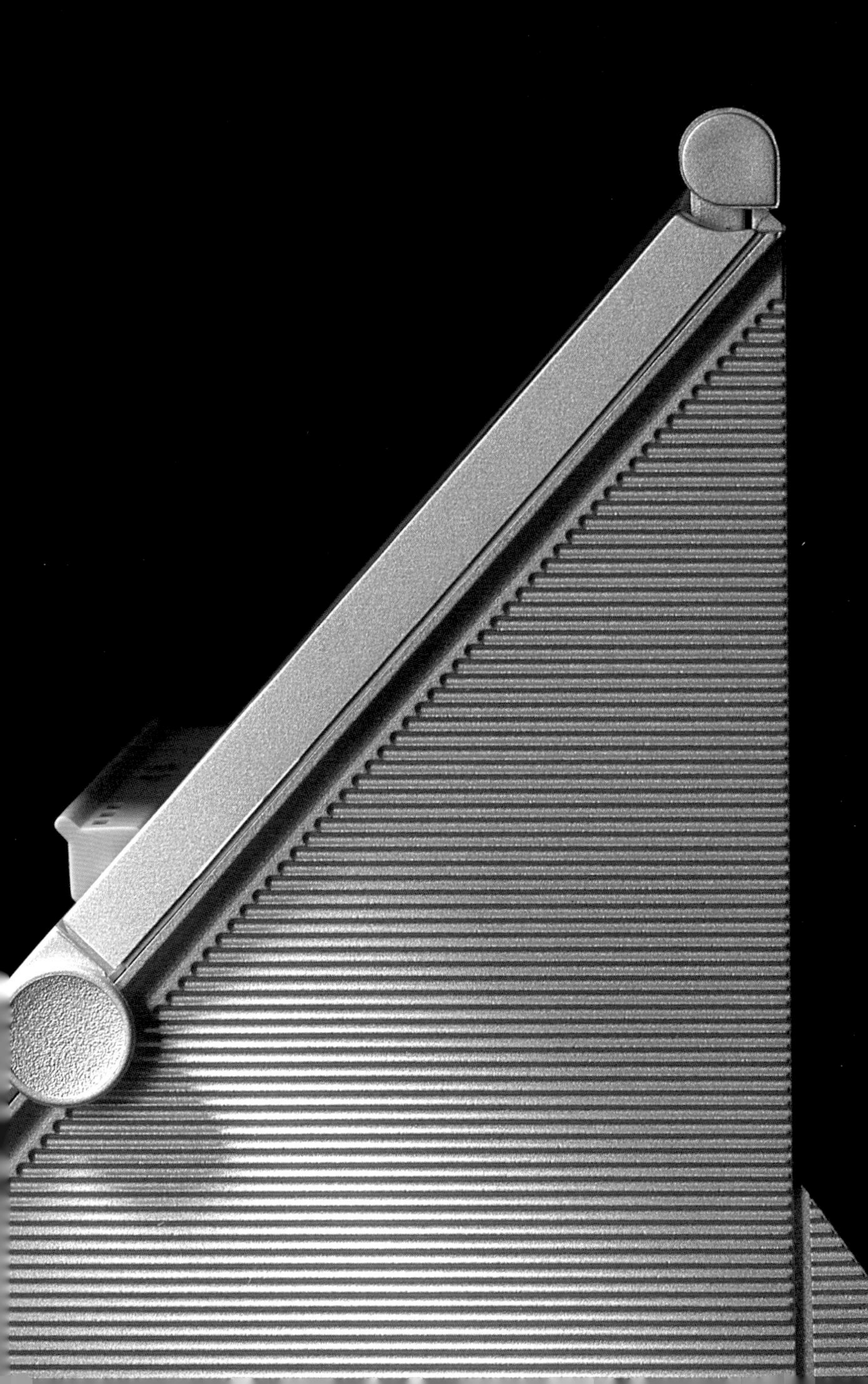

以人为本的极简主义。首要的问题是，我们的真实需求是什么。答案是，关注核心要素，去掉多余的鲜少使用的功能，以及让按键凸起。自此，博朗改变了我们对袖珍计算器的传统认知。

ET 33 袖珍计算器 设计：迪特里希·卢布斯、迪特·拉姆斯、路德维希·利特曼（Ludwig Littmann） 1977 年

Δ%
M+
M–
MR
MC
+/–
√
7
8
9
%
4
5
6
÷
CE
1
2
3
×
–
=
+

首次问世。20 世纪 60 年代是一个动荡的年代。博朗董事会成立了一个专门部门负责开发新产品。智囊团的第一个点子是一款电磁点火的台式打火机，采用可以立在狭窄边缘的扁平块状造型，外壳表面点缀着精细勾勒出的网状纹理。

TFG 1 台式打火机　设计：莱因霍尔德 · 韦斯　1966 年

设计的演变。在博朗所有的产品线中，电动剃须刀最能体现出博朗设计哲学的传承。自始至终它都沿着优化握持的方式和体验发展，同时增加了各种附加功能，例如刀头可以灵活地适配每一种曲面，手柄的起伏和凹凸也一直在被持续改进着。

Syncro 电动剃须刀　设计：罗兰 · 厄尔曼　2001 年

最后一毫米的设计细节。旋转刷毛的有效性体现在新式的圆形刷头设计中。与其他产品相比，这款口腔护理产品的创新点并没有那么明显，它在人体工程学设计上进行了一些优化，增加了手柄的握持感，并将刷头的结构做了部分倒角处理，从而不会伤害到牙龈。

D 17.525 3D Excel 电动牙刷　设计：彼得 · 哈特维恩（Peter Hartwein）　2001 年

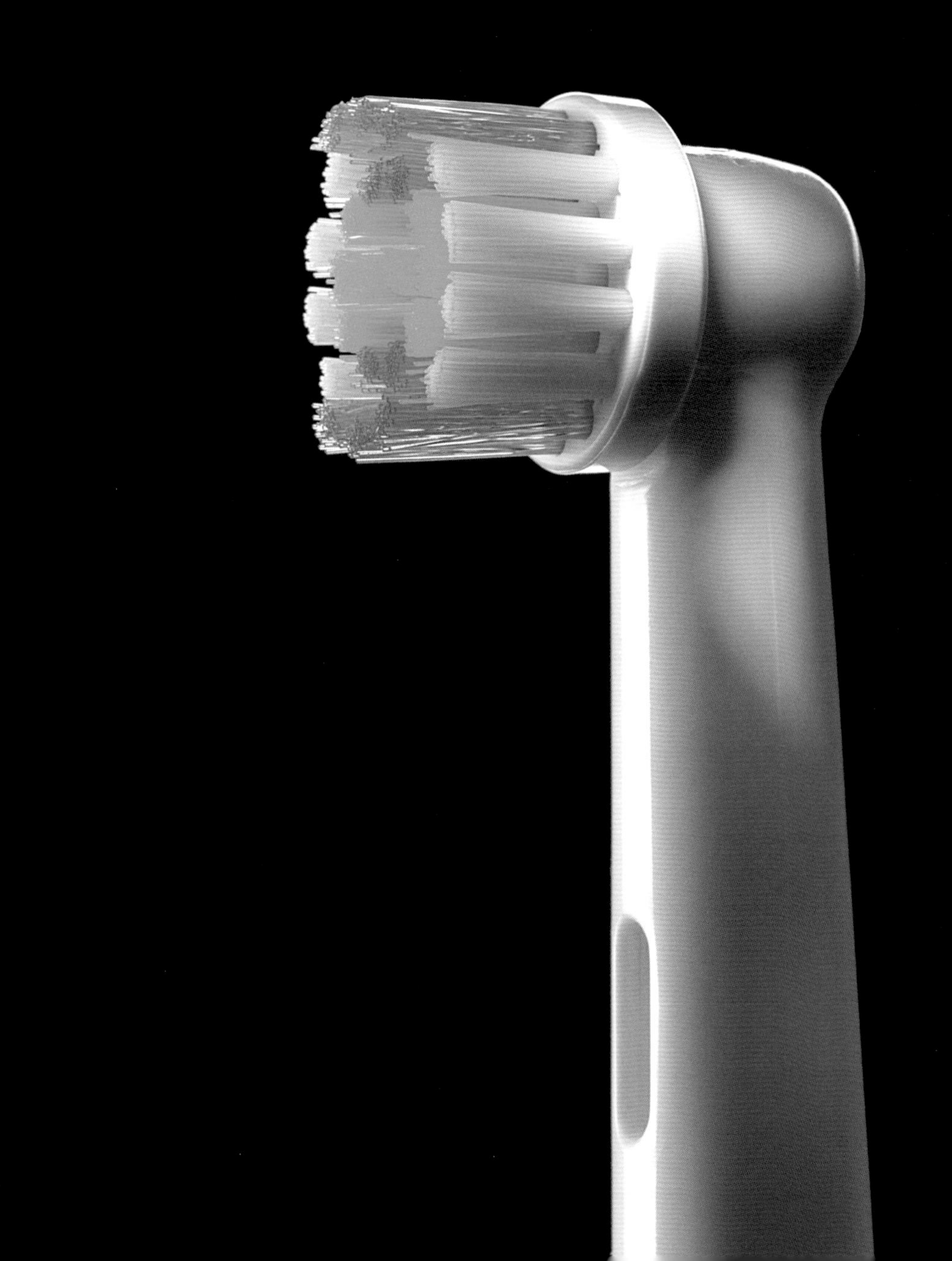

新的维度。这台手持搅拌机的底部像极了裙褶或是花朵。这得益于现代图形技术的发展，强大的三维建模软件使设计师们可以更自如地创建复杂模型。这种流线形设计既好看又实用：裙褶式的底端可以使搅拌机在立置的时候不容易被碰倒，在搅拌时也可以有效防止液体飞溅。

MR 5000 手持搅拌机　设计：路德维希 · 利特曼　2001 年

博朗设计史

崛起：1921—1951 年

与其他同类型公司相比，博朗产品更频繁地出现在各种展会上。有些人认为博朗产品体现了基本的人类价值观，比如可靠和正直。对另一些人来说，它们简直是德国完美主义的化身。博朗不仅仅是一个商标，它代表的是一种无所不能的概念。在过去的 50 年里，这个概念催生出大量具有空前规则性的创新产品，这一点很难解释，尤其是博朗设计史跨越的时代，并不是一个以连续性为特征的时代。20 世纪下半叶，人们的生活条件发生了显而易见的巨大变化。人们的日常生活在变得繁荣和更加便捷的同时，心中也蔓延着随之而来的迷惘和疏离感。而博朗设计的崛起，逐渐帮助人们抵消了这种疏离感。博朗的目标不仅仅是改善不佳的日用产品设计，还带着变革整个设计行业的愿景。很明显，他们已经有了沿着这一愿景进行的尝试。[1] 由一家商业企业率先领导这场运动令人惊叹。不仅如此，新的系统性的方法也被博朗创造出来，将设计原则应用在现代产品上并赋予其动态的创新，从而造就了博朗的成功。事实上，博朗设计获

1 英国工艺品运动的先驱主要包括威廉 · 莫里斯（William Morris），以及深受其影响的德国工业同盟和包豪斯学校，然而在后者中，“design”这个英语术语并未被使用，就像博朗设计前 20 年也没有提到一样。起初，通用的是“Formgestaltung”（成形的形式），不久后又采用“Produktgestaltung”（产品成型）。参考资料：① *Design International*：Bernd Polster（ed.），*Dumont Handbuch Design International*，Cologne 2003，pp. 6-12. ② Notes 7 and 59.

图示：博朗设计部，后为迪特 · 拉姆斯，左为罗伯特 · 奥伯黑姆，右为迪特里希 · 卢布斯，1965 年

得的巨大的商业成功，同样也为我们带来了某种启示，这一切都促使博朗创建了自己的设计部门，它不单单是一个附属部门或者支持部门，更是一个活跃的决策部门，并且贯穿产品从概念到产品化的整个开发阶段。这也是博朗成为“设计”代名词的原因。

在 20 世纪 50 年代初，还没有任何迹象显示出这一惊人的轨迹。1951 年马克斯・布劳恩（Max Braun）的意外去世显然不仅仅是个人的悲剧，更是商业世界的巨大损失。这位公司创始人在德国柏林生活了很长一段时间，从熟练技工到工厂老板的成长过程中，他是一个强大的、富有魅力的、不可取代的人。他体现出的那种兼具发明家和创业家的气质，在当时的德国十分少见。在那个时代，这个自制力超强的男人已经通过夜校获得了电子工程和英语方面的技能。同时，布劳恩也是一个身材健硕、有着普鲁士式严谨的不安分的人。博朗公司的崛起，是建立在他对创意想法的不断实践的基础上，包括易于操作的皮带扣[2]、机械控制的手电筒，以及此后在全球范围内大获成功的产品——带剪切刀片的电动剃须刀。

2 该公司销售成功的第一款产品是小型订书机式的工具，它可以使车间和工厂加入驱动带。

博朗的起源要追溯到 20 世纪 20 年代。当时是无线电还处于国家生产和管制的时代，布劳恩在刚刚兴起的无线电行业成功地站稳了脚跟，这依赖于他自己研发的探测器和其他组件。布劳恩出生于东普鲁士，娶了一位出生在赫塞尔，后移居此地的姑娘为妻。他们先搬到威斯巴登，然后移居至法兰克福。这对夫妇很快就有了自己的两个儿子：欧文和阿图尔。

那时的妇女们正在进行一场革命，她们纷纷剪掉老式的长辫子，取而代之的是运动、时髦的童花头。在 20 世纪 20 年代的后半期，当经济引擎逐渐准备就绪的时候，美国“查尔斯顿的节奏”开始把唱片和收音机

图示：

左上图：“摇摆青年”欧文・布劳恩（Erwin Braun），1938 年

右上图：无线电唱机组合 *6740*，*SK 4* 的前身，1939 年

下图：第一台“厨房机器”的展示，1955 年产品目录

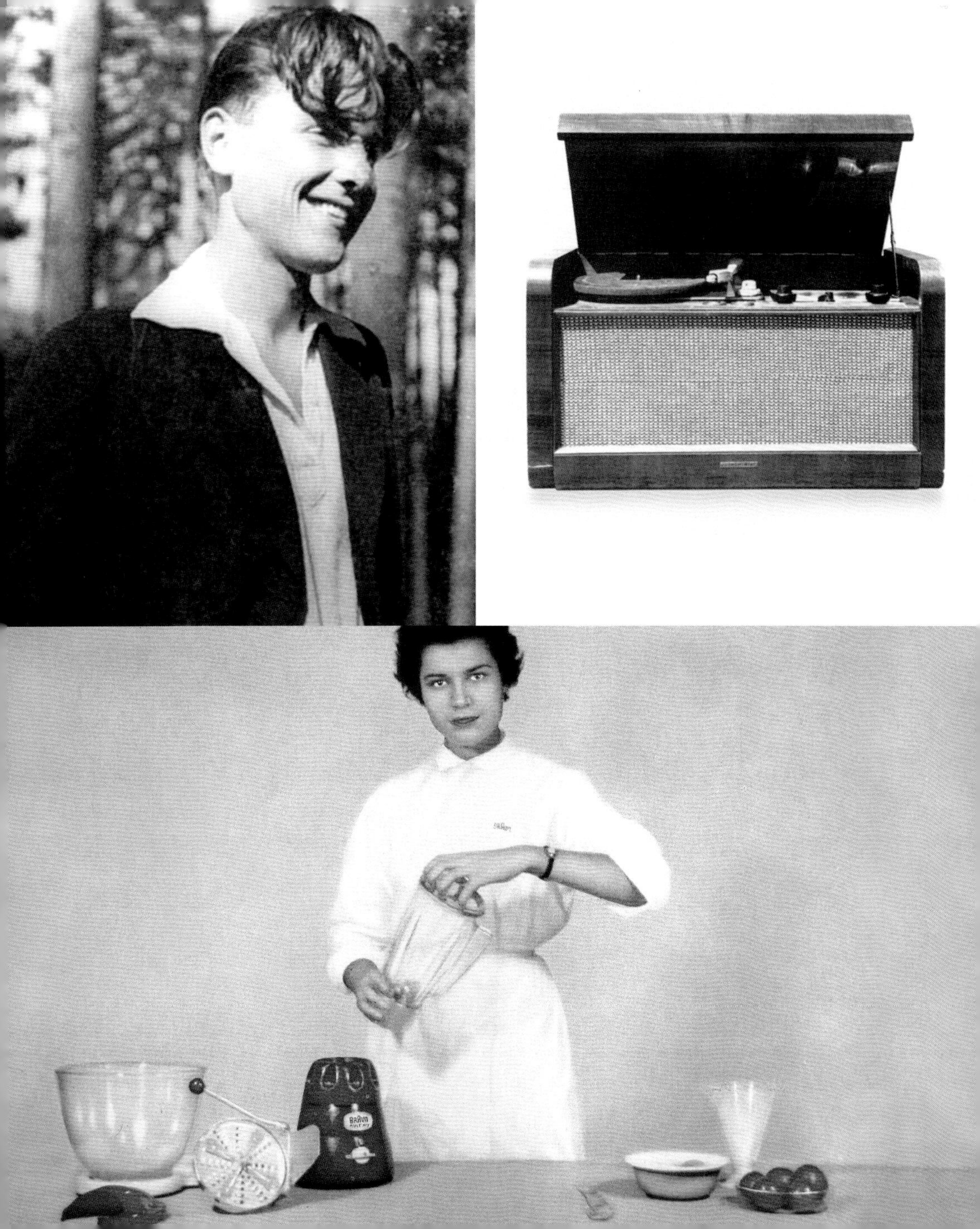
BRAUN

3 它们被贴上“马克斯 · 布劳恩，由 Carl Sevecke 授权”的标签。在博朗最终收购 Sevecke 公司之前，为了有生产收音机的资质，该公司一度是生产的许可方。

4 包装上的简约设计，以及早期的一些时髦的收音机就是完美的范例。当时，法兰克福已经是爵士乐的中心。早在 1928 年，Hochsche 音乐学院就开设了爵士课程，这或许是世界上第一所开设这一课程的学院。

5 无线电唱机，后来以 *SK 4* 闻名于世，直到 20 世纪 80 年代依然运行流畅。

行业带入了加速发展期。1929 年，博朗公司在柏林无线电行业展会上首次展示了收音机。[3] 与此同时，法兰克福在建筑师兼城市建筑总监厄恩斯特・梅（Ernst May）的领导下成为 “新建筑”运动的中心。与志趣相投的包豪斯相似，“新建筑”运动成为前卫设计的磁石。这个“新法兰克福”就是布劳恩建造他的第一家工厂的地方，是一个带有功能主义平屋顶的有棱有角的建筑。实业家布劳恩一定不会与市政改良者有共同的乌托邦空想主义观念，但是，他确实和这些设计先锋派的行动主义者有着很多共性，以及具有超越传统的前瞻视野。[4] 在第二次世界大战爆发以前，这家中型规模的企业已经在荷兰、法国、瑞士和西班牙运营子公司了。最终，博朗也在英国和比利时投入了生产。

20 世纪 30 年代，在世界金融危机中生存下来的布劳恩几乎毫发无损。期间，德国纳粹党势力大增，推动了军火工业的振兴，布劳恩与其他人一样从中大获收益。直到 1933 年，公司才开始在博朗的品牌下销售收音机。这些产品中不仅有“人民的无线电”，还有特殊发展时期典型的品牌开发，比如便携式收音机、无线电唱机组合等，[5] 就来自创始人自己为公司制定的产品战略。1936 年，这位不知疲倦的企业家前往美国进行商业考察，这将给他的大规模生产留下持久的印记。在第二次世界大战期间，博朗公司不仅为战争供给收音机，还有对讲机。战争爆发时，布劳恩的两个儿子一个 14 岁、一个 18 岁，同时被编入国防军。当时，布劳恩发明了一款名为 *manulux* 的手摇手电筒。在昏暗的 20 世纪 40 年代，博朗售出约 300 万个手电筒，这让手电筒第一次真正成为大众市场的产品。1944 年年底，博朗在运行的两家工厂惨遭轰炸后几乎烧毁殆尽，整个城市也变为废墟。

当时，正在经历第二次世界大战的马克斯·布劳恩毫不怀疑战后重建会到来。战争结束三年后，公司不但恢复了收音机的生产，还扩大了产品范围。伴随着干式电动剃须刀的出现，更多家用电器也被囊括进来。无论是从概念上还是外观上，这些产品类别完全无法掩饰其美式风格的根源。[6] 这款剃须刀的刀片，工程师可以借鉴他们制造 *manulux* 时的经验，那是基于一项博朗独有的专项发明、一种柔韧的穿孔剪切刀片。自此，博朗系列产品的核心基石逐渐被奠定。

建立产品线：1952—1954 年

1953 年，当欧文·布劳恩把他的朋友弗里茨·艾希勒（Fritz Eichler）第一次介绍进公司时，艾希勒主要做广告片的顾问和制作者，他的职位甚至还没有名称，负责的领域在行业内更是没有先例可循。作为一个艺术史学家和电影导演，艾希勒对制造业毫无经验，却洞察并提出了商品与机器之间内在的本质联系。他站在一个挑剔的唯美主义者的角度，去管理这家中型规模的生产电子设备的工厂，同时也担负起为企业注入新想法的工作。在这个坚如磐石的工业环境中，艾希勒是一个非比寻常的杰出人物，他发出了强有力的信息。[7] 一些员工甚至不知道该如何去做。

1954 年，在和美国朗森（Ronson）公司签署了一份合同后，博朗的剪切刀片剃须刀进入美国市场。[8] 在这场革命中，艾希勒的创意潜力是博朗得以独特发展的主要先决条件。阿图尔·布劳恩（Artur Braun）和欧文·布劳恩[9] 不得不在一夜之间承担起管理责任，但是他们年轻的外表完全不符合企业家的一贯形象。于是他们决定把手头的任务分开管理，阿

6 其中一款自动按摩装置非常优雅，它是马克斯·布劳恩去世后公司推出的首批产品之一。

7 在博朗的公司史上，艾希勒有时被称为“公司所有者的顾问”，有时被称为“负责所有设计事宜的人”。在很长一段时间里，他的职位并没有正式确定下来。这与实际情况相符，艾希勒是专门制作儿童戏剧的电影导演，同时他还画画。他在公司里有一间公寓，在慕尼黑也保留着住所。或许内心的距离和他所经历的不同环境，实际上是他作为最高审美权威的重要先决条件。参见注释 1。

8 许可费用不低于 1 000 万美元。这是德国消费品制造史上最大的跨大西洋交易。

9 可以说，这两个男孩都从公司的问题中成功超越，并且收获了成长。他们都有商业经验，阿图尔·布劳恩曾在公司内部做学徒，欧文·布劳恩也曾为博朗做研究工作。担负起整个公司的重任当然是另一回事。

1952—1954 年

10 成百上千的法兰克福青年都属于“摇摆青年”，他们分布在德国的几乎所有城市，经常在舞厅聚会。

11 到这个 10 年结束时，广播听众的数量已经急剧增长到约 1 600 万。

12 战后，无线电广播设备仍然采取了各种形式。1949 年，当 FM 频率发射后，“标准收音机”开始成为主流产品，它也是博朗产品系列的一部分。

13 1954 年《艺术与美家》（*Die Kunst und das schone Heim*）是一本被建筑设计师和中产阶级欣赏的杂志。现代风格的室内装饰常常极具特色，然而其老式的收音机和唱片播放器却完全没有特色，陈旧的外观与现代主义风格的家具格格不入。

图示：

左上图：欧文 · 布劳恩，1960 年

右上图：*Hobby Automatic electronic* 闪光灯，1955 年产品目录

左下图：*300 de Luxe* 电动剃须刀，1953 年

右下图：*combi DL 5* 电动剃须刀小册子，1957 年

图尔负责工程和工厂生产的改进，而欧文则负责业务的商业部分和新项目的思考与储备。顺利的是，新项目在他们接手的第一年就开始了，一款手持式电子相机的闪光灯开发成功，这一创新促使博朗开创了摄影事业部，同时也带来可观的收入。

博朗公司的野心远不只是产品上的创新。博朗兄弟中年纪较长的欧文是一个充满艺术气质的人，从他的学生时代就表现出与规则格格不入的特质。作为一名六年级学生，他就留着“摇摆青年”式的蓬乱发型。“摇摆青年”以追求个人主义且对美国爵士乐情有独钟而著称。[10] 欧文在人生的形成时期有着在独裁统治下生活的经历，这或许就是他与战友们试图填补战争后巨大的精神空虚的理想的起源。他在战争中曾担任军官，后来回到被炸毁的故乡，当时那里是美军总部，于是整个家乡再次成了爵士乐的大本营。将这些珍贵、经典的价值观融入到他的思维范式中。加之，20 世纪 40 年代，欧文被迫放弃学医的梦想，在父亲的授意下转而学了工商管理。这让我们更加理解，为什么这位“不情愿”的企业家更想建立一些新的、有意义的东西。由于受到严格的教育，他拥有让梦想转化为现实的基本素质：自律。他在那个时代拍下的照片，看起来十分年轻，正如同龄人对他的描述那样：精致而有活力。

当时的创业环境非常好，无线电行业正在享受前所未有的繁荣，新的调频收音机成为家家户户客厅里的必备电器，也成了早期人们身份和地位的象征。[11] 这些深棕色的收音机带着金色的装饰，看起来具有出乎意料的一致性。[12] 当时，这些外形笨重的“音乐家具”映射出经过恢复和洗礼的德国精神。[13] 鼓吹新生活方式的杂志上通常没有无线电，但民意调查显示，大

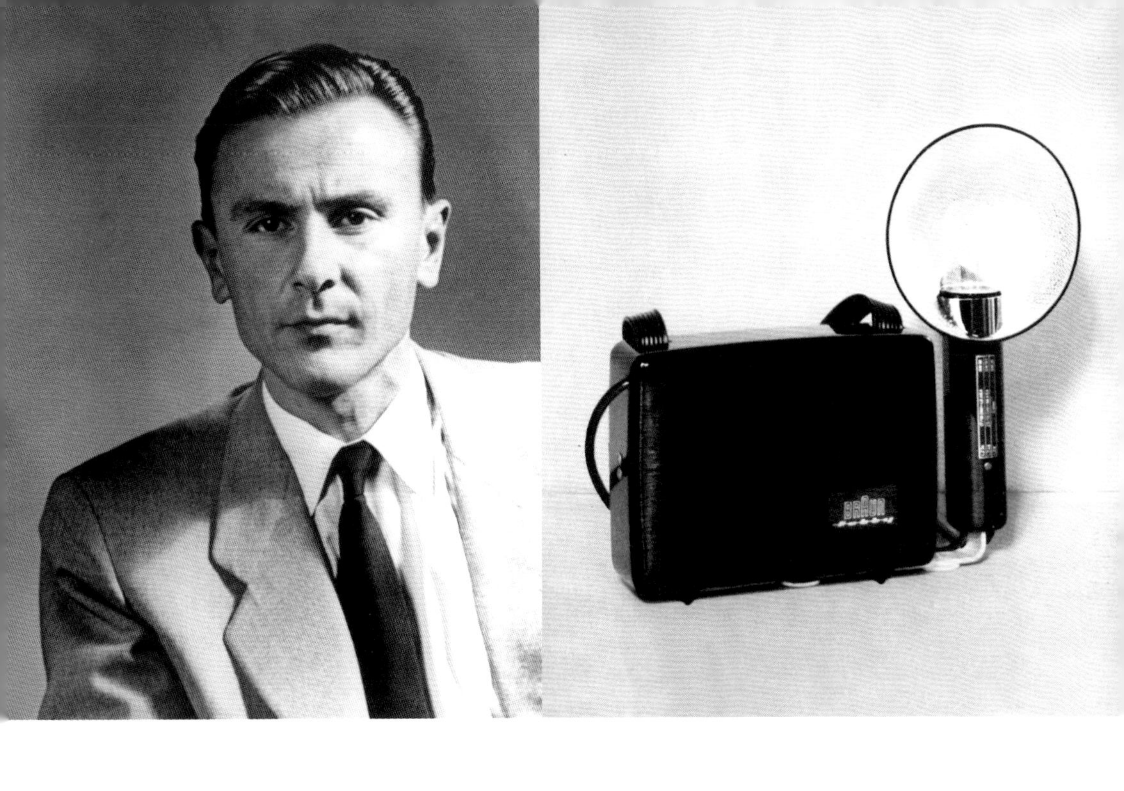
BRAUN

BRAUN
300 DELUXE

BRAUN
combi
BRAUN
BRAUN
Der Elektro-Trockenrasierer mit kombiniertem Schersystem

部分人希望用新的现代化的风格布置他们的房间。[14] 提供与现代风格的家具相匹配的新电器，迅速占领这个尚未被开发的利基市场（Niche Market），就是博朗项目背后的基本商业逻辑。源于对国内最新设计风格的继承，他们决定遵循一个特定的设计方向。现代风格主要被家具行业的主流时尚所定义，这主要受斯堪的纳维亚半岛、美国和德国的影响。这就是博朗冒险进入的市场环境。公司与德美合资的家具制造商诺尔（Knoll）的亲密合作，代表了纯碎的所谓的国际风格，这恰恰背离了斯堪的纳维亚所主导的主流风格的影响。[15] 博朗早期与家具设计师的合作，也表现出家具行业和电子设备公司之间取长补短的理念。[16] 这些设计师包括汉斯·古杰洛特、赫伯特·希尔施（Herbert Hirche）和迪特·拉姆斯。

为了寻找优秀的现代产品设计师，博朗的管理者们不得不翻阅大量建筑和装饰类杂志。[17] 最后，欧文·布劳恩参加了一个在德国达姆施塔特市（Darmstadt）举办的讲座，认识了曾经在魏玛包豪斯工作的威廉·瓦根费尔德，对他希望看到工业产品“去个人主义影响”[18] 的设计理念印象深刻。后来，瓦根费尔德获得了博朗历史上第一份设计师合同。当时，乌尔姆刚刚创办了德国第一所设计学院。这所新机构被视为包豪斯的继承者，不仅因为它最终将发展成为最具影响力的设计学院之一，而且因为它是一个“再教育”项目，旨在改造多年来被独裁统治所蒙蔽的德国人。乌尔姆设计学院的第一任总监马克斯·比尔（Max Bill）在传播“优良造型”（good form）的表达上发挥了重要作用，他和瓦根费尔德一样受到包豪斯的巨大影响。这成为一场战役，让所有人相信更好的产品，即更简约的产品，可以让世界更加美好。[19]

14 艾伦斯巴赫和埃内德的人口研究所都对“国内生活方式的感受”进行了调查。

15 这家公司由汉斯·诺尔（Hans Knoll）夫妇联合经营。汉斯·诺尔出生于德国，后移居美国，又与弗洛伦丝·诺尔（Florence Knoll）结婚。弗洛伦丝是伊莱尔·沙里宁（Eliel Saarinen）的女儿，也是颇具影响力的克兰布鲁克学院（Cranbrook Academy of Art.T）的主任。被视为“瑞典现代”的北欧风格很大程度上就是由瑞典的奥地利移民约瑟夫·弗兰克（Josef Frank）所塑造的，经由美国走向欧洲。在美国，德国和斯堪的纳维亚的移民在斯堪的那维亚设计的传播过程中发挥了关键作用，他们双方的关系就像克兰布鲁克学院和诺尔公司一样，直接影响了查尔斯和雷埃姆斯。

16 在对作者的采访中，迪特·拉姆斯证实欧文·布劳恩也持这种态度。

17 欧文·布劳恩也读过 1951 年的畅销书《永远没有适可而止》（*Never Leave Well Enough Alone*），作者是法裔美国设计师雷蒙德·洛伊（Raymond Loewy），该书于 1953 年在德国翻译出版，主旨是通过“工业设计”获得更高的利润。

18 布劳恩通过绘画老师认识了瓦根费尔德，此后一直与他保持联系。

19 纯粹的功利主义美学，也是对民族社会主义戏剧情感象征的故意对立——它就像是一种宣泄。

乌尔姆和博朗成就了在设计历史上独一无二的组合，能够合力迸发出更多激进的新想法，这在当时大概只有德国才可能出现。种族仇恨和战争给德国带来了地狱般的创伤，这使德国人切断了与传统的联系。但从另一个角度上讲，这恰恰成了一个重要的契机，使德国人摆脱了传统的束缚，如白纸一般在内心重建新的文化，这也是包豪斯设计的本质。[20] 事实上，他们的很多合作伙伴，包括弗里茨・艾希勒都是战争中的同志，都代表德国的共同利益。[21] 但是，点燃火花需要的是一个可以把各种力量凝结在一起的行业领袖。欧文・布劳恩就是这样一个人，几乎可以被称为“一个愤怒的年轻商人”，他拒绝接受行业内各种封闭的教条和沉闷的保守主义。显然，他身上也体现出专横父亲的形象，如果没有父亲的早亡，公司的历史和设计历程可能会完全不同。

尝试把事情放在更广的维度上去思考，在德国有着很长的历史。正如德意志工作联盟和包豪斯已经有了共同诉求：尝试把艺术和工业有机地融合起来。通过乌尔姆设计学院，这种强调整体主义的理念传入博朗，[22] 使公司成为充满一致性的有机整体，从最小的控制按键，到屡获奖项的包装设计，再到为公司管理者设计的现代居住空间便捷通道等，这些设计可不仅仅是向经典现代主义作品致敬。[23] 甚至员工的医疗健康系统，包括提供天然健康食品的餐厅，都是这个愿景的一部分。[24] 理性、理想主义和勇于尝试是“乌尔姆这群人”与生俱来的态度和原则，这一点欧文・布劳恩非常清楚。弗里茨・艾希勒提供了联系人，广泛的合作即刻展开。接下来的几个月，博朗开始研发新的收音机和电视机：法兰克福的布劳恩和艾希勒兄弟，斯图加特的威廉・瓦根费尔德和乌尔姆的以马克斯・比尔的前助理汉斯・古杰洛特为首的一组人，在三个地点同时尝试把“好设计”的理念变成现实。

20 从产品名称中使用小字母等细节上就能够看出，这一背景对博朗项目的影响至深。

21 在第二次世界大战期间，欧文・布劳恩是弗里茨・艾希勒的上司，在他们的私人谈话过程中，艾希勒的灵感大获启发。

22 这几种影响互相补充：弗里茨・艾希勒的文化背景，欧文・布劳恩关于整体创意哲学以及对网络和系统化的深入研究。

23 欧文・布劳恩让赫伯特・希尔施为他设计一个现代化的家，希尔施认为，家电不仅仅是普通的机器和产品，而是促进健康的工具。在这里，我们可以通过“生命的改革”展开联想，这种联想后来在希尔施在医疗领域的活动中得到进一步加强。

24 意大利公司好利获得（Olivetti）和 ENI 采取了类似的综合方法。参见作者的评论：Bernd Polster，*Super oder Normal? Tankstellen*, Cologne 1996, p.216.

无线电革命：1955—1960 年

1956 年，布劳恩兄弟借朗森公司的邀请去美国进行了实地考察。欧文·布劳恩、弗里茨·艾希勒和汉斯·古杰洛特借助这次机会结识了查尔斯·埃姆斯（Charles Eames）。[25] 如今，他们已是设计项目的核心人物，漫步于百货商店和专卖店，寻找当年在欧洲备受推崇的美国设计，但却鲜少能激发他们的灵感。在回程中途经意大利时，他们顺路拜访了好利获得公司，这是一个成功的产品和企业文化的典范。[26] 尽管如此，此时的他们比以往任何时候都确信，他们正在孵化的计划在世界上任何一个地方都是无与伦比的。几个月前，“正式设计”部门成立了。1956 年春天，博朗的第一位全职设计师格尔德·艾尔弗雷德·马勒、年轻的迪特·拉姆斯和另一名员工搬进了他们自己的办公室。这就是著名的博朗设计部的小规模雏形。

在行业专家的眼中，博朗这个名字已经简约到带着几丝挑衅的意味。经过共同努力，公司已经赶在当年杜塞尔多夫（Düsseldorf）无线电展会前及时完成了一系列新的留声机。除了内部开发的小型收音机 *SK 1* 和瓦根费尔德的便携式收音机 *Combi* 代表他们自己以外，其他整个系列的产品均由汉斯·古杰洛特提供。欧文·布劳恩——一个拿着荷兰护照，开着保时捷环游世界的人，似乎是个天生的探险家。这位年轻的企业家觉得自己将是一个令人愉快的合作伙伴。古杰洛特设计的浅色枫木箱子很符合国际化的家居风格，部分受到斯堪的纳维亚设计的影响，[27] 与普通“音乐家具”形成了鲜明的对比。这台有着严格的边角设置的设备，外观尺寸协调统一，

25 埃姆斯是美国最著名的设计师，他以带三维曲线的弯曲胶合板椅子闻名于世。三维曲线是 20 世纪 50 年代设计的关键元素，德国有很多带有此类元素的物件。

26 乌尔姆促成了这次访问。

27 在 1955 年 10 月的产品目录中，图片下方展示了一间配备现代化的斯堪的纳维亚风格家具的房间：“正是在这样的房间里，乌尔姆设计学院创造了新收音机的外壳。”文中还提到了“包豪斯”。

图示：

博朗在杜塞尔多夫无线电展会的展台，1955 年

所以它们能很好地组装在一起。这是从乌尔姆设计学院的系统性思维中借鉴的一个设计原则，它将产生更加深远的影响。[28]

博朗在展会上呈现的震撼性效果绝非偶然，除了正确的决策、适当的准备工作以及只用来展示的最新的设备之外，还有乌尔姆视觉艺术家奥托·艾舍（Otl Aicher）设计的展台。这个通风的房间由钢结构型材和胶合板搭建而成，它们所组成的网状结构设定了新的设计标准，这一设计使它从周围的环境中脱颖而出。艾舍是一位理性和连贯性平面视觉沟通方式的倡导者，这种方式随后被长期担任公司通信部主管的沃尔夫冈·施米托（Wolfgang Schmittel）采纳。[29] 无论是在橱窗、广告、包装还是产品标签上，那些经过精心校准的图像、排版和语言处理，都成为公司的商标之一。从乌尔姆得到的启发中，那些参与者就像探险家，他们发现的不知名的新大陆，就是有朝一日被称为“设计”的东西。在渐进式的产品变化中所产生的认知变化，有时依然可以追溯到今天。[30] 很多工程师持极端怀疑的态度看待这种解决问题的方式。在没有管理机制的支持下，坚持设计师和工程师在平等条件下的沟通实在是一种开创性的成就。这种跨学科文化的演变，包括广告学、市场学等都是博朗项目的核心元素。正如弗里茨·艾希勒指出的那样。[31]

欧文·布劳恩后来回忆道：“适当做一些让步和妥协并保持缄默可以获取商业上的成功。”这在很多人看来是无法想象的。[32] *SK 4* 用它极富吸引力的金属、木材和有机玻璃的组合，以及被一些人认为是不太得体的几近赤裸的绝妙构思，传达出这一设计原则的本质，触发了无线电行业持久的革命。这一大胆的抽象留声机概念诞生于他在法兰克福和

28 在当年的目录中详细介绍了各种可能的组合；*SK 1* 也在某种程度上被设计成了一个模块化系统。

29 Schmittel 公司在 1952 年就已经对这个 LOGO 进行了合理化的调整，并沿用至今。公司在奥托 · 艾舍，以及与欧文 · 布劳恩和弗里茨 · 艾希勒合作的影响下，继续发展博朗的现代企业形象。在这一过程中，在他的管理下，与设计部同时，负责博朗图像工作的广告部越来越多地参与进来并发挥作用。

30 这种逐步法的一个很好的例子，是穿孔面和迪特 · 拉姆斯的袖珍收音机 *T 3—T 41* 在设计上的递进变化。

31 Fritz Eichler, *Die unternehmerische Haltung (The Entrepreneurial Attitude, lecture 1971)*, in: *Tatsachen über Braun. Ansichten zum Design (Facts about Braun. Views on Design*), Kronberg 1988, p. 7.

32 Cf. Hans Wichmann, *Mut zum Aufbruch. Erwin Braun 1921–1992 (The Courage to Change*), Munich 1998, p. 95.

乌尔姆办公室之间的通勤过程中，其中也有迪特·拉姆斯的功劳，最终让老式“音乐家具”黯然退出了历史舞台。[33] 它在审美层面上打破了根深蒂固的禁忌，以一种挑衅意味的姿态确立了一个全新的禁欲风格的理想主义审美标准，是“经济奇迹”时代德国权贵之风对立面的代表。与此同时，这种音乐设备展示出的纯粹主义，赋予它一种现代设备从没有过的光环。在 *SK 4* 上已经启用的“模块化系统”被继续采用，直到下一个转折点在 *studio 2* 上出现，这就是现代立体音响系统的雏形。到1960 年，已经有 20 多种新产品诞生，尽管在一定范围内它们各有不同，却也印证了弗里茨·艾希勒“启蒙精神中的设计”的观点。[34] 一个反复出现的特征无疑是正确的设计角度，也是现代建筑美学的核心标志之一。于是，盒式成为留声机外壳的基本形式，给人留下科技、理性、男性化的印象，也为其他开创性的案例和设计作品提供了参考模型，比如袖珍收音机，又比如 *T 41*、*F 60* 电子闪光灯和迪特·拉姆斯设计的 *H 1* 电暖气，或是赫伯特·希尔施设计的 *HF 1* 电视机。它们都采用整块的灰色，这一点是史无前例的。

第一台灰色留声机 *studio 1*，是由汉斯·古杰洛特和赫尔伯特·林丁格尔（Herbert Lindinger）设计的无线电唱机组合，有着倾斜的正面和圆形的转角。可见，90° 角的主导设计并非无处不在，正如瓦根费尔德设计的 *combi* 便携式收音机和公司的第一台幻灯机 *PA 1* 所展示的那样。这在食品加工机 *KM 3* 和剃须刀 *SM 3* 上表现得更为明显，它们均出自格尔德·艾尔弗雷德·马勒的设计。后来，与这两款产品相关的设计都经久不衰，且成为整个流派的典范。这些基础概念在今天依然适用，它们以柔和的轮廓与复杂的比例而著称。因此，马勒可以被称为博朗设计中柔和

33 这是通过它在装饰指南中频繁出现来证明的，例如，*Die schöne Wohnung (The Beautiful Home*, Munich 1959, p. 6) or *Uns-ere Wohnung* (*Our Home*, Gütersloh 1960, p. 199)。

34 in: Maribel Königer, *Küchengerät des 20. Jahrhunderts (20th-Century Kitchen Appliances*), Munich 1994, p. 51.

1955—1960 年

曲线的先锋。流畅的曲线外形带来的触觉优势使产品很容易被握持，有着斯堪的纳维亚前辈的影子。20 世纪 50 年代，布鲁诺・马西森（Bruno Mathsson）和芬恩・尤尔（Finn Juhl）设计的“有机”造型的安乐椅，或者塔皮奥・维卡拉（Tapio Wirkkala）设计的艺术花瓶，都是当时时尚家居产品的标杆。它们的“自然”风格通常具有人体工程学的优势，并唤起它们的表现力、情感和女性气质，这种沿着大西洋横向蔓延的趋势在此前已经被提及。[35] 除了从古典主义借鉴而来的形式，以及由乌尔姆提供的解构和分析方法，这些风格元素代表了第三种有机线条，这种有机线条正是博朗在最初设计阶段的典型特征。

对产品开发的另一个重点是进行广告宣传，这在当时同样具有创新性，使博朗在文化海洋的巨变中成为一个关键玩家。当时，在西柏林展开的国际住宅展览会上发生了一起决定性的事件。1957 年，汉莎居住区的建筑群平地而起，这是由 17 个国家的建筑师设计的杰作，由混凝土、玻璃和钢材建造而成的一系列房屋。冷战开始了，这座建造在岛城的壮观项目成为西方文化至高无上的典范。博朗参与其中，事实证明，弗里茨・艾希勒把约 60 套现代风格的公寓全部配备上博朗的电器，是的，几乎只有博朗的产品。国际建筑精英对博朗产品的青睐产生了惊人的示范作用，这自然引起了德国以外其他国家的公司的注意。随后，他们很快拿到“米兰三年展”的奖项，这个展会在当时可以说是发布时尚趋势的晴雨表。1958 年，在布鲁塞尔世界博览会上，博朗推出了一系列产品（16 款），这几乎是一种必然的结果。在那之后的 30 年里，德国馆的严肃极简主义再次成为德意志民族风格。[36] 博朗一度成为德国崛起的重要标志之一。

35 来自斯堪的纳维亚设计的阿尔瓦・阿尔托（Alvar Aalto）、约瑟夫・弗兰克和布鲁诺・马西森的“朴素、有机”的设计，早在第二次世界大战之前就引起过不小的轰动，那时正是德国处于远离国际舆论的时候。20 世纪 50 年代早期，芬兰艺术家塔皮奥・维卡拉和以“自然主义”为主导的影响整整一代人的西班牙家具设计师，其中包括南娜・迪策尔（Nana Ditzel）、芬恩・尤尔和阿恩・雅各布森（Arne Jacobsen）。瑞典“王子设计师”西格瓦德・贝纳多特（Sigvard Bernadotte）是第一批将北欧设计风格引入工业设计领域的设计师，其中包括收音机和厨房设备。在美国，查尔斯・埃姆斯、雷・埃姆斯（Ray Eames）和埃罗・沙里宁（Eero Saarinen）以曲线形的三维模制座椅而闻名。一些意大利人也是柔和曲线设计的先驱，比如卡洛・莫利诺（Carlo Mollino）、服务于雪铁龙（Citroën）的弗兰米尼奥・贝托尼（Flaminio Bertoni），和好利获得的室内设计师马塞洛・尼佐利（Marcello Nizzoli）。

36 这个展馆由埃贡・艾尔曼（Egon Eiermann）和塞普・鲁夫（Sep Ruf）设计。

图示：

上图：博朗的爵士乐主题宣传册（照片和图片由沃尔夫冈・施米托提供），1961 年

下图：放置了由赫伯特・希尔施设计的 *HM 6* 立体声音响柜和家具的室内空间，产品目录，1960 年

BRAUN
Das Mikrofon ist unbestechlich.
Es registriert jeden Ton, jedes Geräusch,
jeden Atemzug. Nichts vom typischen
Klangbild des Jazz geht verloren.
Von Braun-Geräten wiedergegeben, bleibt
dieses Klangbild erhalten - unverfälscht,
wie es Jazzkenner fordern. Die präzise Technik
und die Form dieser Geräte sind
Ausdruck der Gegenwart - wie der Jazz.

欧文·布劳恩并不回避对“艺术和商业”的反思。[37] 他一直试图让这两个截然不同的世界和谐共存。他是企业家中极少见的特例，就像文艺复兴时期的王子那样，身边聚集了形形色色的知识分子和艺术家。他的社交范围包括医生和环球旅行家汉斯·珍妮（Hans Jenny）、哲学家路德维希·马库塞（Ludwig Marcuse）和艺术家阿诺德·博德（Arnold Bode）。博德是文献艺术展的创始人，后来他为博朗组织了名为“听爵士，看爵士”（*Hearing Jazz-Seeing Jazz*）的摄影艺术展，一场在法兰克福画廊举办的多媒体活动。[38] 在当时，很难想象还有什么比这更前卫的了。在 20 世纪 50 年代，美国贫民区的音乐依然经常被妖魔化为“堕落”，但这恰恰是设计部选择的音乐。爵士乐手想表现出的，与设计师们想在作品中传达出的价值观不谋而合：奉献精神、摆脱传统束缚的自由精神，以及无与伦比的表现力。

欧文·布劳恩同时也和另外一位知名制造商菲利普·罗森塔尔（Philip Rosenthal）有着深厚的友情，罗森塔尔也是一位年轻的管理者，有远见并且热衷于探索“优良造型”的呈现，当然这也是因为通常好产品的溢价更高。这两位“不安分”的企业家合作的项目之一是复合环（Composite Circle），两家公司都富有设计意识，[39] 甚至一起去陶努斯山徒步时也经常相互交流观点。这些谈话的内容甚至涉及展览的形式、色彩风格以及制造等具体事宜。复合环项目从 1956 年开始，在德国进行了为期三年的巡回展出，他们以示范性设计接待了约 25 万参观者。继博朗在杜塞尔多夫举办壮观的商品交易会后的 5 年里，员工数量几乎翻了一番，增至 3 000 多人。公司的收入也相应地增加，从 5 000 万马克到超过 1 亿马克。在这个发展过程中，设计团队也在成长。格尔德·艾尔弗雷德·马勒离开后，

37 这是 1959 年他在营业部开幕式上发表的演讲题目。发表于：Hans Wichmann，*Mut zum Aufbruch*，*Erwin Braun 1921—1992*，Munich 1998，p. 95。

38 德语为 *Jazz hören-Jazz sehen*。这些照片都出自沃尔夫冈·施米托，一位广告部主管，也是一位充满激情的爵士乐坛摄影师。

39 除了博朗和罗森塔尔之外，Knoll、朗饰（Rasch）和福腾宝（WMF）等公司也是其会员。

罗伯特·奥伯黑姆、理查德·费希尔（Richard Fisher）和莱因霍尔德·韦斯三位设计师加入博朗，后两位设计师是从乌尔姆毕业后就加入了。

伟大设计：1961—1967 年

1963 年夏天，美国总统乔治·肯尼迪在德国进行凯旋之旅，其间在位于法兰克福的圣保罗教堂举行了一场演讲。演讲台上，有一台小巧的白色电器放置在他面前，为他带来清新的微风。这是来自博朗的新产品——*HL 1* 台式鼓风机，在此之前它从未上市。*HL 1* 的设计师是莱因霍尔德·韦斯，他非常清楚如何在产品结构上惊艳地表达内部的工作原理。[40] 在这种情况下，电风扇叶和柱状马达被有效地以圆柱形的结构组合起来。同样的结构也出现在博朗的第一款烤面包机 *HT 1* 上——第一款以黑色和银色搭配的设备。之后它在整个行业内被效仿。接受乌尔姆教育的韦斯，和理查德·费希尔一起引进了制作实体模型的方法，他的系列设计成为整个 20 世纪 60 年代众多创新产品中的重要组成部分。可以说，其个人风格在之后深深地影响了我们对“好产品”的审美判定标准，特别是对处在开发阶段的产品等新领域。他那善于分析的工作方法和对空间几何超级自信的处理方式，注定他成为产品的首创设计师。韦斯的画板上诞生了博朗的第一款吹风机、第一个电热水壶、第一台咖啡机、第一台电炉和第一个打火机。

当今社会，男士们喜欢留着宇航员一样的发型，电视是彩色的，人们相信可以通过电脑控制交通系统。在那个加速变革的时代，欧洲引进了美国的繁荣模式和一些必要的设备，为博朗的设计专家开辟了更广阔的空间以尽情施展他们的才华。无论是家用日光浴室、电动牙刷、电煎锅、摄

40 这款台式鼓风机在 1981 年被重新发布为 *HL 70*，其前瞻性可见一斑。

41 为了聚焦在新的发展领域，欧文 · 布劳恩已经转向上市公司的监事会。

42 汉斯 · 古杰洛特设计的早期博朗产品，以及赫伯特 · 林丁格尔在工作时撰写的关于“模块系统”（modular system）的文章构成了这些发展的基础。后来，这些想法由迪特 · 拉姆斯付诸实践，一部分原因是弗里茨 · 艾希勒认为设计应该更接近工程设计，拉姆斯也曾在采访中表达了这种观点。

图示：

上图：博朗产品展示橱窗，1963 年

左下图：*PCS 4* 电唱机宣传卡片，1961 年

右下图：*D 20* 幻灯机主题广告，1965 年

像机、洗碗机、电冰箱，还是 hi-fi 系统（声音通过扁平的“静电”扬声器或耳机产生共鸣来工作），这些都是由电源驱动的带博朗动感 LOGO 的产品，如今已经渗透到生活中的各个领域。到目前为止，欧文・布劳恩一直与汉斯・古杰洛特合作一个概念，即他后来称之为的“伟大设计”。[41]这个想法是为了提升产品的技术质量，并在某些情况下必须先创造市场。这些高端产品的质量将以优雅的外观来呈现，要格外吸引人。为此，专门成立了一个新的执行董事会，这些新产品被贴上现代丝网印刷的标签，相当精致。此外，对产品开发过程越来越重要的模型制作也变得更加专业。但是，从个性前卫的爵士俱乐部到华丽优雅的音乐厅，这一提升需要大量的资金投入。尽管博朗的销售额一度飞速增长，1965 年超过 2 亿马克的收入依然无法满足公司的投资需求。于是，上市融资就变成顺理成章的选择。

留声机产业发展迅速，在创新计划中发挥了关键作用。*audio 1* 的出现预示着一个新的转折点：在博朗的 hi-fi 音响时代，紧凑系统配备了 27 个晶体管。立体音响系统投入使用，博朗在未来几十年将为这个领域提供技术支持，这由当时晋升的部门主管迪特・拉姆斯负责。正如20世纪20年代，中产阶级家具被发明家进行剖析一样，如今，音响家具也被系统地分开了。就像现代主义的前辈一样，解放运动背后的缘起和详情，有时也会变得模糊不清。[42]像电唱机 *PS 1000* 和磁带播放器 *TG 60* 那样的设备，每个细节都经过精心处理，是精密工程和电子产品中的杰作。弯曲的拾音臂和可见的压轮等细节都彰显出这项技术的成果。显而易见，在这种标志性的元素中，形式绝不是一味顺从地遵循它的功能。昔日对博朗顶礼膜拜的态度至今依然存在，这大多是源于留声机在蜕变过程中成为一个精致的高科技

Stereo Plattenspieler PCS 4
Viertouren-Plattenspieler für Stereo- und Normalplatten aller handelsüblichen Größen. Reibradantrieb mit guter Rumpeldämpfung. Geringes, justierbares Auflagegewicht. Die halbautomatische Tonarmaufsetzhilfe erleichtert die Handhabung und schont Saphire und Schallplatten.
BRAUN

产品，[43] 当然，具有讽刺意味的是，这一过程是在激进的合理化运动过程中发生的。一个技术复杂的悬挂系统也运用了高科技，能将设备像艺术品一样悬挂在墙上。[44]

安装框架适用于各种类型的设备和设计的堆叠，使整个系统具备更多功能。这个系统自带独立的 hi-fi 音响，可以无限组合，堪称完美。这体现了博朗的两项基本原则：乌尔姆设计学院的系统化设计方法，以及欧文・布劳恩对公司整体的艺术愿景——我们做的是艺术家的工作。尤其是传奇的 hi-fi 部门，至今仍有忠实的粉丝俱乐部。[45] 然而这也表明，即使是乌托邦似的真实存在也注定是一个妥协。这一点从时而令人困惑的产品命名中就能察觉，甚至连公司的内部人员也很难理解。但在多数情况下，这是因为公司的产品理念超前于时代，举例来说，许多人在很多实践中都没有意识到，其实电视还可以彻底成为一种媒体。

电唱机和电视技术的演进，为教育发展提供了很多机会。从 1962 年到 1966 年间，博朗共出版了 6 本 hi-fi 宣传册，都带有“完美听觉盛宴的基本原则”（*Basic Rules for Good Hearing*）之类的标题。[46] 宣传册里通常会告诉消费者和零售商这种新技术拥有的音质特点，自然而然地也会告诉他们新的选择，将各种博朗的“构建模块”结合起来，获得更好的体验。很快，公司就在德国的四座城市建立了自己的“信息中心”，并配备了 Knoll 品牌的家具，定期举办“唱片专辑音乐会”。成功的公关工作进一步加强，宣传复合环制造商公会的各种活动，并举办了一场名副其实的展览“马拉松”，还有许多在国外举办的展会。[47] 1964 年，纽约现代艺术博物馆（Museum of Modern Art）重新开放，展出了几乎全部博朗产

43 特别是放大器、电唱机和扬声器，成为了关注的对象，主要特征是瓦特数和拾音臂在凹槽中的噪音很小。

44 赫伯特・林丁格尔曾声称，将 hi-fi 组件安装在墙上是他的想法。

45 这个粉丝群会定期在博朗收藏家杂志《设计 + 设计》（*Design+Design*）的编辑乔・克拉特组织的博朗交流会上见面。

46 德语名称为 *Grundregeln für gutes Hören*，由迪特尔・斯科拉特希（Dieter Skerutsch）撰写并在 1963 年出版。后来出现了类似的小册子，比如《生活之声》（*Living Sound*，1972 年秋出版）。

47 从 1966 年开始，一个名为“博朗——公司的面孔”的展览就先后在德国的各座城市、日本、西班牙和捷克斯洛伐克举办。

品，这是博朗的首次主题展览。此外，博朗产品还出现在第三届卡塞尔文献展（Kassel Documenta）上，年轻的设计团队更是获得了柏林艺术奖（Berlin Art Award）。这是博朗与世界文化和博物馆亲密接触的黄金时期。

1965 年，伦敦举办了展示德国工业成果的贸易会，主题是“优良造型”（Good Form）。毫无疑问，博朗理应是全场的焦点，但这场贸易会的明星却是一辆跑车——保时捷 *911*，设计者是保时捷的年轻老板费迪南德·保时捷（Ferdinand “Butzi” Porsche），他曾是乌尔姆设计学院的学生。博朗的设计亮相 10 年之后，功能主义已经被公众所熟知，尽管它并不总是代表最高的审美水平。[48] 这次，博朗已然失去其独特地位。为了塑造一个全新的企业形象，创新至关重要。同年，博朗 AG 在斯图加特广播节目中展示了自己的产品，这是博朗历史上规模最大的展览。其中最受欢迎的是“伟大设计”系列的两款产品：*studio 1000*，它在隔音房间展出，是当时最好的 hi-fi 系统；另一个是便携式短波接收器 *T 1000*，它是全球第一台不计成本的技术创新。这台精致的便携式收音机有着黑色和银色对比的外观，效仿了一款小得多的产品，公司的未来将属于这一产品——前一年发布的 *sixtant* 电动剃须刀。这款剃须刀是博朗设计时代第一次大规模生产的产品。它采用的亚光黑和亚光银是汉斯·古杰洛特开创的重要色彩组合，突破了情感中立的原则。*sixtant* 的秘密模型是徕卡（Leica）——一款设定了世界标准的微型相机，它不仅推广了黑色和银色的配色方案，还创造了德国精工品质的声誉。[49] *sixtant* 剃须刀的超薄刀片把干式剃须刀提升到更高水平，一切都很成功。这款产品让设计创新呈现在产品上，同时也解决了最棘手的问题：设定一个更高的价格。新款剃须刀的销量也比其他同类产品更高。

48　1965 年，展览之年，亚历山大·米彻尔利希（Alexander Mitscherlich）出版了《现代城市的不良风格》（*The Inhospitality of the Modern City*），书中“千篇一律的高楼大厦”和“僵硬地附加”原则令人唏嘘。功能主义正在被重新审视。

49　两款传奇产品之间的相似之处从其他方面也可以看出，这两个关乎创建产品形象的案例，最主要的评判标准是锐利度。

1961—1967 年

50 管理层意识到了这一点。第一批产品线的停产是早期的预警信号，比如袖珍收音机和“世界接收器”。

51 其中包括德国的博世、西门子，以及日本的佳能和美国的吉列。

“伟大设计”系列的另一个里程碑产品是罗伯特·奥伯黑姆设计的 *Nizo S 8* 和 *Super 8* 胶片摄像机。黑色和银色的配色方案再次出现，这次赋予相机更舒适的触感，同时也显示出完美和高价值。收购位于慕尼黑的领先于相机市场的制造商 Niezoldi & Krämer 公司是欧文·布劳恩产品线扩充计划的一部分，比如借助收购引进的新产品：打火机。前瞻性战略的另一个要素是兼具现代感和自信的广告，让越来越多的体育界、政界和社会名流使用博朗的产品。比如，肯尼迪总统使用博朗产品就绝非偶然。博朗在数年间就成长为拥有广泛的活动和资产网络的全球化公司。不过，这种飞跃性的发展也蕴藏着一定的风险。产品多样化和创新成本急剧增加，再次超出了公司的现有资产。与此同时，日本工业崛起，其关键优势正是电子产品，这给博朗带来直接的竞争压力。[50] 博朗此时有两个选择：一是放弃诸如留声机等成本高昂的生产线；二是为业务寻找财力雄厚的投资者。于是，布劳恩兄弟开始接触各大企业和集团。[51] 直到 1967 年年底，美国吉列公司成为博朗大股东，消息轰动一时。而此时，布劳恩兄弟离开了公司，宣告博朗与过去的决裂。

巨变：1968—1974 年

1967 年，博朗搬迁到位于克龙贝格的陶努斯山区，那是一个田园诗般的小镇，随后，法兰克福的旧址被逐渐转让。看起来，被吉列收购似乎是一个重大停滞，但这并不是唯一迹象。一年后，乌尔姆设计学院停办似乎是另一个凄凉的预兆。欧文·布劳恩和两年前去世的汉斯·古杰洛特的合作关系随之结束，这为一种全新的环境创造了条件。现在，最主要的

图示：

上图：hi-fi 宣传册，1963 年和 1972 年

下图：hi-fi 墙系统 *TS 45* 和 *Bertoia* 钢丝扶手椅，1964 年广告主题

Grundregeln
für gutes Hören

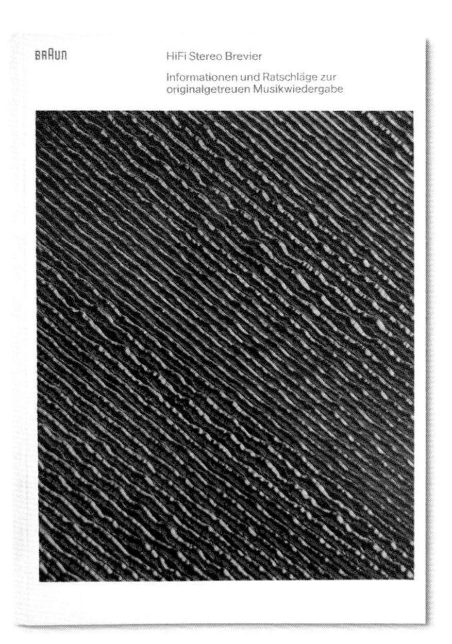
BRAUN
HiFi Stereo Brevier
Informationen und Ratschläge zur
originalgetreuen Musikwiedergabe

沟通渠道是克龙贝格和位于波士顿的吉列公司总部。在很长一段时间内，博朗都没有特别出众的设计成果。一些博朗员工目睹了一个时代的终结和公司黯淡的未来，便悄然离开。在收购之初，博朗拥有 5 700 名员工，而吉列则是它的 3 倍之多。尽管博朗的收入已达 2.8 亿马克，但美国总公司的销售额却是它的 6 倍。之后，仅仅过了 5 年，博朗集团的市值已达 7 亿马克，这在一定程度上是加大广告力度的成果，也让博朗更具国际影响力。

尽管疑虑重重，但在吉列羽翼下的生活却比预期的要好。董事长文森特・齐格勒（Vincent Ziegler）信守承诺，坚持不缩减产品范围，甚至还要进一步扩大。波士顿总部也希望从博朗这里学习一些东西。不仅如此，弗里茨・艾希勒依然负责产品设计，博朗董事会仍然负责决策。

迪特・拉姆斯的助理莱因霍尔德・韦斯离开公司，在设计方面，拉姆斯成为与美国方面的联系人。设计部也在不断变革。欧文・布劳恩发起的“博朗奖”成为有效的招聘工具，尽管这并不是设置该奖项的初衷。第一批获奖者是马萨诺利・乌梅达（Masanori Umeda）和弗洛里安・塞弗特（Florian Seiffert），他们后来都成为国际知名人士。博朗当场聘用了弗洛里安・塞弗特。在收购后的 5 年里，有 7 位新设计师加入了这个团队，其中的 4 位在 30 年后依然活跃，他们参与了“博朗设计”50 周年的庆祝活动，他们分别是彼得・哈特维恩、罗兰・厄尔曼、路德维希・利特曼和如今的设计负责人彼得・施耐德。这些一直坚守的设计师积累了不同凡响的专业知识，是博朗长期以来取得成功的关键所在。

1968—1974 年

20 世纪 60 年代末，第一次经济的轻微衰退打破了“永远繁荣”的天真观念。变化无处不在，不经意间就会颠覆一切。1968 年有很多关键词——越南示威游行、性革命、卡尔·马克思、可口可乐，但也有对粗毛地毯和 hi-fi 音响的狂热崇拜。博朗扬声器中回荡着披头士乐队的歌曲和其他摇滚乐等时代旋律。在博朗的设计部，设计师们留着比以前更长的头发。随着个人主义不断兴起，很显然，设计也不能再仅仅取悦于少数特定群体。取而代之的是，建立新的广告语“博朗家电适合每一个家庭的生活方式”[52]。从热固性到热塑性塑料，新的高质量、低成本的材料为设计提供了新的可能性。流行与塑料材质开始了一段亲密合作。可塑性材料的出现体现了人们对自由的憧憬。斯堪的纳维亚和意大利的设计师专门创造了造型精美的塑料椅，并采用当时流行的“霓虹色”。这不仅打破了陈规，而且坐椅子的人也可以变换各种姿势。流行设计已经渗透到德国人的日常生活中，比如赫尔穆特·巴茨纳尔（Helmut Bätzner）设计的邦芬格椅（Bofinger Chair）和英戈·莫勒（Ingo Maurer）设计的 *Bulb* 台灯。流行设计对博朗也产生了影响，比如在博朗早期，理查德·费希尔设计的 *stab B* 剃须刀和迪特·拉姆斯设计的 *domino* 打火机，以及立体声紧凑系统 *audio 308*，都是通过塑料这种介质来满足年轻人对音乐的狂热。按键选用具有标志性的颜色。从 *SK 4* 无线电留声机时代起，人们就开始熟悉它的排列方式，现在它们开始向全新的方向发展，让新设备将具备更广泛的功能。

在 1968 年的科隆国际家具展上，路易吉·科拉尼（Luigi Colani）设计的圆形厨房引起轰动。但几年之后，弗洛里安·塞弗特设计 *Aromaster KF 20* 咖啡机引发了一场真正的厨房革命。这是一种全新的厨房电器，它

52 *Lebendiger Klang.Braun High-Fidelity,* autumn 1972, P.12.

结构严谨，外观优雅，令人印象深刻。塞弗特还负责设计一些不同寻常的电动剃须刀及其全部实用配件，并在博朗的两种设计理念之上形成新的理念：分析型的乌尔姆学院派与温和的简约派。这两种理念在 *KF 20* 中都有体现，与格尔德·艾尔弗雷德·马勒设计的 *KM 3* 食品加工机有相似之处。这绝非偶然，而是受这个时代典型的鲜艳配色风格的影响。[53] 同年，*KF 20* 和 *F 022 vario* 闪光灯也面世了，这是罗伯特·奥伯黑姆设计的实用型产品，具备相似的特质。毫无疑问，即使是今天的闪光灯附件依然用亚光黑来定位自己。1970 年，奥伯黑姆在 *D 300* 全自动幻灯机上展示了一个绝佳设计，这是在博朗设计中空间占据主导地位的另一个例子。它是第一台全黑色的设备，吸引了众多效仿者。现在，几乎所有博朗的产品都变成了“黑匣子”，这原本是基于时尚流行色的一种替代方案，但事实证明这很成功。1972 年，第一款带接收器的留声机 *regie 510*“穿上”了精致的新款外壳，引来拥趸无数。继灰色、银色和黑色、银色的经典配色之后，博朗再次引领了色彩趋势，至今仍备受追捧。

新的产品形式再次征服了世界，包括第一款时钟，*phase 1* 闹钟，第一台美发设备 *HLD 5* 和第一款带吹风罩的吹风机 *Astronette*，同样高度实用的设计原则被更著名的 *Blow* 扶手椅所采用，博朗再次成为行业的引领者。[54] 在设计竞赛中，博朗一如既往地享受着成功的喜悦。在 1968 年度联邦最佳造型奖（the Federal Award for Good Form）的颁奖典礼上，7 款获奖产品中有 4 款来自博朗。1974 年博朗推出了 *TG 1000* 盘式磁带录音机和 *Tandem* 幻灯机，这是两款非常有野心的产品，却都是同类产品中的最后一款。自从推出了盒式磁带录音机，*TG 1000* 随即退出历史舞台。[55] 不过，*Tandem* 幻灯机系统却并没有在市场上占据一席之地，这或

53 这些颜色也可以用在如剃须刀 *stab B1* 和 *stab B2*（由理查德·费希尔于 1965 年和 1966 年设计）、盒式磁带、女士剃刀和腋下剃刀（分别由弗洛里安·塞弗特于 1970 年、1971 年和 1972 年设计）、*diskus* 手电筒（由汉斯·古杰洛特于 1970 年设计），以及 *HLD 4* 吹风机和 *domino* 打火机（由迪特·拉姆斯于 1970 年设计）。

54 创作了舒适的透明充气安乐椅 *Blow*，1967 年，扎诺托（Zanotto）；1971 年，博朗开始研究气体力学。

55 1963 年飞利浦推出了“紧凑型 - 盒式磁带”（Compact-Cassette），并在两年后投入生产。第一台博朗盒式磁带录音机是在 1975 年制造的（5 年之后，新系统达到 hi-fi 的品质）。卷盘驱动式播放器存在了一段时间，很大程度上由其他厂商提供，其中包括瑞华士（Revox）和蒂亚克（TEAC）。

图示：*regie 510* 接收器广告　1972 年

Wiedergabequalität an den Grenzen absoluter Perfektion.

Der neue Receiver von Braun.

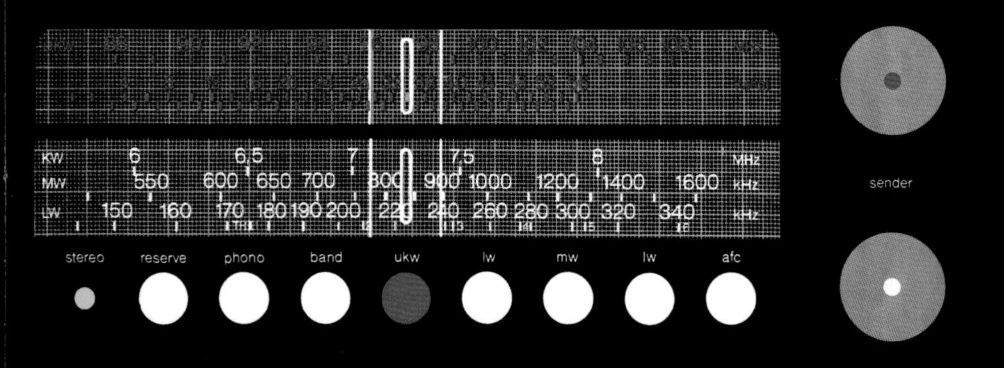

1968—1974 年

56 继 *Ela* 留声机系统和演播室闪光装置之后，博朗不得不再一次放弃进入专业领域的想法；而且这些系统复杂的产品的营销也十分困难。

57 如 Bang & Olufsen、Brionvega 和 Wega 这样的唱机设备制造商确立了自己继博朗之后，以设计为导向的高端品牌。1970 年，索尼在德国设立店铺，在许多情况下，它都是追随博朗脚步的另一个竞争对手。

58 Canton 创建于 1970 年，它最终成功地将高品质扬声器作为独立产品，供其他制造商使用。

59 这个术语曾在乌尔姆设计学院被多次讨论。在博朗的产品目录中，“设计”一词现在与德国术语“Gestaltung”同时出现，偶尔也会用“博朗设计”一词。（*see e.g.Lebendiger Klang. Braun High Fidelity,1972,P.12*）

60 即使在所谓的“8° 系统”被引入的时候，仍然没有使用“设计”这个词的确凿证据。

61 随后，有一篇文章阐释了博朗设计的 10 个原则，这在很大程度上被作为一份宣言而广为流传。与此同时，出现了一系列名为“有关设计的思考”（Überlegungen zum Design）的广告，每一则广告都解释了某一特定设备的设计（以杂志的形式出版）。可参见注释 71。

62 在“设计作者”或“设计师品牌”中，设计师的名字成为营销的一部分。国际顶级设计师团队孟菲斯（Memphis）就是一个例子。

许是因为它代表了“多视觉”技术的终极形态。[56] 在新技术不断兴起的市场中，博朗不可能继续以自己的标准在所有领域成为先锋。目前的情形更是如此，其他制造商正在不断占领博朗的根据地，即使是在博朗的精致设计领域。[57]

从博朗前员工创立的扬声器制造商 Canton 的例子中，不难看出原创设计对后代产生的直接影响。[58]

这样的发展模式使博朗更迫切地专注于自身的优势。1970 年前后，“design”这个英文单词开始出现在博朗的产品目录中，当时，这个词在设计领域很常见，但是并没有在其他领域广泛使用。[59] 在美国和德国合作的公司里，使用英文交流并不稀奇，但在当时，这个单词在德语中也不常见，这正是没有把它用于广告中的原因。[60] 在 1972—1973 年年度报告中，“Braun Design”首次出现在文章标题里。[61] 因此，我们今天所熟悉的这个令人回味的概念，已渗透到博朗的日常用语中，这里融入了博朗品牌的名称，创造了一个口号，进而发展成企业形象的结晶。

修正路线：1975—1984 年

1981 年，迪特·拉姆斯获聘汉堡艺术大学的教授。当时聘用一位有艺术行业背景的人是极不寻常的事情，尤其是在 20 世纪 60 年代末期校园里盛行的反资本主义思潮中。同年，在米兰的一个名为孟菲斯的组织，呼吁终止一切设计惯例。这是设计领域的又一次革新，与一些备受瞩目的设计师的出现有关。[62] 直到那时，关于“是谁构想了各种博朗产品”的问题还没有引起人们的注意。在迪特·拉姆斯开始教学前不久，一本关于他的书出版了，[63] 这是一本早期的设计师传记，而不仅仅是收录他设计的作品。书中只有部分内容是他本人撰写的，这在某些情况下引起了争议。[64] 这一切都被认为是自我确认的过程，因为随着弗里茨·艾希勒的离开，博朗早期的设计先锋便已不再活跃了。

随着 20 世纪 70 年代出现的两次石油危机，空中弥漫着一种悲观的气氛。环境和核问题的焦虑情绪正在蔓延。曾经，塑料被看作未来产品的主要材料，如今却成为不环保的废料的象征。博朗开始减少塑料的颜色种类，但无论如何禁欲主义都是一个主要原则，节俭的理念将博朗的目光转向了肥沃的土地。在后来的 5 年里，不同的产品线被赋予不同的权重。小型产品脱颖而出，包括从概念上就具备吸引力的由海因茨·乌尔里克·哈泽设计的 *PGC 1000* 吹风机，以及彼得·哈特维恩设计的第一个口腔卫生中心 *OC 3*，再一次为行业开辟了新的发展方向。第一款卷发器和熨斗也在这个阶段出现。至今依然盛行的产品系列正在成型，其中钟表领域的发展最快。极具天赋的迪特里希·卢布斯设计了一款名为 *functional* 的闹钟，在众多博朗设计产品中是极富表现力的象征。[65] 接下来，一系列卢布斯闹钟产品相继出现，壁挂钟和腕表的设计也简化到最本质，这些都赋予博朗备受瞩目的品牌形象。黑色作为主导色彩功不可没。同样新颖的产品还有迪特·拉姆斯和路德维希·利特曼合作设计的袖珍计算器。在这些低调的设计杰作中，博朗已经将产品的体积缩减到上衣口袋大小。

这一时期更为雄心勃勃的作品是罗兰·厄尔曼设计的 *micron plus* 剃

63 *Francois Burkhardt and Inez Franksen, Design: Dieter Rams &*, Berlin 1981; 这本书是柏林国际设计中心（IDZ）的展览目录。

64 莱因霍尔德·韦斯设法说服出版商，把自己的名字贴上虚假的标签。

65 同样的例子还有 *KM 3* 食品加工机、*KF 20* 咖啡机和 *F 022* 闪光装置。

须刀，毫不夸张地说，他将一项重要创新带到了新的高度。这一创新预示着在握持的问题上，软硬结合技术取得巨大的突破，即软塑料在硬材质表面的永久融合。厄尔曼首创的这项技术，在下一代剃须刀中扮演了多重角色，标志着设计发展的新趋势和超乎想象的设计维度。也是从这时起，设计师个人开始关注特定的产品线：厄尔曼的剃须刀，哈泽的美发工具，卢布斯的钟表，奥伯黑姆的闪光灯，施耐德的胶片相机和其他组件，哈特维恩的电动牙刷，卡尔克和利特曼的家用电器，哈特维恩和拉姆斯的 hi-fi 系统，拉姆斯的打火机。这种职责分工是为促进专业技能而设定的，但并不总是严格遵守这一分工。另一项优势是构建模型，并在克劳斯·齐默尔曼（Klaus Zimmermann）的领导下进一步发展，当时，这是让复杂对象可视化的唯一途径。

在重新构建的模式下，20 世纪 80 年代初涌现出一系列不可思议的技术和设计里程碑。在新产品的设计理念中，保守的传统再次发挥了不可低估的作用，比如，彼得·施耐德的 *Nizo integral* 胶片摄影机和彼得·哈特维恩的 *atelier* hi-fi 系统。它们都是各自领域内杰出的典范。*integral* 将所有控件精准简约地集成在一条线上，*atelier* 则摒弃一切不重要的功能，以及设备表面的电缆，终结了设备上一排排按键的时代。[66] 20 世纪 80 年代初的畅销产品是 *KF 40* 咖啡机，哈特维希·卡尔克（Hartwig Kahlcke）创造了一款寿命长达 20 年的咖啡机。博朗已经成为小型电子产品的领先制造商之一，尤其是剃须刀，它已取代了 hi-fi 音响，成为公司的核心业务。博朗曾在 1981 年的一份新闻稿中这样表述它们的新焦点："成功地在日常设备中进行这种扩展，意味着我们必须集中我们的资源。"听起来像是对事态的理性评估，也是一种声明。不久之后，胶片和摄影部门出售，[67] 随后 hi-fi 音响部门也被剥离。[68] 现在回想起来，这一措施本身就是博朗终

66 广告强调，这种中性外观的系统与各种家具风格互相协调（这就是为什么它会出现在各种家具店中，包括宜家），这一声明不仅反映出博朗的目标群体的改变，而且反映出社会上逐渐重视个性化和市场细分的趋势。

67 博世公司曾经拒绝欧文·布劳恩的提议，现在抓住了这个机会。

68 博朗昔日的核心业务一直延续到 1990 年，由吉列的子公司 Analog & Digital Systems (ads) 进行。

图示：

上图：兼具软硬材料结合技术的 *micron plus* 万用电动剃须刀，1978 年

左下图：博朗最后一款 hi-fi 系统的产品目录，1990 年

右下图：博朗 *TV 3* 电视机的产品目录，1986 年

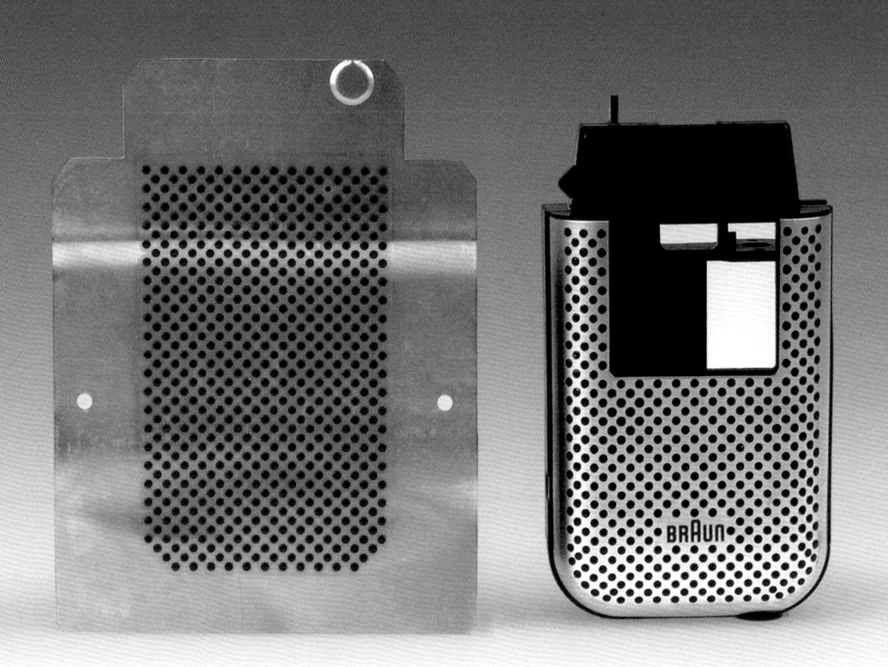
BRAUN

Die atelier Anlage.
Letzte Edition.
Die Braun atelier Anlage
CD5
BRAUN
CC4
89.30
BRAUN
C4
BRAUN
PA4
BRAUN

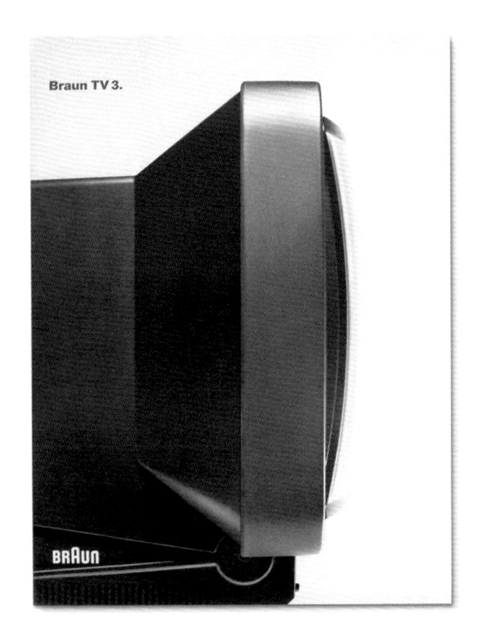
Braun TV 3.
BRAUN

结昔日优势的开始。美国人一贯洞察先机，吉列两次从博朗撤股，来自远东的压力也越来越大，加之技术发展突飞猛进，最终导致德国摄影和唱片业的消亡。[69] 迪特·拉姆斯极力保护部门内的工作，尽量不受公司痛失曾经的旗舰产品的不良影响。幸好有他，设计部与执行董事会之间的直接联系才得以长久保持，这也是博朗从众多竞争对手中脱颖而出的关键所在。当时，拉姆斯与时任 CEO 洛恩·瓦克斯拉克斯（Lorne R. Waxlax）和波士顿董事长艾尔弗雷德·蔡恩（Alfred M. Zeien）密切合作。仅此一点就表明了公司对设计的重视。凭借瓦克斯拉克斯的支持和良好的衔接，拉姆斯设法将设计部凝聚在一起并赢得了集团的合约。此外，这也促成了牙刷生产商 Oral-B 和化妆品公司 Jafra Cosmetics 的合作。在此期间，彼得·施耐德还负责采购和履行外部合约，并与西门子、Hoechst AG、汉莎航空和德意志银行等签订了合约。这些接触者呼吁重新思考事情的优先级，设计师应该保持更加开放、更具创业精神的态度，这一点时至今日依然能引起共鸣。

迪特·拉姆斯在开始教学的时候，正是推崇“新德国设计”的起义军蓄意践踏良好设计的神圣原则的时候。这导致拉姆斯最终根据自己的工作原理编纂了一套标准。[70] 他在一次演讲中列出了一个类似于“好设计”区别于“坏设计”的 10 项原则（也被称为“设计十诫”）。他的观点得到了广泛认可，这源于多年的经验，又或许是他在博朗的指导方针 [71]“设计十诫”增强了他作为设计价值观的维护者的声誉，远离所有过往的时尚。

69 截至 2010 年，依然保持相对独立的公司只有德国制造商 Metz 和 Loewe。

70 1982 年，名为“看不见的家具——更优雅的生活”（*Furniture Perdu—More Gracious Living*）的展览在汉堡引发了一场反抗活动，抗议当时人们普遍认为家具应该以功能性为主的观点。

71 在 1962 年的《工业设计》（*Industrial Design*）杂志上，美国作家理查德·莫斯（Richard Moss）曾经将博朗设计追溯到三个原则：秩序、和谐、节俭。博朗也曾在 1972—1973 年年度报告中首次援引了这些原则（可参见注释 61）。1980 年，赫伯特·林丁格尔为在汉诺威举办的 IF 设计奖的评审团编写了一份名为《良好工业形式的 10 个标准》（*10 Criteria for Good Industrial Form*）的目录，该文件还被马克斯·比尔、埃德加·考夫曼（Edgar Kaufmann Jr）和米娅·西格（Mia Seeger）所借鉴（cf.IF International Forum Design [ed.] *50 Jahre IF*, Hanover 2003, P. 106）。1985 年，迪特·拉姆斯举行了名为“什么是好设计？”的讲座，其间还引用了莫斯的文章《论设计》（*Views on Design*, internal paper, Kronberg 1998）。关于“好”与“坏”的言论并不绝对。其中第 10 个结论“好设计是尽可能少的设计”是一个悖论，问题就在于“设计”一词相关的过程和结果的界定并不明晰，“功能”一词也很模糊。这个问题曾在多处被提及（Andreas Dorschel, *Design. Aesthetics of the Usable*, Heidelberg 2002）。

新的市场和技术：1985—1994 年

事实上，“设计”在 20 世纪 80 年代备受瞩目，每个人都会谈到“设计”这个词，这也让十几年前出现的“博朗设计”焕发生机。对理性形式的坚定不移，也有力地反击了朋克和后现代主义的反审美倾向。

1986 年，第一期《博朗收藏家》(*The Braun Collector*)杂志出版。[72] 如果不是和“创造传统”这一概念关联起来，[73] 从历史的角度记录公司那些最具魅力的产品的承诺可能会被真心地接受，因为在这里，对过去的特定看法会留给子孙后代。该杂志传递出一个潜在的信息：在博朗的全盛时期，公司似乎并不总是在摸索前行，而是按照一些黄金法则运转着，但事实上，博朗的发展速度却十分惊人，可以用一串数字证明：1986 年，开发不到三年的产品就能创造 13 亿马克的收入，且只占公司当年总收入的一半。在德国，仅有 1/4 的产品在销售，在西欧各国也只有 1/2 的产品在销售。1986 年的重要事件就是成立了新的计算中心，由罗伯特・默里（Robert J. Murray）接替了长期担任 CEO 的洛恩・瓦克斯拉克斯，但他从未有过类似经验就迅速上任。这也使他在 20 世纪 90 年代初被雅克・拉格阿德（Jacques Lagarde）和 阿奇博尔德・利维斯（Archibald Livis）所取代。

20 世纪 80 年代后期的创新包括迪特里希・卢布斯设计的名为“倾听”(*listening*)的声控闹钟和罗兰・厄尔曼设计的 *micron vario* 电动剃须刀。彼得・施耐德设计的 *Oral-B Plus* 牙刷带来了一款大众市场产品，在此之前，设计师们曾对它不以为然，直到与位于加州的合作伙伴建立了长期的合作关系，它才走出被忽视的低谷。后来，这款牙刷的销量超过 10 亿支，成为博朗最畅销的产品之一。随着 *linear* 模型的出现，为吸引更年轻的目标群体的第一款剃须刀问世了，这款产品为博朗打开了新的市场。

在此期间，最引人瞩目的是美国市场销量的大幅增长——1986 年，美国已成为博朗的第三大市场。在随后的几年里，日本市场的销量猛增，进一步凸显了向海外市场发展的趋势，这并没有对公司的设计战略产生影响。

72 由乔・克拉特和格特・斯塔夫勒主编，先后更名为《博朗 + 设计精选》和《设计 + 设计》的杂志承担着博朗爱好者论坛的功能。

73 这个词是由英国历史学家埃里克・霍布斯鲍姆（Eric Hobsbawm）提出的，是指理智结构或真实结构，表明某些事物“始终”是历史的一部分。他认为连续性的推断实际上是“人为的”，并且“对新情况的回答……必须以旧形式为参照”。这样，就形成了一种“自创的过去”，特别是“通过几乎强制性的重复”。对霍布斯鲍姆来说，它是“现代世界的不断变化和不断尝试的对比……把社会生活的某些部分当作是不变的……这让历史学家对传统的发明更加感兴趣”。可参见 http://www. holme-speare.de / tradition / hobsbawm. Html。

74 在 1971 年的一场演讲中，“设计”一词并没有被提及，弗里茨・艾希勒也没有引用一些规则或类似博朗项目的核心。他将其定义为一种商业理念，目标是“获得长期的信任”。为了实现这一点，首先必须建立一种交际文化，确保“市场营销、技术开发和设计”之间的最佳配合方式（在这里使用的是德语“设计”一词）。因此，艾希勒将“设计”视为跨学科过程的一部分，这个过程是开放的，因为它总是面向未来展开的。（Fritz Eichler, “*Die unternehmerische Haltung*” [“*The Entrepreneurial Attitude*”], in: Ansichten zum Design, internal paper, Kronberg 1988）

1985—1994 年

75《物体静止法则》（*Die leise Ordnung der Dinge*），出版于 1990 年，作者尤塔 · 布兰德斯（Uta Brandes）是科隆应用科学大学设计系（如今的 KISD- 科隆国际设计学院）讲师。

1988 年，随着第 1 亿支博朗剃须刀离开工厂，这款备受青睐的产品在很长一段时间内已经成为公司销量和企业形象的支柱。现在，即使不说迪特・拉姆斯是德国设计的代表人物，他也被称为董事会的“全权代表”及设计委员会的主席。1990 年，市面上出版了一本关于这位极富魅力的设计大师的传记。[75] 同年，最后一代 *atelier* 音响系统问世，以一种大张旗鼓的方式结束了留声机设计时代的乐章。事后看来，它也预示着拉姆斯的离开。这将在 5 年后，在博朗设计出现 40 年后逐渐发生。1991 年，弗里茨・艾希勒去世，他是参与并见证了 20 世纪 50 年代早期博朗取得突破的先驱之一，他甚至在 80 岁时还在监事会任职。一年后，欧文・布劳恩也离世了。

20 世纪 90 年代初冷战结束，东欧市场也随之开放。博朗再一次迎来了技术上的飞跃。电子技术和数字技术的出现引发了第三次科技革命，对工程师和设计师的策略制定产生了影响，越来越多的电子元件被集成到小型设备中。同年，软硬材料结合的技术和在同一产品中应用不同材质的技术，不但开辟了全新的解决方案，而且产生了更正式的专业词汇。彼得・哈特维恩推出的 *Plak Control* 电动牙刷是一款最畅销的产品，它能同时旋转和振动刷毛，还有着软硬材料相结合的舒适外观，更是简约与日益增长的复杂性相结合的成功案例。迪特里希・卢布斯设计的多功能 *DB 10 fsl* 电波闹钟，是用经典的三角形外观将高科技表达得最淋漓尽致的产品。罗兰・厄尔曼设计的 *Flex Integral* 是另一个将自己的设计理念与创新完美结合的案例，这款全新的顶级剃须刀沿用了博朗传统的灰色风格，它同样大获成功，尤其是在德国、斯堪的纳维亚半岛和日本市场。市场的日益分化正在成为设计和营销相互作用的挑战。此时博朗的出口额超过 10 亿马克，约占总收入的 70%。

图示：

左上图：模型结构：*Syncro* 电动剃须刀设计开发过程，1998—1999 年

右上图：结构高度复杂的 CAD / CAM 铣削模型

下图：Oral-B *Advantage* 牙刷的开发过程，1993 年

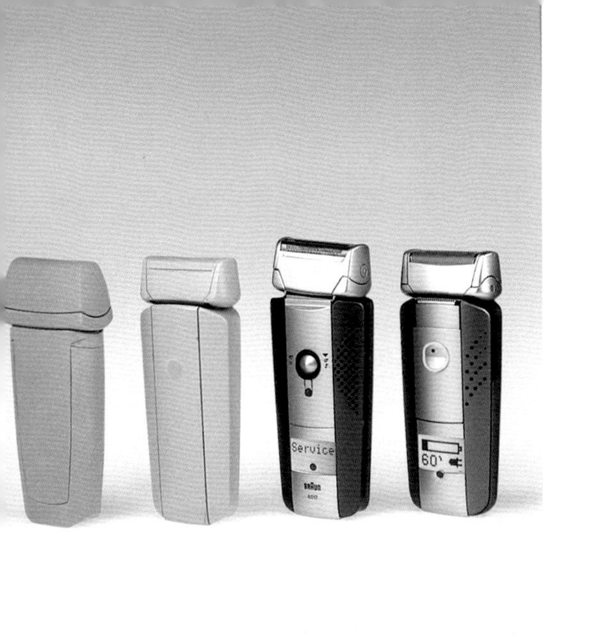
Service
60'

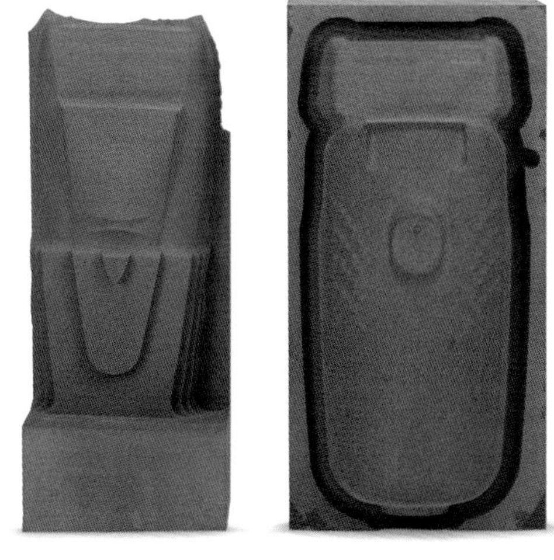

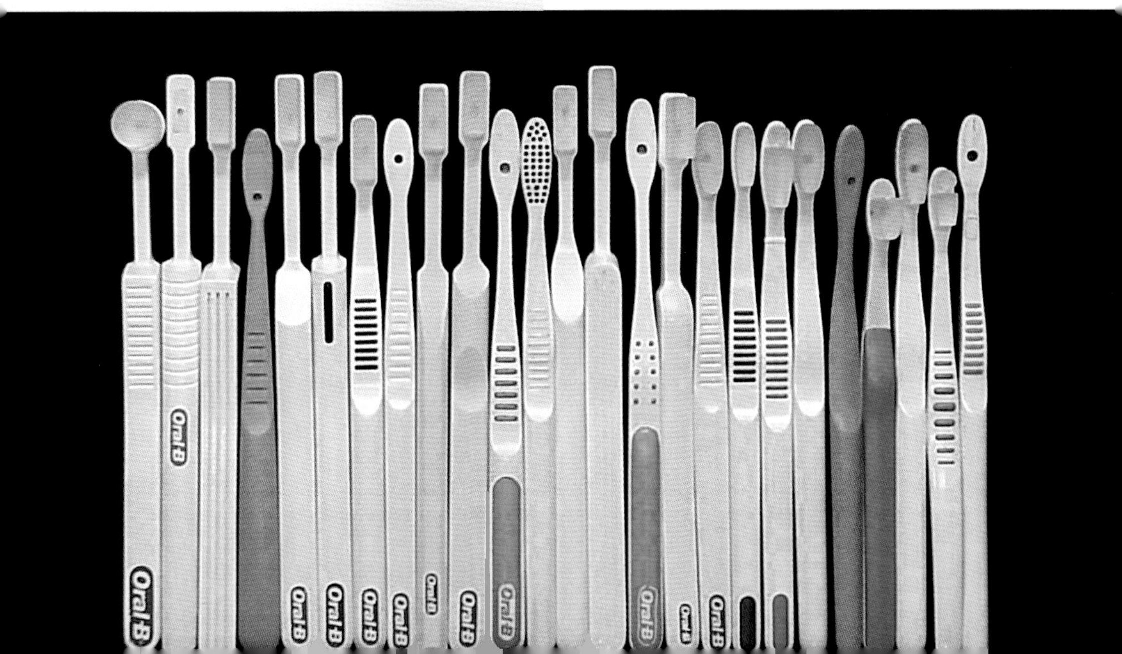
Oral-B
Oral-B
Oral-B
Oral-B
Oral-B
Oral-B
Oral-B
Oral-B
Oral-B
Oral-B
Oral-B
Oral-B

全球化设计：1995—2005 年

当迪特・拉姆斯达到退休年龄、彼得・施耐德被任命为设计部新主管的时候，并不是一个普通的职权交接时期，整个行业和媒体都在高度关注的，不仅仅是这位设计领域中教父般的人物的离开，还有博朗接下来的命运。事实上，整个公司和工作环境都发生了巨大的变化。曾经引领市场的先锋项目大胆进军现代主义利基市场，如今却演变成大众市场的供应商：博朗在法国、爱尔兰、西班牙、墨西哥、美国和中国都设立了工厂。公司商业战略的主要目标依然是占领全球各大洲的主要市场。2002 年，博朗的收入总额达到 15 亿欧元，比 20 世纪 90 年代中期增长了近 1/3。如今，博朗是全球第一大剪切刀片剃须刀、电动口腔清洁设备和红外线温度计的供应商。20 世纪 90 年代后期，博朗又推出了一系列产品，并成为各自领域的行业标准。由路德维希・利特曼设计的 *MR 500* 手持搅拌机将软硬材料结合技术提升到更高水平，且更具家电功能，例如更加防水的外壳。在 20 世纪 90 年代加入公司的迪特里希・卢布斯和比约恩・克林（Björn Kling）设计的 *Thermo Scan* 红外线温度计，在完善体温测量的同时，还增加了使用舒适度，这更符合博朗的风格。最后，在数字革命时代，由朱里根・格罗贝尔（Jürgen Greubel）和彼得・施耐德设计的第一支牙刷 *Cross Action* 是博朗在小型设备中的巨大突破，它完全由自由曲面构成，外观简约。在这个功能主义的微型“雕塑”产品中，立体造型完全通过计算机才能实现。由于采用了先进的软件，使结果可以直接传送到生产设备上。这样，通过运用博朗设计的完整的融合型生产线，呈现出的是新款牙刷的批量化生产。这款牙刷的设计正好符合亟待开发的新领域的需求。

设计师的作用也发生了根本性的变化。在这个年代，一种设计理念或许被认为很普通，但一些顶级设计师的作品却拥趸无数。与设计有关的企业也是如此，像松下和飞利浦等企业应该投入更多资源到设计部门中，突破博朗的特殊理念可能更加重要。事实确实如此，博朗产品设计鲜少出现在公众视野，就像回到了设计刚出现的时代。尽管如此，公司依然要表现出专业水准，虽然这可能是早些年才会有的追求。例如，应用高精度的数控铣床，产品模型的质量越来越好。尽管吉列总公司或许为了缩减开支，将产品范围缩减到核心业务领域，[76] 但如今，更年轻的博朗设计团队也更具国际视野，[77] 并在工业界的冠军联赛中发挥出色。否则很难解释“博朗奖”的巨大吸引力。[78]

为了让人们更关注设计创新，设计部负责人彼得・施耐德毫不犹豫地打破了一些禁忌。比如，采用一种新的配色方案，包括不寻常的柔和色调，技术上的精心设计，斑驳的表面，这自然也给纯粹主义者设置了障碍。如今，判断产品设计成功与否的标准是全球公众的接受度，这是所有决策都会考虑的因素。为了确保博朗产品不被淘汰，MTV 和 eBay 等电商平台的问题必须妥善解决。对于面向全球市场的设计师而言，评估不同细分市场的概况很重要，并能巧妙地将其归结为一个共同点。*PRSC 1800* 专业吹风机等产品展示了成功的可能性。设计部与市场部门的日常沟通发挥着

76 2005 年，宝洁公司收购吉列公司大部分股份，其影响仍有待观察。

77 新一代博朗设计师包括马库斯・奥塞（Markus Orthey）、蒂尔・温克勒（Till Winkler）和越南设计师 Duy Phong Vu，以及来自澳大利亚的加拿大籍设计师罗里・麦加里（Rory McGarry）和本・威尔森（Ben Wilson）。

78 2005 年，博朗设计不仅庆祝其成立 50 周年，还第 15 次颁发了博朗奖。

BRAUN

PremioBraunPreisBraunPrize

PromotingDesign
DesignFörderung
PatrocinioDiseño

越来越重要的作用，比如，在商业软件部门的帮助下，确保次级市场中出现的任何下滑趋势都能被立即记录下来，这一直是产品开发的重要需求。过去，设计师需要乘飞机去亲自查看，或者必须留在办公室里沟通，现如今，他们只需要一台电脑就可以实时获取这些重要的市场信息了。

事实却是，即使在数字时代，仍然需要做出果断的决定，*Clean & Charge* 自动清洁剃须刀就是有力的证明，最初公司内部没有人看好这款全新的产品。另一方面，设计师也不能完全跟以前的产品或理念划清界线，*Impression Line* 就是由烤面包机、电热水壶和咖啡机组成的产品线，它采用了曾经的黑色和银色的配色方案，塑料和金属相结合仍然非常适合传递持久的价值，这里采用了不锈钢。在这些电器中，流畅的线条设计就是用于传递情感的。除了 *Cross Action* 牙刷以外，*FreeStyle* 蒸汽熨斗、*MR 5000* 手持搅拌机和 *ThermoScan Pro 3000* 温度计，都是将理性分析与全新感受相结合的经典案例。就功能性而言，*Activator* 是迄今为止将强大的功能与柔和的外观轮廓相结合，并符合博朗设计的第三个生物形态维度，它必要防滑元素的保留和两条平行线构成的控制轨道，都体现出博朗设计的前辈所倡导的古典现代主义特征。

彼得・施耐德曾说，“教条主义如今已经过时了”，尽管如此，他仍然坚持原有的价值观。毕竟，博朗设计师最初的基本信条就是：努力在不断革新和持久认同之间寻找平衡。施耐德并不是在坚守一种固有的原则，而是根据工作中的实际情况，采用更恰当的专业途径。虽然在今天看来，这样的说法略显老套，但依然觉得，曾经使用过博朗产品的人都应该学

图示：

上图：2000 年，位于克龙贝格的行政大楼

下图：博朗设计部合影，2005 年（从右至左）：彼得・施耐德、格林德・克雷斯（Gerlinde Kress）、乔斯法・冈萨雷斯（Josefa Gonzalez）、罗里・麦加里、克劳迪娅・亨普尔（Claudia Hempel）、伯恩哈特・西科拉（Bernhard Sikora）、Duy Phong Vu、克劳斯・齐默尔曼、斯文・伍蒂格（Sven Wuttig）、埃拉・斯特拉克（Ella Stracke）、沃尔夫冈・斯特格曼（Wolfgang Stegmann）、亚历山大・多恩（Alexander Dorn）、罗兰・厄尔曼、奥利弗・迈克尔（Oliver Michel）、乔基姆・尼克尔（Joachim Nickel）、彼得・哈特维恩、蒂尔・温克勒（Till Winkler）、路德维希・利特曼、卡尔－海因茨・伍蒂格（Karl-Heinz Wuttig）、弗里茨・舒伯特（Fritz Schubert）、比约恩・克林、马库斯・奥塞，克里斯托夫・马里亚奈克（Christoph Marianek）和本杰明・威尔逊（Benjamin Wilson）。乌多・巴蒂（Udo Bady）未到场

会欣赏它的设计。今天的博朗发展成为一个不断创新的面向大众的品牌，比以往更加注重客户的需求和愿望，为了实现这一目的，营销部门需要提供更加精准的信息与数据。这也是设计应该考虑更多情感因素的原因，这些因素通常需要表现在复杂的形式之中，而且越来越重要。尽管设计品质和技术优势的结合是博朗设计早期一直坚持的原则，但是多维度考虑问题也很重要。彼得·施耐德曾经大胆猜测："功能和情感的结合是未来产品设计的关键。"

娱乐电子产品

70 简介

74 里程碑

100 台式收音机

104 晶体管和便携式收音机

110 无线电留声机组合

112 带电唱机的紧凑系统

122 音响柜

128 hi-fi 系统及组件

140 控制器

152 电唱机

158 盘式磁带录音机

162 CD 播放器

164 电视机

169 家庭影院综合柜

172 耳机

简介：娱乐电子产品

从简约的 *SK 1* 收音机到高级的 *atelier* hi-fi 系统，一系列看上去差异巨大的产品都源自博朗的音响部门[1]，但即便是上述两个极端产品，我们依然可以发现其中的相似之处。比如，盒状外形和令博朗设备使用起来非常简单从而享誉世界的组织原则。那些流行于 20 世纪 50 年代的收音机，将人们的客厅瞬间变成音乐厅：大面积织物覆盖的扬声器就像完整的窗帘，一排排象牙色控制键好像钢琴的琴键，还有那个金色的巴洛克式装饰，惟妙惟肖。可以说，博朗终结了老一代的音乐家具，在为当下的收音机和留声系统设计新的木质外壳这项任务上，赫伯特・希尔施和汉斯・古杰洛特被委以重任。[2]

这样的盒状设计成为所有音响设备的造型基础，与“反媚俗设计”作战是它们的共同特点。[3] 我们已经可以认识到暂时的系统化思考：举个例子，扬声器的位置发生了变化。[4] 用于通风和扬声器的平行凹槽成为一个显著特征。由汉斯・古杰洛特和迪特・拉姆斯共同设计的那款传奇的 *SK 4*[4] 上就有这样的立面特征。这种平顶结构的设计就像在战后沉闷古板氛围中的一声宣言，标志着博朗设计取得了新的突破。[5] *SK 4* 通过顶部的一排控制按钮，[6] 建立了紧凑系统。由单个零部件构成的立体声系统[7] 成为下一个里程碑，更是一款划时代的产品。拉姆斯[8] 赋予 *studio 2*“技术控”的特征而成为创新的典型。这种上下堆叠的设计，必然导致大体积外观，以及大面积垂直操作面板的出现和发展，[9] 这种形式很快在世界范围内盛行。博朗正是以这种颇具禁欲主义风格的颜色和设计而成为潮流的引领者。

1 如今，在整个西方世界经济衰退的背景下，来自远东的竞争日益激烈，整个德国音响业几乎消失了。

2 颇具格调的设备：直线轮廓、简化的控制按钮和浅色木材。控制台的设计符合当时流行的“斯堪的纳维亚风格”，其功能被给予“人性”的解释。这种简约的北欧风主宰了当代建筑师的作品，以及当时的室内装潢杂志。但是，在博朗采用这种设计之前，没有任何产品可以呈现出斯堪的纳维亚风格。

3 其他的例如运用在无线电转盘组合 *combi*（1955 年）中的一些系统方法，并没有在音响领域有广泛的发展。

4 例如在 *TS-G* 台式收音机中，扬声器位于设备的上方。

5 这一突破包含了对象征主义的放弃，标志着科技的进步。

6 在 20 多年的时间里，博朗推出了许多款类似的无线电唱机或电唱机接收器组合。*PC 4000* 音频系统（1977 年）是其中的最后一款产品。

7 由乌尔姆设计学院教授赫伯特・林丁格尔最先提出的原则。该原则主导了音响界的发展，直到 20 世纪 90 年代才被综合的迷你塔系统（*minitower system*）和便携式的马路音响（*ghetto blasters*）所取代。

8 迪特・拉姆斯的设计改变并引领了整个行业长达约半个世纪。

9 这种功能性工业美学令人联想到将技术引入生活空间的另一种设计创新：20 世纪 20 年代的管状家具（tubular furniture）。

图示：*audio 308* 紧凑系统；细节

band
phono
lw
mw
kw
fm
3
3
2
2
1
1
0

1955 *TS-G* 台式收音机
SK 1 台式收音机

1956 *PK 1* 无线电留声机
SK 4 无线电留声机
exporter 2 便携式接收器

1957 *L1* 扬声器
studio 1 紧凑系统

1958 *HF 1* 电视机

1959 *studio 2* 模块化系统
TP 1 晶体管收音机

1963 *T 1000* 短波接收器

1964 *audio 2* 紧凑系统

1965 *CE 1000* 接收器
PS 1000 电唱机
TG 60 盘式磁带录音机

1968 *regie 500* 控制模块

1969 *L 710* 演播室扬声器

1972 *regie 510* 控制模块

1973 *audio 308* 带电唱机的紧凑系统

1977 *PC 4000* 紧凑系统

1980 *A 1 atelier 1* 放大器

1986 *R 2 atelier* 控制模块
TV 3 atelier 电视机

早期的系统采用当时最“潮”的银色作为输入端的颜色。此后在20世纪70年代，深黑色掀起了另一股时尚风潮。至今，这两种颜色在博朗产品甚至整个消费电子产品行业中依然盛行，它们之间的关系和发展路径值得我们深思。

对于台式音频设备而言，需要让使用者拥有更多可控权，主要包括一些切换和调节功能，因此控制面板的排布和构成尤为重要，而博朗有着极佳的组织系统。在早期的音响行业，博朗就出品了一系列专用收音机样本。尽管如今它们已不再流行，但在当时却设定了时尚标杆，例如便携式晶体管收音机和适合环球旅行的 *T 1000*。hi-fi 系统现在成为娱乐电子设备中的核心，其中 *studio*、*audio*、*regie*、*atelier*，这些名字至今依然会让鉴赏家们心跳加速。它们都呈现出近乎完美的效果，并通常被整个行业当作范例效仿。在 20 世纪 60 年代，当“好设计”和“高性能”合为一体的时候，博朗就成为一个顶级品牌。那时，中性美学已是公认的标准[10]，而包罗万象的产品线构建还没有成为主流。[11] 博朗提供的产品已经能够在单一产品线上实现充分的互补，为家用音响需求提供全面的服务，形成了博朗生态。这体现了博朗对于理想产品的设计标准：每个设备都是整体的一部分。这一理念帮助博朗获得了卓越的定位。[12] 但遗憾的是，如此突出的特点并没有产生较高的销量。对于 *atelier*，博朗的最后一代 hi-fi 系统来说，彼得・哈特维恩突出呈现了它平滑的表面，他的整体创作（包含了黑色和灰色）是唱片史上最成功的设计之一。

10 某些制造商和博朗的设计非常相近，例如 Wega。另外一些则仅利用外部的相似性来吸引大众市场，比如 Dual。

11 博朗有时会采用其他制造商的技术，例如在电视、VCR 和 CD 播放器上。

12 那些同样注重设计的音响公司，比如 Bang & Olufsen 或者 Brionvega，就从来没有达到过这样的市场地位。

图示：*atelier hi-fi* 系统；细节

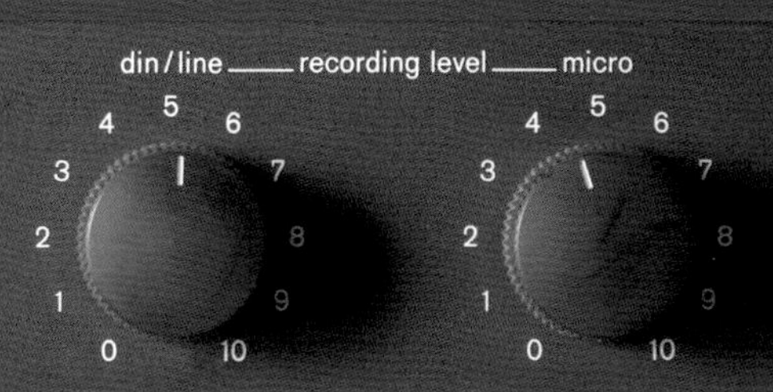
din/line —— recording level —— micro
0 1 2 3 4 5 6 7 8 9 10
0 1 2 3 4 5 6 7 8 9 10

R
micro
L
mono

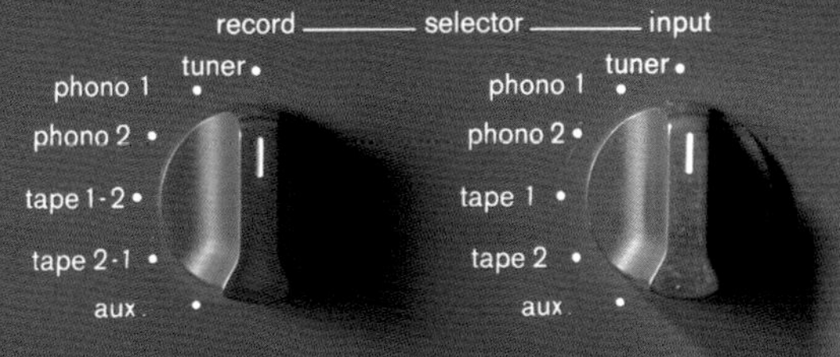
record —— selector —— input
tuner
phono 1
phono 2
tape 1-2
tape 2-1
aux
tuner
phono 1
phono 2
tape 1
tape 2
aux

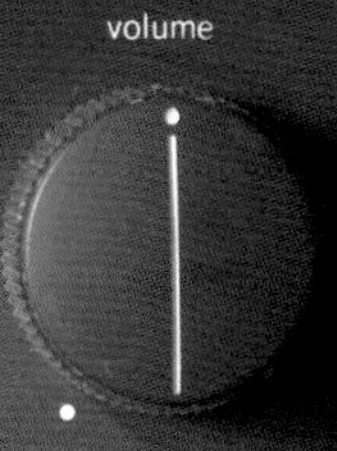
volume

fm MHz
mw kHz
lw kHz
106.30

里程碑

SK 1

台式收音机

1955 年 | 设计：阿图尔 · 布劳恩 / 弗里茨 · 艾希勒
Kleinsuper，FM 调频
淡蓝色，浅绿色，淡米色，铅黑色

1957 年，在米兰三年展上，*SK 1* 收音机的两个版本在“国家展示”中被作为德国工业设计的范例来展示。这种效果并没有给人留下什么深刻印象。毕竟，它属于当时典型的小型收音机的范畴。必要时，这些“小玩意儿”甚至会被放在窗台上作为装饰品。[1] 这样的初始模型通常都是在效仿大型收音机那种戏剧化的造型。[2]

博朗的 *Kleinsuper* 是完全不同的产品。阿图尔・布劳恩和弗里茨・艾希勒的设计成为简约艺术上的一个经典。这是一本平装书样式的收音机，以简单、独立的形状和一个塑料外壳框架来呈现，同时放弃了任何一个不必要的功能，仅通过两个没有任何标记的按钮和一个大大的圆形度盘进行控制。[3] 在 *SK 1* 中，小型无线电采取了自己的形式。在此之前，圆形的度盘设计也曾出现过，但如此朴素的数字样式还是第一次采用，圆形度盘也从来没有作为前面板的一部分。在那阵列式孔状面板上，一个圆形和一个矩形[4] 两个几何图形相互作用。这种设计理念出自当时生产车间里的地板。[5] 而点状模式隐约让人想起斯巴达威严的军事设备，[6] 抑或是那异常流行于德式客厅的抽象艺术。[7] 博朗最便宜的落地式电器依然带着 20 世纪 50 年代风格的光环。总而言之，*SK 1* 实际上成为一套尚不存在的“系统”的基本构成部分。[8]

1 博朗同时还制作了小型的 *Piccolo 50* 和 *Piccolino 51* 收音机（此前版本是 1941 年出品的 *Piccolo BSK 441*），这些外观都以美式设计为模板。

2 举个例子，飞利浦的 *Philetta* 是该领域最畅销的一款产品，它包含了大型音乐设备的全部细节，包括象牙色的控制按键和金色的镶边。

3 这个功能在后续模型中又被多次修改，使其成为最重要的细节之一。

4 在 2002 年，一款新型的小型收音机 *Tivoli Model One* 获得世界范围内的成功。它的样式和 *SK 1* 非常相似。

5 最初，这款收音机还生产淡黄色、浅绿色、米色和蓝色这些当时流行的颜色，之后只有白色和铅黑色继续生产。

6 布劳恩和艾希勒曾经是第二次世界大战时的士兵。因此，*SK 1* 也被戏称为“非官方口粮”（*Komm-issbrot*）。

7 为了获得更好的“形态”，博朗曾与德国朗饰壁纸有限公司建立联盟。

8 *SK 1* 有两个插孔，可以用作附加扬声器。*SK 1* 的尺寸为 23.4 厘米 × 15.2 厘米 × 13 厘米，只有 *Philetta*（售价为 129 马克）一半的大小。截至 1961 年，一系列该收音机的后续版本不断地被生产出来。它们除了可以收听 FM 调频以外，还可以接收 MW（*SK 2*）和 LW（*SK 3*）信号，它们的售价分别是 145 马克和 165 马克。

1,0
0,8
1,2
0,7
96
92
UKW
BRAUN

SK 4

无线电留声机

1956 年 | 设计：汉斯 · 古杰洛特 / 迪特 · 拉姆斯 / 赫伯特 · 林丁格尔
白色 / 榆木色
此处展示为：*SK 5*

如果今天想对博朗最赫赫有名的产品进行调查，那么这款早期设备一定会成为重点候选品。根据弗里茨・艾希勒的说法，*SK 4* 就是博朗设计的“虚拟化身”。在 20 世纪 50 年代，无线电留声机组合[1] 是收音机制造领域的顶级产品，通常以笨重的“音乐箱”收音机的形式呈现。然而，*SK 4* 却是另一种完全不同的设计，它有意识地拒绝“音乐家具”的形式，[2] 所以采用了非常普通的材质：金属外壳和透明有机玻璃罩。这项发明出自天才设计师迪特・拉姆斯，其设计令人眼前一亮，具有里程碑式的意义。这台奇妙的设备颠覆了人们一贯的审美标准，也因此获得了“白雪公主之棺”（Snow White’s coffin）这样的绰号。

这种轻便的人造玻璃就像唱片界的黑胶唱片一样“牢不可破”，这种技术承诺令消费者十分满意。[3] *SK 4* 是最早的在设计上强调而不是隐藏功能特性的音响设备之一。对传统的进一步突破体现在它紧凑的盒状造型，以及近乎形成文化冲击的极简主义的设计上。这台设备没有一丝遮掩，几近赤裸：一个简单的白色直角六面体。*SK 4* 与包豪斯风格的功能主义相似并非巧合。在这里，禁欲主义结构第一次应用在现代工业产品的设计中。其他原理的起源则可以追溯到古典现代主义：尽管 20 世纪早期的设计先驱已将家具创作细化到每一个组成部分，但如今同样的原则却被应用在音响设备中。在这一设想背后，可以看出即将诞生的 hi-fi 系统的原始面貌，以及将这种设计应用到其他产品上的可能。相比之下，就声音而言，博朗最著名的产品 *Phonosuper*，功率输出高达 4W，提供给人们的听觉享受却相当一般。博朗新的设计理念在这款产品上首次体现出来。此外，这款产品还是设计师艾希勒和拉姆斯共同努力的成果，他们负责实现将控制系统设置在设备的顶部，以及革命性的极简主义设计。这在当时虽然可以实现，但创新依然与风险[4] 结伴而行。为了将那些控制按钮设置成

1 自 1929 年以来，它们就成为博朗产品线的一部分（与“莫扎特”模型）；第二次世界大战以后，它们通常采用“箱式”或“柜式”的形式。后来被称为“带电唱机的紧凑系统”的 *Phonosupers* 直到 20 世纪 70 年代末才被生产出来。

2 来源于博朗手册（1956 年）。

3“牢不可破”也是专门形容用乙烯树脂制成的新唱片（黑胶唱片）的词。树脂玻璃是自 1928 年以来一直使用的聚甲基丙烯酸甲酯（有机玻璃）的名称。自 20 世纪 30 年代以来，它已被用于保护性护目镜和汽车尾灯等产品中。将透明有机玻璃用在电唱机上还是第一次，这种设计在未来的几十年里成为标准特征。有机玻璃很快被应用于其他博朗产品中，例如 *HF 1* 的覆盖玻璃。在 20 世纪 90 年代，这种透明的设计原则经历了第二次迅速发展，例如苹果电脑等产品就采用了这一理念。

4 同样的设计（在设备的顶部的表面上安放控制系统）已经在 1939 年的 *Model 6740* 上实现。表面的和控制器的几何形状与当时盛行的“每个人的收音机”形成了鲜明的对比。它们从图形和人体工程学中演化而来：如收音机的矩形凹状按钮，音量控制的圆形按钮，等等。简单的灰色似乎预示着未来电脑美学时代的到来。

BRAUN

L 形，设计师设计了一个特殊底盘。度盘的字体则基于德国平面设计师奥托·艾舍的规格，另外，电唱机较为柔和的轮廓设计出自威廉·瓦根费尔德工作室。[5] 换句话说，绝大多数单个组件不是简单地从几个供应商那里订购，而是根据设计师的规格要求生产的，这也是一个开创性的做法。汉斯·古杰洛特曾有一个用 U 形钢板作为外壳的设想，他年轻的同事赫伯特·林丁格尔也开始研究它。白色隔板与侧板之间的对比进一步强调了设计的原则。当时，微红的榆木色 [6] 被解读为斯堪的纳维亚式风格，是极具现代感的元素。暖色材质为 *SK 4* 的外观增添了一丝张力，同时带来了一种独特的、几乎“永恒”的魅力。[7] 窗状的通风槽 [8] 也是古杰洛特产品的一大特征，尽管它的切割过程并不总是完美。[9] 几乎相同的前面板和后面板，不存在缺乏美观的背面，因此作为一款室内设备，*SK 4* 满足了现代装饰设计理念的另一个需求。于是，它很快成为建筑师们最喜欢的配件之一，[10] 也是意料之中的事。毕竟，事实上，直线形式、长方体造型的留声机与“经济奇迹”的建造者，重建被第二次世界大战炸毁的德国城市时使用的石块、钢铁和玻璃完全吻合。

5 *PC 3* 是 1955 年发布的 *combi* 便携式设备中电唱机的进一步发展，由瓦根费尔德的雇员拉尔夫·米歇尔（Ralph Michel）负责这个项目。

6 也被称作红橡木；成功选出这种颜色，弗里茨·艾希勒功不可没。

7 钢板安装在木质的侧板上；古杰洛特的 *M 125* 型系统化家具也是使用这种技术构建的。我们经常在他的工作中发现这种技术。这种技术最初被认为是廉价的解决方案，但此后发现钢板的均匀弯曲是生产中的一个大问题。

8 这些凹槽已经在一年前设计的 *PK-G* 收音机和 *L 1* 外部扬声器（也可以连接到 *SK 4*）上看到。迪特·拉姆斯后来又推动了它的进一步发展，例如 *SK 6* 上有着更大的、分开的扬声器槽。

9 博朗每一代收音机的共同特征。

10 那时，设计师并不清楚他们应该用什么样的收音机装饰自己那时髦的居住空间。直到 20 世纪 50 年代中期，他们经常完全放弃使用收音机。

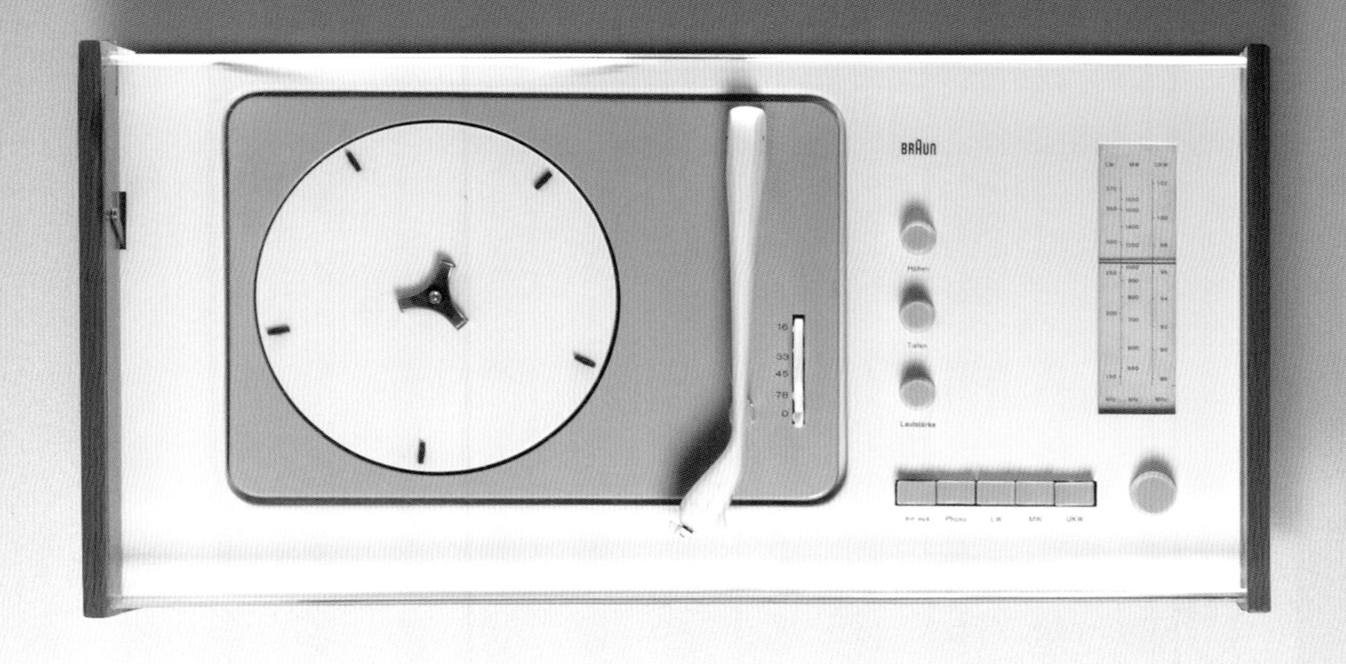
BRAUN
16
33
45
78
0
Phono
LW
MW
UKW

HF 1

电视机

1958 年 | 设计：赫伯特 · 希尔施
台式设备（管状钢支架作为附件）
深灰 / 浅灰

博朗实现了包豪斯一直尝试却没能成功实现的目标：开发一款具有整个流派代表性的产品。[1] 20 世纪 50 年代后期生产的 *HF 1*[2] 电视机就是一个杰出却近乎被遗忘的例子。赫伯特・希尔施戏剧化的设计，打破了这类电器的原始形态。正如两年前 *SK 4* 脱离了“音乐家具”的设定一样，这种新设计成功摆脱了“电视家具”的概念。*HF 1* 最显著的特征是它的盒状外形。经过长时间的考验，事实证明它极具开创性[3]，单一的配色方案进一步加强了设备外观的一致性。

这台看起来像科幻电影中的外星人一样的设备，即便在半个世纪之后，看起来也相当前卫。希尔施设计的灰色方形电视机是第一款不使用可见木材的电视机。[4] 颜色和形式的严肃性赋予它中性的外观，帮助观众将注意力集中在屏幕上。这些原则早已成为常态，却也历经漫长的发展过程才得以逐步建立。作为附件提供的细腿钢架，使 *HF 1* 在空间中看起来是一件完全孤立的产品。另一个重要特征是其始终保持的对称性，扬声器凹槽突出的线条进一步强调了这一点。两排扬声器凹槽中间是一个单独的开关按钮[5]，品牌 LOGO 赫然出现在正下方。所有不经常使用的控制按钮都隐藏在顶部的活门下面，于是中央开关成为唯一可见的控制元件，将极简主义发挥到了极致。如今，这种将不重要的功能性按钮与核心控制键分开的做法[6] 已成为电视机的标准特征。

1 这样，博朗把包豪斯的一个目标变成了现实。

2 设备的技术是由 Telefunken 开发的。

3 1969 年，马科 · 扎纳索（Marco Zanuso）和理查德 · 萨珀（Richard Sapper）为 Brionvega 设计了黑色矩形的 *ST 201*，这是一款远远领先于时代的产品，盒状的外形逐渐成为 20 世纪 90 年代的设计标准。

4 深灰色外壳配上塑料制成的浅色面板。

5 当时德国只有一个电视频道，即德国公共广播公司（ARD）。

6 博朗在其 *atelier* 设备中遵从了相同的原则。

BRAUN

TP 1

晶体管无线电留声机

1959 年 | 设计：迪特 · 拉姆斯 / 乌尔姆设计学院
T 4 和 *P 1* 的结合
浅灰色

从晶体管小型化的时代开始，袖珍收音机里传出的声音就成了摇滚乐时代背景乐的一部分。博朗很早就进入了出口市场，得益于乌尔姆设计学院大刀阔斧的修改，将产品模型变成简单的板状，前面板的几何形式尤为简洁。[1] 迪特・拉姆斯完美地使用这种斯巴达式的方法将整体结构拉伸到合适的大小（通过使用晶体管来实现），将嵌入式控制按钮安置在产品顶部，使用穿孔面板作为扬声器的外罩 [2]，并将度盘嵌入产品主体中。[3] 为了生产高质量的印刷品，博朗还成立了高清印刷部门，这对后来博朗剃须刀的发展起到举足轻重的作用。外壳由两个聚苯乙烯壳 [4] 组成，独特的灰色配色 [5] 为极其朴素的设计提供了恰到好处的修饰，同时，它也能作为精确的颜色系统的模板，有助于用户的理解和控制。[6]

设计师们为新的 17 厘米唱片制作便携式设备的想法由来已久，[7] 但是只有博朗通过深入的系统性思考，最终使得成品达到了和谐一致的效果。[8] *P 1* 便携式电唱机采用了晶体管收音机的模式，通过滑动控制，拾音臂像挂钟里的布谷鸟一样弹出。从金属部件中还可以发现一些复杂的细节：例如带有气动橡胶圈和铝管的转盘，以最简单的方式将两个元件连接在一起。一副小耳机完成了这种多功能的组合，并预见了随身听的流行，值得庆幸的是，这款设备的销售大获成功 [9]，因为它简直太超前于时代了。

1 *exporter 1* 具有典型时代特征的闪闪发光的金色外壳（在 1960 年以前主要销往德国以外地区）；乌尔姆设计学院设计的 *exporter 2* 则重新回归白色，图形也大大地简化。

2 这是第一次在 *SK 1* 产品中出现。

3 在产品 *T 3* 和 *T 31* 中作为磁盘插口，在 *T 4* 中作为具有数字度盘的矩形窗口，在 *T 41* 中作为能插入改变频率圆环的窗口。

4 同样的原则也在 *Transistor 1* 便携式收音机中被应用。

5 灰色的配色早已被应用，例如在 *studio 1* 紧凑音频系统和 *HF 1* 电视机中。弗里茨 · 艾希勒推出并坚持选择了这种颜色。

6 因此，电台控制旋钮的红色标记对应度盘上的红色标记。这种能传递信息的颜色编码后来也被用于其他领域，例如时钟。

7 Metz 公司已经生产出这类便携式串联装置。其实，迪特 · 拉姆斯提出这一想法也出于个人原因：为了新职位，他需要学习英语。所以即使在路上，他也希望能听录音课。

8 这一点在 *T 4* 和 *T 41* 收音机上表现得尤为明显：它们的圆形穿孔区域和转台区域的半径一致。

9 晶体管收音机是第一款停产的产品。

studio 2

模块化系统

1959 年 | 设计：迪特 · 拉姆斯
CS 11 控制模块 / 电唱机
CE 11 接收器
CV 11 功率放大器
浅灰色 / 着色铝

“立体声的再现需要两个扬声器装置。”[1] 1959 年推出的 *studio 2* 音响组合对于那个时代来说异常新鲜，以至于在刚上市时，产品目录上必须解释一些有关立体声的最基础的知识。迪特・拉姆斯设计的 *studio 2* 标志着对传统无线装置的终结与背离，这一点从拉姆斯设计的早期模型中已初现端倪。[2] 这就是不久之后为世人所熟知的音响“系统”的诞生。

站在历史的角度来看，从“音乐家具”到“音响系统”的过渡是通过与收音机的分离来实现的。*CE 11*“接收器”是其中第一个部件（当时被称为“积木”）。这种分离的原则是开创性的，其背后的逻辑也极具启发性：兼容的组件[3] 可以根据每个特定设备的具体需求分别开发[4]，用户也可以根据自己的喜好随心所欲地将组件堆叠或平行码放。在这种模式下，用户还可以选择并组装属于自己的 hi-fi 系统。尽管 *CS 11* 的音响仍然集成在产品中[5]，但在两年后就被完全分离出来。[6] 在外观上，*studio 2* 和今天流行的 hi-fi 系统几乎一样，包括样式和银色的外壳。[7] 铝制前面板作为薄钢制底盒的垂直仪表板，以前只有在高科技设备中才会出现，成为“披头士一代”的崇拜对象。这种设计在如今看来似乎理所当然，但在当时，却像 20 世纪 20 年代在家具设计中引入管状钢材一样具有革命性的意义。控制按钮定义了工业设计冷峻的基调，合理的设置给人留下科学精准的印象。这样一个简约、理性的设计必定会发出纯粹的声音。

1 来自 1959 年 8 月的博朗产品目录。第一部立体声电唱机早在一年前就已上市。

2 从 *SK 1*（1955 年）和 *SK 4*（1956 年）上已经能够初现端倪。而 1957 年的综合音响系统 *atelier 1*，由于没有内置的扬声器，而是由两个独立的外置扬声器实现播放，因此被认为是第一代真正的立体声系统。

3 高度为 11 厘米，宽度通常为 40 厘米或 20 厘米。但是“兼容性不完美”的问题在后来的很长一段时间内都存在。

4 在接下来的几年中，许多制造商从事生产某些单独组件的业务。相比之下，博朗仍然继续开发完整的立体声系统。

5 直到 20 世纪 70 年代都十分流行，应用于廉价系统中的一种模式。

6 表现在 1961 年出品的 *CSV 13* 放大器上。

7 作为技术和奢华的双重代表，即使在今天，银色仍是 hi-fi 组件的标准用色。在 *studio 2* 中，整个产品与新音响的铝网十分匹配（外壳本身由浅灰色的钢板制成）。如果不算外置音响的话，*studio 2* 的价格是 1 350 马克，这相当于高级白领一个月的薪水。

T 1000

短波接收器

1963 年
设计：迪特 · 拉姆斯
着色铝 / 黑色，白色度盘

从来没有一款收音机以这么小的体积，却能覆盖这么多波段。在设备的外观上，高性能如此清晰可辨也十分鲜见。这些独特的品质确保 *T 1000* 在伟大的工业设计史上占有一席之地。作为迪特 · 拉姆斯的开创性设计之一，这款便携式收音机[1]是一台多功能设备，有 13 个波段，是第一台能够接收几乎所有广播频率的收音机。同时，它还可以作为 hi-fi 系统的一个组成部分，开创了一个新的家电类别："世界接收器"（world receiver）。在第一艘载人飞船驶入平流层的那个时代，博朗征服了电波。成品面世时，这款无线电设备变成了一个优雅的、裹着银色外壳[2]的高科技盒子。对于它的许多拥有者来说，这台全面的设备也是一种身份的象征——正如它对于博朗公司的意义一样。

博朗从来没有在单一产品的开发中投入如此多的努力，它又一次成功地开创了一个新的家电品类。然而，它并不是唯一一个没有生产后继模型的设备——尽管这模型的设计已然存在。这台重达 8.5kg 的全能无线电是德国工程史上的杰作[3]，足以媲美徕卡相机的多功能性和独创性的地位。最重要的是，*T 1000* 是现代理性设计风格的集大成者，其中的许多元素在过去 8 年的产品设计中就已出现。从整体上看，它的外观由扬声器、度盘和控制面板三个区域构成。这三个区域的面积大致相同，并以黄金比例分布，为收音机设计开辟了崭新的模式。每个领域都在内部错综复杂地细分：比如常见的孔状阵列式扬声器[4]，过去难得一见的高复杂度的大度盘[5]，以及以顺序数组排列的控制旋钮，延续既定的有序系统和预期的控制层次。红色的 FM 调频按钮像是富有趣味的重音，低频率调节旋钮上的红点，与相邻的度盘下方的红字在视觉上尤其强调一个功能：调频接收。这是一个已经投入使用，并将在未来得到进一步发展[6]的信息系统。

1 "T" 代表 "便携式"（Tragbar）收音机。

2 这是 1959 年与 *studio 2* 立体声系统一起推出的。在 *T 1000* 面世的前一年，黑色和银色 sixtant 电动剃须刀已经上市，这是一种带有强烈的男性化色彩的组合。

3 在各个地区，产品的定位误差都在 1% 以内；"短波放大器" 允许用户 "采样" 度盘的各个部分。这款甚至可以在波涛汹涌的海面上操作的产品，曾被德国大使馆订购。诸如测向适配器、测向天线和测向指南针之类的附属仪器，都是如今收藏家们强烈渴望拥有的珍品。

4 第一次是出现在 *SK 1* 台式收音机上。

5 这是通过使用新的丝网印刷技术而实现的。

6 用色彩来表达信息的系统化应用由来已久，例如在 *T 41* 晶体管收音机中就有应用。后来，这种方法在音频设备（如 *audio 308* 紧凑系统）以及钟表、袖珍计算器和电动剃须刀等产品中得到进一步发展。

BRAUN

T 1000

T 1000 的核心和灵魂是对应右侧频率控制的 12 区调谐转鼓。手掌大小的金属操控杆强大而简练。一个被切断的区域表示设备是可以打开的；凹槽指明打开的方向，稍大一些的图案则示意所需的力度。

对于之前没有了解过的人来说，这种复杂程度的设备需要一个同样广泛的操作说明。它位于金属盖的一个隔间内。这只是该产品诸多附加功能之一，其他的还包括频率控制按钮的飞轮驱动器，以及底部的螺纹孔，这样即使在不稳定的甲板上，它也能固定在适当的位置正常使用。

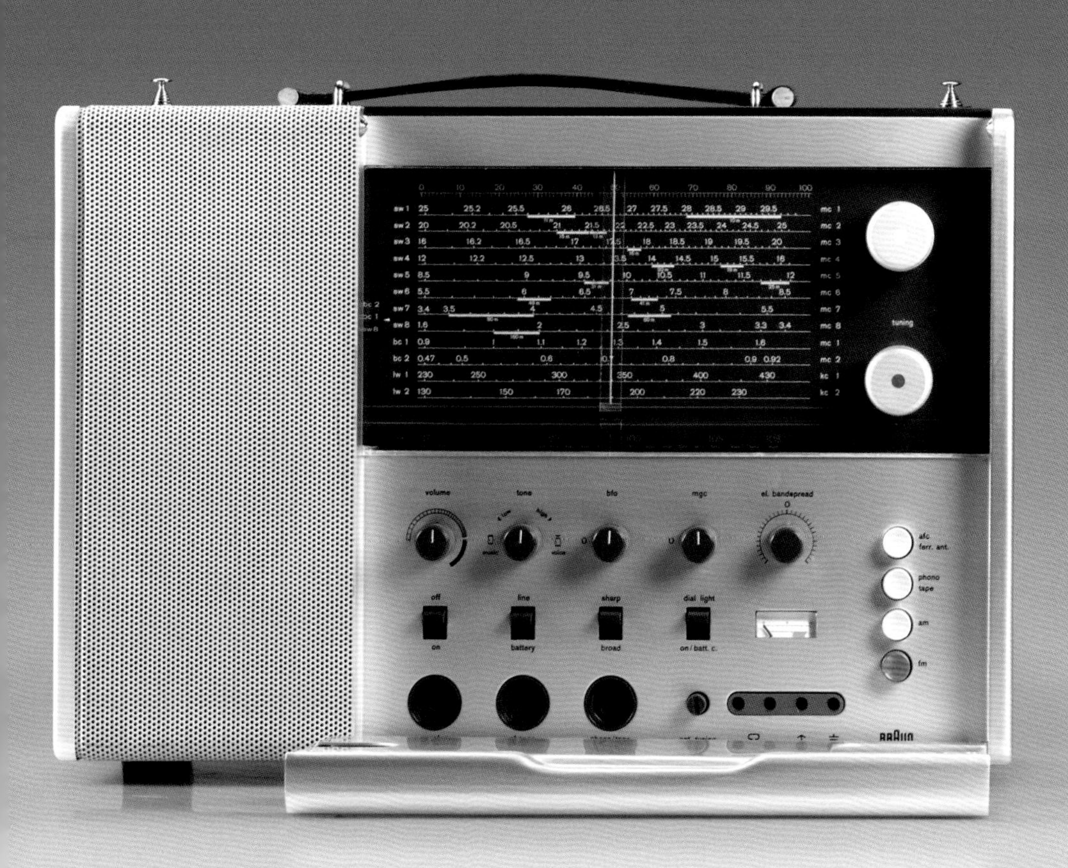
tuning
volume
tone
bfo
mgc
el. bandspread
off
on
line
battery
sharp
broad
dial light
on / batt. c.
afc
ferr. ant.
phono
tape
am
fm
BRAUN

PS 1000

电唱机

1965 年 | 设计：迪特 · 拉姆斯
炭黑色

电唱机曾是20世纪最常见的设备之一，但如今却成为“消失的物种”。它曾是每一个优质音响系统王冠上的宝石，像旋转的黑胶唱片一样，是一种生活方式的载体。[1] 从 20 世纪 50 年代开始，它作为专门的播放设备[2]而独立出现，这主要得益于立体声系统[3]的发展，这就需要立体音响系统的标准化。博朗在很大程度上奠定了现代电唱机的基本形式：盒式底部、有机玻璃罩[4]和一个能长时间播放的唱片转盘。最后是画龙点睛之笔：通过平衡锤平衡的拾音臂，将精密的工业制造带入人们的客厅。在综合考虑了稳定性、重量和成本因素之后，选择细钢管[5]作为拾音臂的材质。这同时唤起了对 20 世纪 20 年代流行的不锈钢家具的联想。平衡锤的形状也采用圆柱形。

凭借中规中矩的炭黑色底部和简练的银色表面，*PS 1000*，[6]这款由迪特・拉姆斯设计，由博朗推出进而改变唱片时代的设备，除了具备上述所有特性之外，还配备了许多便利的附加功能。通过摩擦轮推动转盘，中间辊和橡胶带保证了恒定的转速，杜绝可怕的摩擦音。连续光学显示器可以调节出四种速度[7]，以适应当时所有的唱片类型。最后，在设备整洁表面上的唱臂[8]可以通过继电器控制的按钮来操控。

1 早年间，博朗有意识地将自身现代化的形象与“酷”的美国爵士音乐联系在一起。

2 第一台博朗电唱机是 1955 年发行的 *G 12*，一年后又发行了 *PC 3*。第一部立体唱片出现在 1958 年。

3 博朗通过 *studio 2* 系统（1959 年），为这一突破作出决定性的贡献。出于实际考虑，将电唱机放置在整套系统的顶部，从而进一步突出了它的重要性。

4 由 *SK 4* 中推出的这一元素，在 *PC 5* 产品（1962 年）模型上第一次实现了现代化的运用：一个有机玻璃罩架在设备顶部。

5 第一个金属拾音臂（其构造，包括拉姆斯的特征曲线在内，都像往常一样，在技术人员的激烈讨论后才被通过）出现在 *audio 1* 系统上（1962 年）；电唱机也可以单独购买，它独立的产品型号为 *PCS 45*。

6 在 *studio 1000* 系统中，这个传奇组件的颜色选择了铅黑色。

7 因此，电唱机仍然可以用 78 或 16 转 / 分的速度来播放虫胶唱片（shellac records）。

8 唱臂最小以 0.4 磅为重量调节单位，这是一个非常出众的精密度。这一高标准正是唱片爱好者所看重的。

78
45
33
16
0
1

TG 60

盘式磁带录音机

1965 年 | 设计：迪特·拉姆斯
白色 / 着色铝，铅黑色 / 着色铝

创造力似乎永无止境。磁带可以帮助人们复刻和记录、编辑广播节目，还能通过麦克风记录孩子和大人的声音。没有什么可以阻止你收集自己的声音档案。在 20 世纪 60 年代中期，当博朗把家用磁带录音机推向市场时，这种已经相当受欢迎的技术使家用 hi-fi 系统更加完善。就大小而言，*TG 60* 模型尽管不甚完美，但已完全符合要求。[1]

与竞争产品形成鲜明对比的是，设计师迪特·拉姆斯为设备赋予了一种带有稀疏感的工业美学。大量开放的螺丝钉连接，特别是长而弯曲的压力臂促成了这一效果。这个装有弹簧和橡胶滚轴的操控杆，并没有像通常那样隐藏在控制面板下，而是作为录音机的标志性特征凸显在外。它的音效和视觉效果都是标志性的：每当按下“录制”或“播放”按钮时，磁铁都会“咔哒”一声将操纵杆置于可操作状态。控制按钮的线性排列，让人回想起早期的音频设备，同样的有机玻璃罩，这是磁带录音机的一个不寻常的功能。设计师们以两种不同的方式来解决产品[2]与家庭影院中其他组件相结合的问题：第一，极具独创性，把产品挂在墙上可以简单地解决这个问题。[3]第二，或许也是更有现实意义的，它可以与 *audio 2* 紧凑系统[4]横向组合。无论是哪种方法，这一困境很快就变得无关紧要了，因为在 hi-fi 系统和用户的起居室里，盘式磁带录音机很快就被操作更为简单的盒式磁带录音机所取代。[5]

1 高度上的限制使内部结构紧密压缩。后续产品，也就是技术上极为出众的 *TG 1000*，就能很好地与 *TS 45* 和 *L 45* 兼容。

2 盘式磁带录音机是不可以堆叠的。

3 赫伯特·林丁格尔获得版权的壁挂式系统，后来在 *audio 308* 系统中再次尝试，但事实证明，这一系统很难在家庭中获得实际使用，并因此遭到零售商的拒绝。另外，在垂直方向使用录音机也不太可能。尽管如此，壁挂式系统正在经历复兴时期（Bang & Olufsen）。

4 兼容的支架可单独销售。

5 博朗的磁带时代只是一个短暂的插曲，持续了将近 10 年。最后一代产品 *TG 1020* 于 1974 年发布。

BRAUN
BRAUN
1
2
mikro
radio
phono
netz
spur
rücklauf
aufnahme
aus
stop
start
vorlauf
aussteuerung
eingang

L 710

演播室扬声器

1969 年 | 设计：迪特 · 拉姆斯
白色 / 着色铝，胡桃木色 / 着色铝，
白色 / 黑色

“一个好的扬声器是不应该被听到的。”这句广告语从 20 世纪 60 年代初期就陷入悖论。绝对克制的必要性被传入声学领域。第一款在技术和设计方面符合这一要求的 *L 80* 扬声器在 20 世纪 60 年代初问世了。随后不久，博朗第一代真正的 hi-fi 扬声器 *L 700* 或 *L 710* 面世，其中包括一个具有开创性的附加功能：带有可调节的支架。在此之前，扬声器一般都覆盖着厚厚的织物面料，从而和人们的豪华沙发相称，但音效却因此而变得低沉。博朗则开创了另一种包装方案：首先是条状的木板[1]，其次是穿孔金属板和轧制铝网，这样大大增强了声音输出的效果。

这些来自工厂的材料从根本上使 hi-fi 扬声器的外观更加合理。单个扬声器原本只能在舞台上见到。博朗首个独立的家用“附加扬声器”是 1957 年由迪特・拉姆斯设计的 *L 1*。那是一个水平放置的木制盒子，长度和高度可以与其他各种家电相结合。[2]最后，在 1961 年的消费电子产品展上，博朗推出了一款新产品 *L 40*，它的前身是 *L 80*，是第一款使用外露铝网的音响。[3]白色的外壳从前面看起来只是一条细细的边。这是一款纯块状的音响，是房间内的一个声音源，抽象的形态[4]赋予它一种让人很难适应[5]的特殊风格。尽管博朗反复强调创新，比如安装在三脚架上的高频音响或是“active”柱状音响[6]，但“生产能兼容其他公司系统的音响产品”这一目标却始终未能实现。[7]

1 例如在早期的音乐柜中。

2 例如，1956 年生产的 *SK 4* 和 *atelier 1*“控制模块”（接收器），都可以与扬声器直接相邻放置。1958 年发布的 *L 2* 作为 *L 1* 的继承者，可以使用管状钢架作为支撑，因此，它也是第一款真正独立的“音响”。拉姆斯采用了明显的对比：在白色矩形的前面板上，使用穿孔的黑色钢制圆盘作为音响开口。博朗将这种设计方法延续了很多年；在 1959 年，它制造了超平的 *LE 1*。那是一个黑色的矩形，能让人联想到如今的 LCD 液晶显示屏，尤其是在连上底座的时候。

3 铝材仍然进行了卷边和电镀。

4 这与德国照明制造商 Bega 的灯光构建模块（light building block）灯具的突破性相似。

5 无论是流行的称呼还是在博朗的生产车间里，这种新的扬声器都很快被人们称为“兔子的小笼”（Rabbit hutches）。

6 例如 1977 年生产的 *GSL 1030*。

7 由博朗前雇员创立的德国金榜音箱公司（Canton）最终实现了这一目标。

audio 308

带电唱机的紧凑系统

1973 年 | 设计：迪特 · 拉姆斯
黑色

1970 年左右，随着全世界的青年人开始投身于摇滚热潮并嘲笑传统，博朗希望能够吸引这些喜欢尝试新鲜事物的新一代的用户，通过合理的价格是一方面，还要推出迎合他们品味的产品。塑料似乎是实现这两个目标的理想手段[1]。由迪特 · 拉姆斯设计的无线电唱机组合 *audio 308*[2] 是最早的由注塑机生产出来的产品之一。[3] 该产品包括一个盖板，下面是安装电力系统的主板。令人惊奇的是，产品的上表面向前倾斜了 8°。[4] 从侧面看，这个斜坡形成了一个楔形，当时的汽车设计师也在尝试这种动态的形式。[5]

如果我们把这个时髦的“超低底盘改装车”（low-rider）和 13 年前橙色板条箱一般的 *Sk 4*[6] 放在一起，就可以清楚地看到，迪特 · 拉姆斯在那个时代已经走过多么长的一段创新之路。从用户的角度来看，*audio 308* 似乎是一台让人想到 DJ 混音板的键盘设备。控制旋钮的设计使几何排列和色彩象征的运用艺术上了一个新的台阶——尽管强烈的停止灯的颜色也可以简单地解释为一个摩登风格的元素。[7] 到目前为止，黑色外壳已经成为 hi-fi 系统的通用设计。但是，自从欧普艺术（Op Art）海报[8] 出现在每一家文具店后，黑白相片也呈现出一种新的联想状态。在设备表面，各种细节充满未来主义：比如带有两个手指凹槽的大大的调谐度盘，好像正伴随着其他 hi-fi 一族共同开启音乐的旅程。

1 拜耳（Bayer）公司推出了塑料质地的汽车车身。市场上也涌现出一大批塑料制品，尤其是在家具领域。

2 与博朗 *regie 308* 接收器一起。

3 博朗的热塑性外壳接近技术可行性的极限。在销售方面，低价系统使其盈利能力极强。

4 有机玻璃罩的角度，使整个设备呈现熟悉的块状。然而，试图将这个斜坡运用到电唱机上却并不成功。相对较低的外壳高度（包括盖子在内，高 17 厘米）是由变压器的尺寸决定的。接收器和扬声器虽然可以作为壁挂式系统垂直操作，但这很可能是个例外。搭配的 *L 308* 扬声器也采用相同的角度。

5 当时尝试将一些电唱机也设计成前倾的样式，说明这种倾斜的概念是多么珍贵。然而，这个项目在技术上太过复杂。

6 这两款产品的类别几乎相同。

7 这一时代的设计师正在尝试“流行色”，甚至将这种尝试延伸到吹风机和打火机等产品上。

8 最流行的艺术家是维克托 · 瓦萨瑞里（Victor Vasarely）。

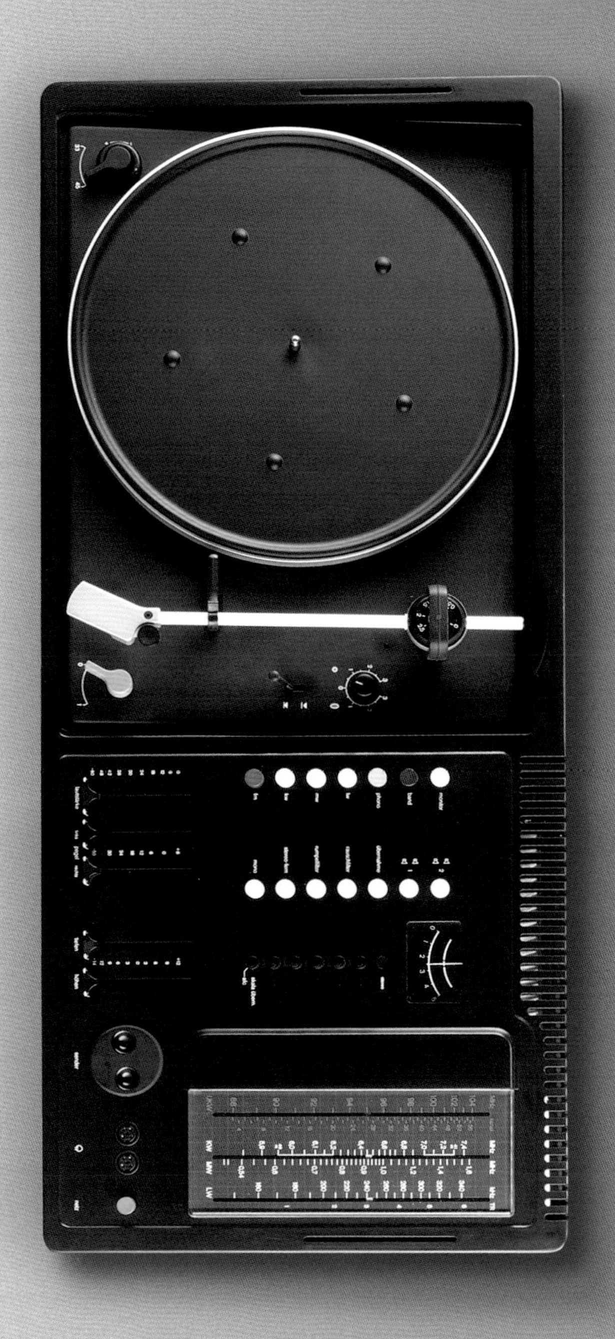

atelier

hi-fi 系统

1980—1987 年 | 设计：彼得·哈特维恩 (*atelier* 系统) / 迪特·拉姆斯 (底座)
黑色，水晶灰

1 4 个构件共花费不足 2 000 马克。

2 该系统在 1989 年“最终版本”成功销售之前又被多次扩大。

3 1979 年第一台 CD 播放器发布，同时 *Walkman* 引领了盒式磁带音乐产业的浪潮。

4 经过深思熟虑的系统，既可以垂直也可以水平组装。尽管有着同质化的外观，但是各个组成部分仍互不相同。

一款产品仅凭设计能跃升入“S Class”吗？*atelier* 完美印证了它的可能性。20 世纪 70 年代后期，*atelier* 作为一款廉价的初级系统诞生了。[1] 后来，这款由彼得·哈特维恩设计的 hi-fi 系统成为博朗娱乐电子产品中的旗舰产品。这是乌尔姆设计学院优良传统的全面体现；在最后的版本中甚至包含一台电视机。这是有史以来最接近 hi-fi 视频系统 [2] 的一款产品。在这个技术突破的时代，[3] 创建一个通用框架尤为重要，它将与未来产品类别兼容。哈特维恩开发了一种开放的、可叠加的概念，能垂直和水平运行。个别元素的上下边缘逐渐变细的微妙变化，使它们看起来更窄，即便在强调外部一致性的时候，也能在形式上彼此分离。同时，这种巧妙的设计令整个系统外观十分独特。博朗还推出了与之相匹配的机柜。

这是从整体辩证法中得到的启示。[4] 整套系统通过兼容设计的控制元件和精致的接缝，以及异常整洁的表面，实现了一个完整的网络。哈特维恩为确保表面的整洁，大幅减少可见控制按钮的数量，把不常使用的功能隐藏在“抽屉”或其他可张开的板材下。由于同样的技术也应用于接线，所以这套系统没有难看的背板。所有这些因素都达到“黑箱效应”这种登峰造极的效果，强化了黑色或水晶灰色的产品外壳。这款立体声系统成为一件艺术品。元素的叠加带来一个综合 hi-fi 音响塔的理想概念，在广告中强调了它与多样化的生活方式和装饰方案都保持中立性。一个特殊的底座为这个音频纪念碑提供了合适的安置平台。

图示：
P 4 电唱机
T 2 接收器
A 2 放大器
C 2 盒式磁带录音机
AF 1 底座

P4
BRAUN
T2
BRAUN
C2
BRAUN
A2
BRAUN

TS-G

1955 年 | 设计：汉斯 · 古杰洛特 / 赫尔穆特 · 马勒库恩（Helmut Müller-Kühn）
Tischsuper, RC 60
枫木，胡桃木

台式收音机

1955 年

度盘下方的扬声器凹槽、简单的灰色控制旋钮，以及水平和垂直的元素都是早期博朗收音机的特征。

G 11

1955 年 | 设计：汉斯 · 古杰洛特

Tischsuper, RC 60

枫木

古杰洛特已经在他的家具设计中使用了以外部面板包裹产品主体的技术。这些产品既可以并排放置，也可以纵向叠加。*G 11* 在宽度与高度上与 *G 12* 完全相同。

SK 25

1961 年 | 设计：阿图尔 · 布劳恩 / 弗里茨 · 艾希勒
Kleinsuper, FM and MW
铅黑色，灰色

台式收音机

1961 年

穿孔钢板作为家电的前表面和扬声器的盖子，重新出现在许多其他设计中（比如 *TP 1* 晶体管收音机）。这种小型收音机也可以连接到 *PC 3 SV* 电唱机上。

RT 20

1961 年 | 设计：迪特 · 拉姆斯
Tischsuper, RC 31
山毛榉 / 白色 , 梨木 / 铅黑色

这是一款典范之作。它是博朗最后一代设计简约的大型台式收音机，完全背离 20 世纪 50 年代的“标准收音机”的样式，控制旋钮的设置沿用了 *SK 4* 的设计。

T 22

1960 年 | 设计：迪特 · 拉姆斯
便携式收音机 F / S / M / L
浅灰色

晶体管和便携式收音机

1960—1961 年

直角、中性的色彩，清晰的字体：这里采用的朴素、极简的工业设计原则借鉴于古典现代主义。这就是便携式收音机的诞生。

T 52

1961 年 | 设计：迪特 · 拉姆斯
便携式收音机 F / M / L
浅灰色，蓝灰色

博朗的设计师把自己当作研究人员，他们不断变化着设计。这款便携式设备的度盘设置在顶部，它还可以当作车载收音机使用。

exporter 2

1956 年 | 设计：乌尔姆设计学院（重新设计）
带 *NA 2* 电源底座的便携式收音机
蓝灰色 / 白色，英国红 / 白色

晶体管和便携式收音机

1956—1962 年

乌尔姆设计学派：将已有模型中所有花哨时髦的装饰全部剥离。扬声器凹槽与落地式安装的型号相对应，而度盘则让人联想到徕卡微型相机。

T 41

1962 年 | 设计：迪特 · 拉姆斯
晶体管收音机
浅灰色

注重细节是博朗一直信奉的价值观。这款收音机的控制旋钮设置设备的顶部，度盘集成到外壳中，扇形度盘的半径与圆形孔状扬声器的半径保持一致。这些元素结合在一起，为设计赋予了完整感。

TP 1

1959 年 | 设计：迪特 · 拉姆斯 / 乌尔姆设计学院
晶体管无线电留声机，由 *T 4* 和 *P 1* 两款产品组成
浅灰色

晶体管和便携式收音机

1959—1963 年

这款产品不仅第一次结合了两款便携式音频设备，还将外形上的巧妙与技术上的复杂完美地结合起来，一款远远超出那个时代的产品就这样诞生了。

T 1000

1963 年 | 设计：迪特 · 拉姆斯
短波接收器
着色铝 / 黑色，白色度盘

这款多波段收音机在当时可谓轰动一时，是欧文 · 布劳恩“伟大设计”理念的化身。它在上市第一天就被抢购一空，大量用户不得不排队静候它的后续生产。

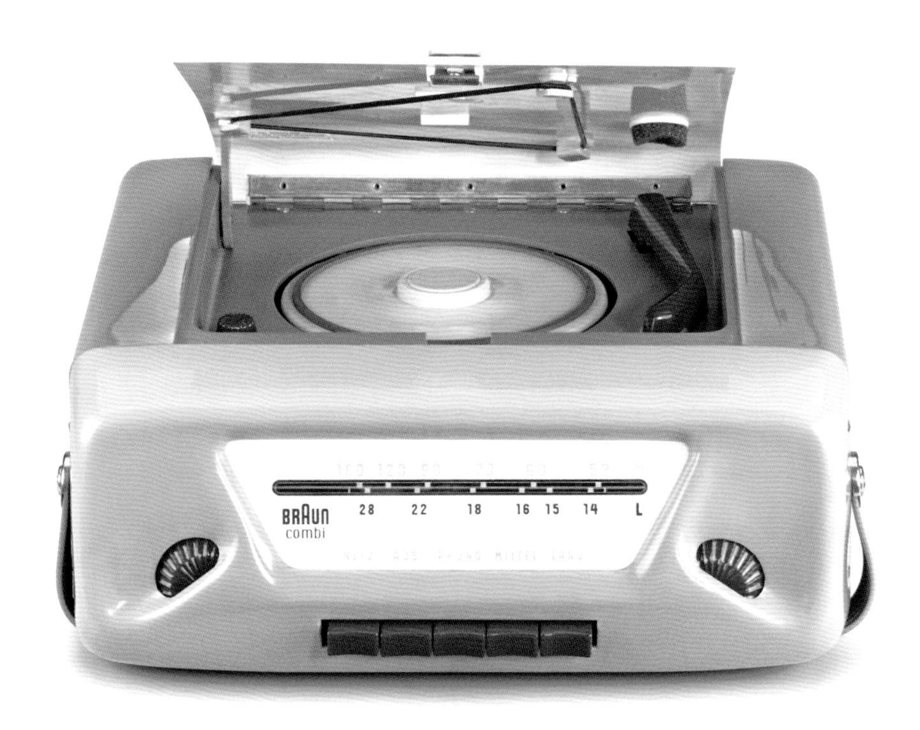

combi

1955 年 | 设计：威廉 · 瓦根费尔德
无线电留声机组合 / 便携式收音机
浅灰色

无线电留声机组合

1955—1956 年

瓦根费尔德曾从事玻璃制品行业，他将更柔软的线条融入自己的设计中。这是博朗设计中第二个不太引人注意的特点，与这台设备同时发售的还有一张体操课程的唱片。

PK 1

1956 年 | 设计：图恩工作坊（Thun Workshops）
无线电留声机组合，RC 61
胡桃木

自20世纪30年代以来，无线电留声机组合一直是博朗产品中的经典组合。

直角、浅色和易于操作的控制旋钮都深受乌尔姆设计学派的影响。

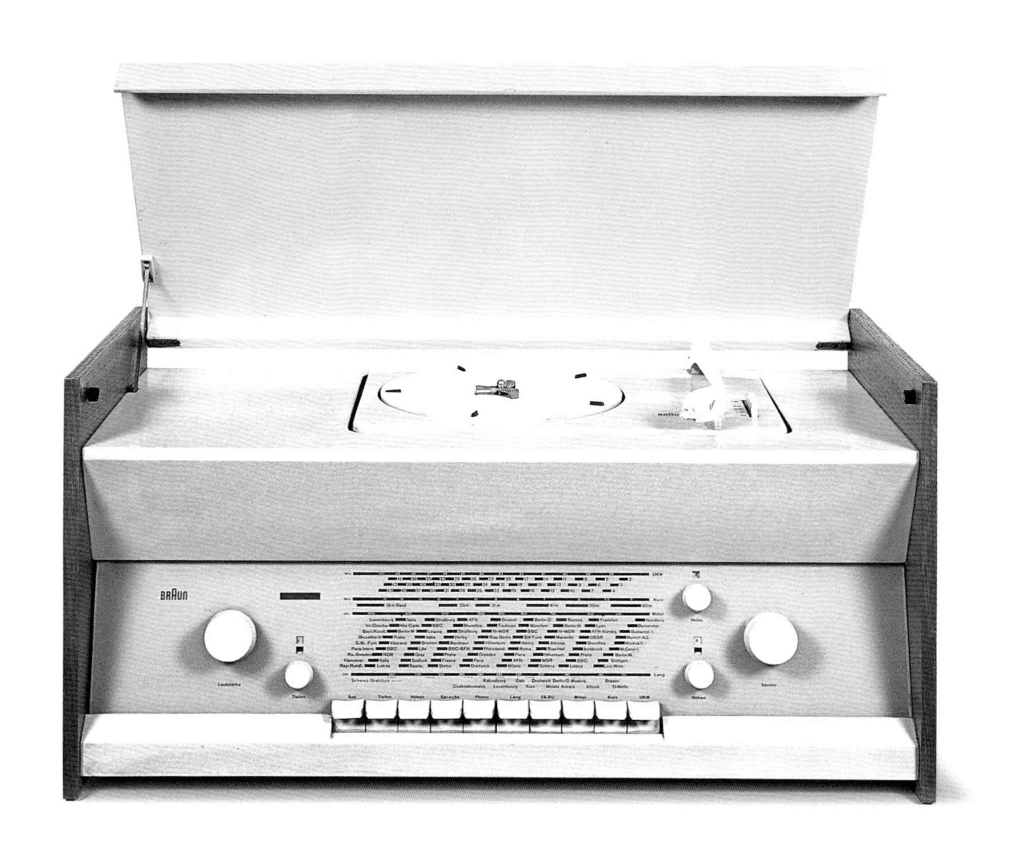

atelier 1

1957 年 | 设计：迪特 · 拉姆斯
紧凑系统，RC 62
白色 / 红榆木

带电唱机的紧凑系统

1957 年

就价格而言（540 马克），这款产品的定价在 *studio 1*（1 000 马克以上）和 *SK 4*（295 马克）之间；就性能和设计而言，它的表现也介于两者之间。其大小与 *L 1* 扬声器相同。

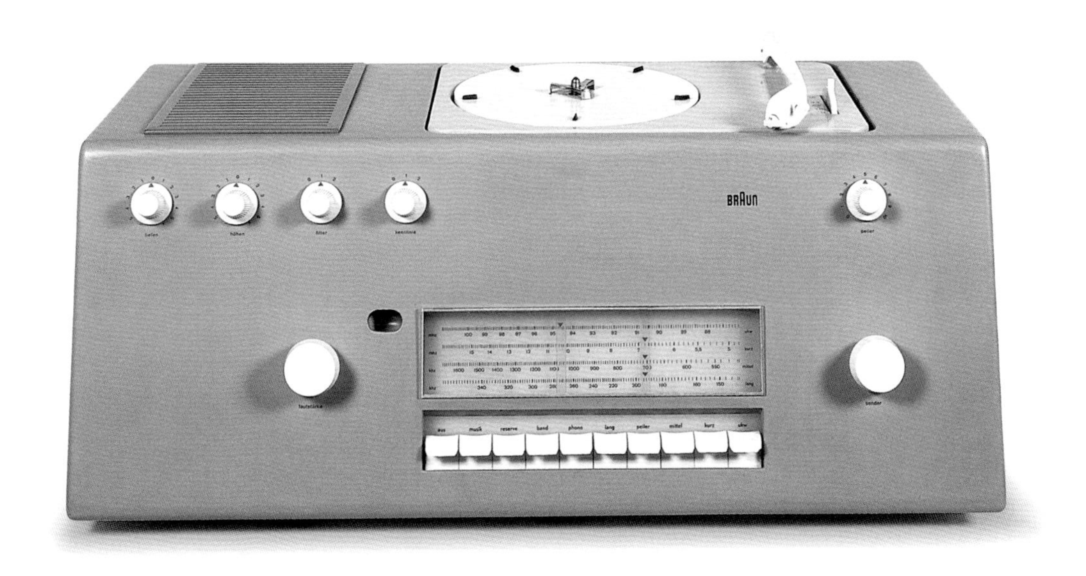

studio 1

1957 年 | 设计：汉斯 · 古杰洛特 / 赫伯特 · 林丁格尔
紧凑系统，RC 62-5
灰色

据记载，这台灰色的设备是第一台可以提供 hi-fi 音质的大型音频设备。其设计在整体紧凑性上可谓军事级别。宽 100 厘米、高 70 厘米的扬声器有一个“低噪音”外罩。价格则超过 1 000 马克。

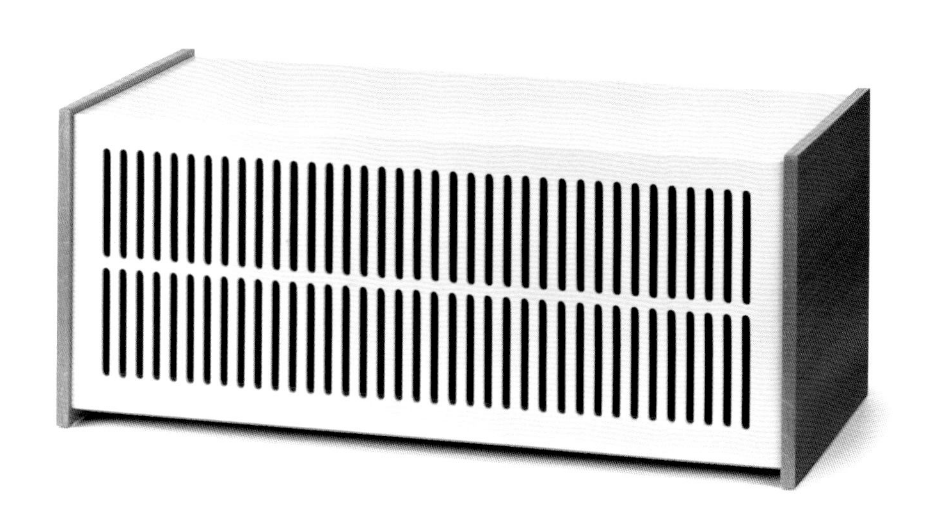

L 1

1957 年 | 设计：迪特 · 拉姆斯
与 *atelier* 和 *SK 4* 兼容的扬声器
白色 / 红榆木

扬声器，带电唱机的紧凑系统

1957—1963 年

通过这台独立的扬声器，乌尔姆设计学院真正的精神得以传承。它与 *atelier 1* 在外观和大小上都能完美契合，使整个立体声系统的概念牢牢地建立起来。

SK 55

1963 年 | 设计：汉斯 · 古杰洛特 / 迪特 · 拉姆斯
Phonosuper, FM, MW, LW, 电唱机
白色 / 烟灰色

这是 *SK 4* 的后继产品，它更新了原来的前面板（由于技术原因，凹槽被分隔成两块）。磁带录音机的插孔和附加扬声器位于设备的背板上。

audio 2

1964 年 | 设计：迪特 · 拉姆斯
TC 45, 紧凑系统
白色 / 着色铝，铅黑色 / 着色铝

带电唱机的紧凑系统

1964—1970 年

这是 *audio 1* 的后继产品，是最早的拥有金属外壳的 hi-fi 设备之一（连同后来的 *audio 300*），但它的功率更大（40W），并且有一台经过改进的电唱机。同时，博朗还出了与之配套的底座。

cockpit

1970 年 | 设计：迪特 · 拉姆斯

250 S, 紧凑系统

黑色 / 浅灰色

由于度盘的倾斜，这款格外紧凑的设备有着“非常规形状”（据记载显示），其颜色与塑料外壳有着鲜明的对比。调谐旋钮上的彩色点状标记是当时的典型做法。

audio 308

1973 年 | 设计：迪特 · 拉姆斯
紧凑系统 (8° 系列)
黑色

带电唱机的紧凑系统

1973 年

这是塑料制品的巨大胜利：“8° 系列”，因其倾斜的顶面板而得名。从高对比度的配色方案到通风槽，无不彰显全新的设计理念。

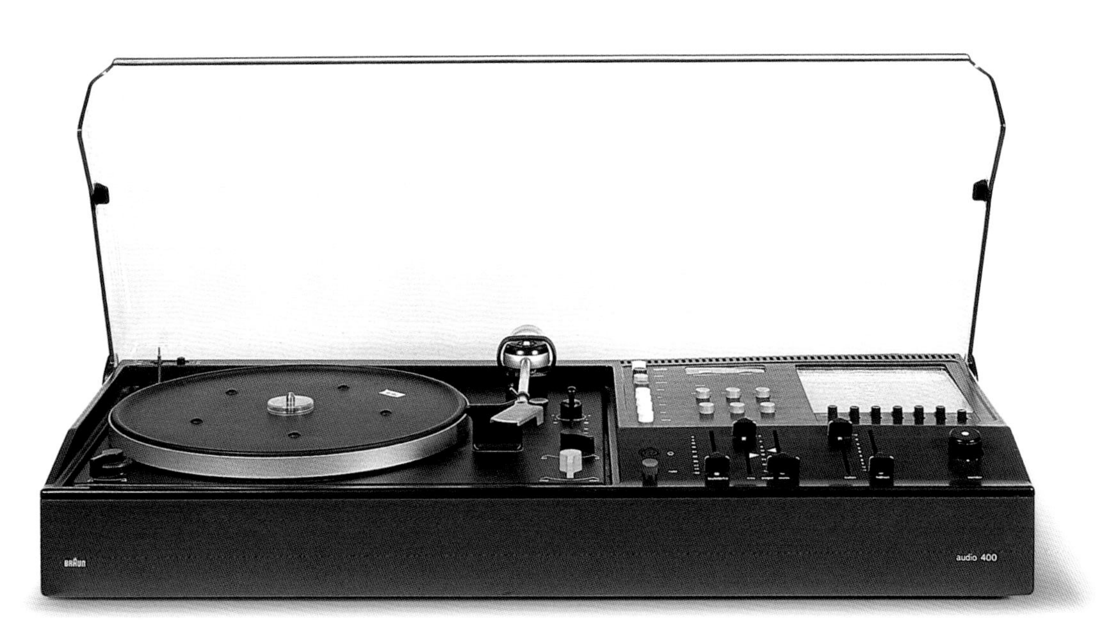

audio 400

1973 年 | 设计：迪特 · 拉姆斯
紧凑系统
黑色

这款紧凑系统是博朗的顶级机型之一。最重要的，也是使用最频繁的滑动控制钮被设置在倾斜的盖板表面上，更便于用户操作。

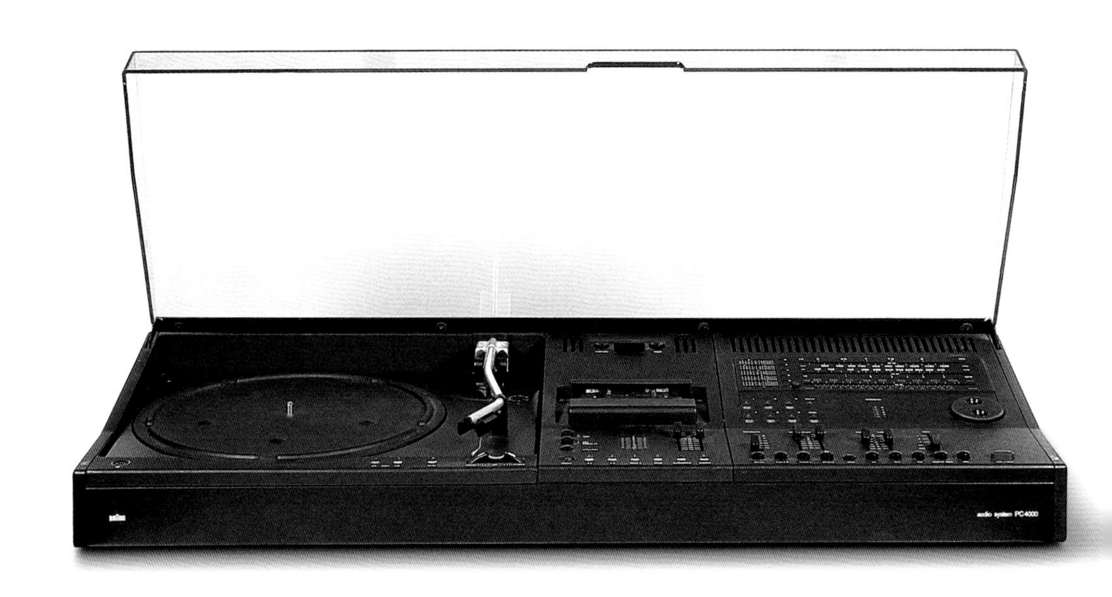

PC 4000

1977 年 | 设计：迪特 · 拉姆斯

audio system

炭黑色 / 黑色

带电唱机的紧凑系统

1977 年

这款设备除了包括高质量的 *PS 500* 电唱机之外，还有接收器和一个盒式磁带录音机，是博朗的最后一款紧凑系统。盖板后部微微倾斜，这是设计上的又一次创新。

C 4000

1977 年 | 设计：迪特 · 拉姆斯
音频系统
炭黑色 / 黑色

带盒式磁带录音机的紧凑系统

1977 年

这是唯一一款由接收器和盒式磁带录音机两部分组成的紧凑系统。与 *PC 4000* 相比，除了稍微短一些之外，其他特征几乎相同。

PK-G 4

1956 年 | 设计：汉斯 · 古杰洛特
无线电留声机组合，RC 61, 10-Disc 自动换盘器
枫木台，淡棕色（下图）

MM 4

1957 年 | 设计：沃克斯塔滕 · 图恩（Werkstätten Thun）
音响柜，RC 61-1, 10-Disc 自动换盘器
红榆木，胡桃木（上图）

音响柜

1956—1957 年

这款音响柜可谓同类产品中的极品。从支架上取下后，古杰洛特的可拆卸模型可以放在桌子或架子上。电唱机被一块滑动玻璃面板保护着。

HM 1

1956 年 | 设计：赫伯特 · 希尔施
音响柜，RC 61
红榆木，胡桃木

凭借光滑的前面板，这款产品与希尔施的组合橱柜相得益彰，都散发着古典现代主义的气息。红榆木或胡桃木的选材符合斯堪的纳维亚风格。扬声器被一种“特殊的网眼织物”所覆盖。

RB 10 / R 10 / RL 10

1958 年 / 1959 年 | 设计：赫伯特 · 希尔施

R 10: 立体声音响柜 , RC 81 | 红榆木，柚木 / RL 10: 箱式扬声器 | 红榆木，柚木

RB 10: 储存柜 (磁带和唱片柜) | 红榆木，柚木 (下图)

L 3

1957 年 | 设计：格哈德 · 兰德 (Gerhard Lander)

studio 1 专用扬声器

胡桃木 / 白色 / 炭黑色 (上图)

音响柜

扬声器装置

1957—1960 年

在产品目录中有着这样的解释：“这款音响柜采用了我们熟悉的、从家具制造业中学到的截面原理。”这款音响柜和最初发售时没有盖子的 *L 3* 扬声器的组合，安装在钢制的柜腿上。

HM 6

1958 年 | 设计：赫伯特 · 希尔施
立体声音响柜，RC 7 / RC 8,10-Disc 自动换盘器
柚木，胡桃木（下图）

R 22

1960 年 | 设计：赫伯特 · 希尔施
立体声音响柜，RC 82-C, 10-Disc 自动换盘器
柚木，胡桃木（上图）

这台立体声系统有 5 个扬声器，都位于当时典型的平行凹槽后面，属于一款豪华级别的音响柜。不仅为唱片预留出充足的存储空间，还为磁带录音机提供了独立的空间。

L 2

1958 年 | 设计：迪特 · 拉姆斯
带金属支架的扬声器
白色 / 白色山毛榉，白色 / 胡桃木

扬声器装置

1958 年

这个 8W 的扬声器结合了一个高音扬声器和一个低音扬声器。黑白两色的对比，突出了扬声器中央的圆形，它被固定在镀镍管状的金属支架上：现代家具设计的开创者马歇尔 · 布劳耶（Marcel Breuer）一定会赞同这种设计。

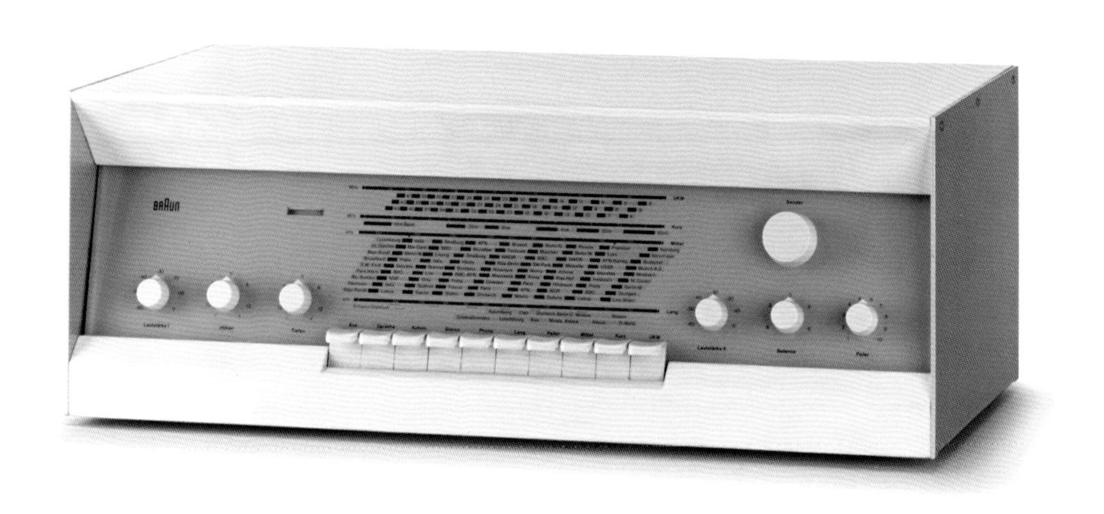

RCS 9

1961 年 | 设计：迪特 · 拉姆斯
控制器
浅灰色 / 着色铝

控制器
1961 年

与 L 2 一样，这款立体声接收器的外壳也是由白色塑料涂层的木材制成。侧面板是铝制的。尽管度盘以线性排列，但它仍然具有老式传统收音机的外观。

LE 1

1959 年 | 设计：迪特 · 拉姆斯
立式静电扬声器
浅灰色 / 铅黑色

L 01

1959 年 | 设计：迪特 · 拉姆斯
立式附加扬声器
白色 / 着色铝，石墨灰

hi-fi 系统及组件

1959 年

LE 1 扬声器是经过许可后生产制造的，它安装在一个管状钢支架上，极为平坦的外观使其占用的空间很小。作为一个独立式倾斜的板状物体放在房间里，让人联想到太阳能板。*L 01* 高音扬声器可以放置在各种场合。

studio 2

1959 年 | 设计：迪特 · 拉姆斯

CE 11 接收器 | *CV 11* 功率放大器 | *CS 11* 电唱机控制器

浅灰色 / 着色铝

“积木式”：这是第一款完全用金属制造的立体声系统，并按照叠加原理进行了结构化的处理。产品强调了控制器的技术功能，引领 hi-fi 行业步入“白银时代”（silver age）。

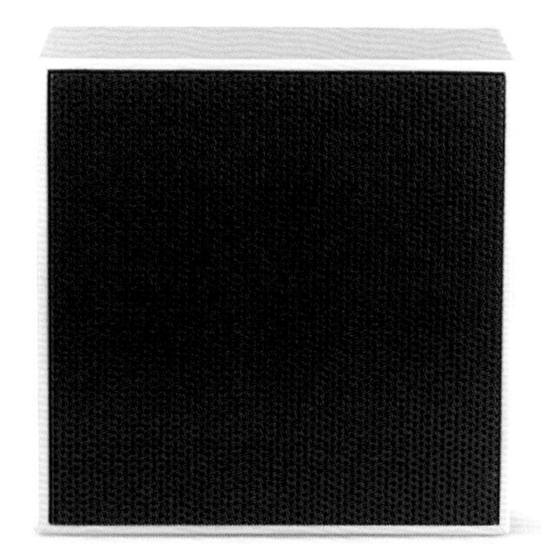

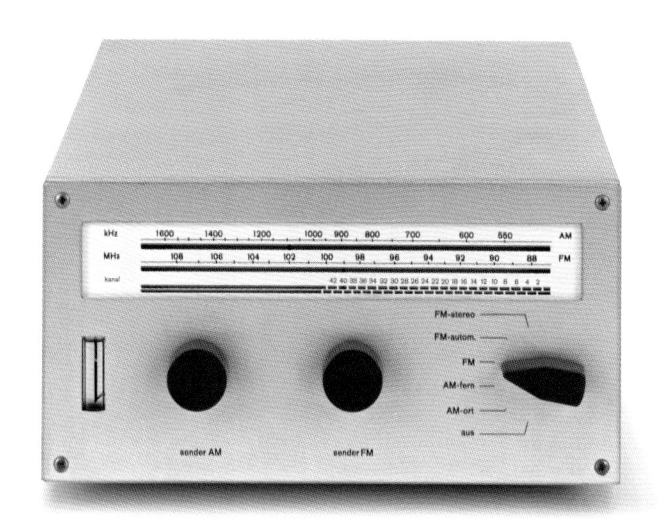

CET 15
1963 年 | 设计：迪特 · 拉姆斯
接收器
浅灰色 / 着色铝

L 02
1959 年 | 设计：迪特 · 拉姆斯
附加扬声器
浅灰色 / 铅黑色

hi-fi 系统及组件

1959—1966 年

在立体声广播出现之前，调谐器就可以设置为立体声模式。后来，一盏小小的指示灯就能显示完美的接收状态。*L 02* 高音扬声器的极简设计已臻化境。

CSV 12

1966 年 | 设计：迪特 · 拉姆斯
放大器
浅灰色 / 着色铝

一款较短版本的放大器（与之前的 *CSV 10* 相比）。作为立体声系统的核心部分，其功率（本例中为 28W）很快就与汽车马力一样具有标志性的意义。这款产品包括 8 个用于实现不同功能的控制元件。

L 40

1961 年 | 设计：迪特 · 拉姆斯
书架式扬声器
白色，铅黑色或胡桃木色 / 着色铝

L 1000

1965 年 | 设计：迪特 · 拉姆斯
落地式扬声器
白色 / 着色铝

hi-fi 系统及组件

1959—1966 年

L 40 是当之无愧的“箱式”扬声器。其最小化设计与 hi-fi 系统“积木式”的风格完全匹配。作为 *studio 1000* 系统的一个组成部分，*L 1000* 也可用于大型礼堂和舞厅中。

hi-fi 系统

1961 年 / 1962 年 | 设计：迪特 · 拉姆斯
PCS 5 电唱机 | *CSV 13* / *CSV 60* 放大器
浅灰色 / 着色铝

随着电唱机被解放出来成为独立的产品类型，而放大器，这台拥有电唱机、接收器、磁带录音机和麦克风的 4 个输入插孔和 60W 功率的“hi-fi 塔”初现雏形。

L 810

1969 年 | 设计：迪特 · 拉姆斯
演播室扬声器
白色 / 着色铝，胡桃木色 / 着色铝，白色 / 黑色

hi-fi 系统及组件

1967—1969 年

由薄穿孔铝板（通常被涂成黑色）制成的前面板引领了时代潮流。外壳的角略圆，支架可以让用户自由变换声源的角度。

studio 1000

1967 年 / 1968 年 | 设计：迪特 · 拉姆斯
CSV 500 放大器，*PS 500* 电唱机
浅灰色 / 着色铝，黑色 / 着色铝

studio 1000 系统进行了独创性的创新，其目标是成为“没有任何原型与先例的产品”——除非，或许，是它自己：这是一个典型的“伟大设计”理念的展现。一个虽小但值得注意的细节是：连前面板上的螺丝接头都不再可见。

CE 251

1969 年 | 设计：迪特 · 拉姆斯

接收器

炭黑色 / 着色铝

hi-fi 系统及组件

1969—1970 年

这款调谐器以其兼容的精确格式、最大程度的极简主义风格而令人印象深刻。即使在今天，它的外观也颇为现代化，那些细节，如银色的调谐旋钮进一步印证了这一点。

CSV 300

1970 年 | 设计：迪特 · 拉姆斯

放大器

炭黑色 / 着色铝

除了涂色的开关按钮和前面板上没有可见的螺丝等细节之外，这台设备还具有可通过磁性或继电器来控制开关的高科技功能。

L 710

1969 年 | 设计：迪特 · 拉姆斯
演播室扬声器
白色 / 着色铝，胡桃木色 / 着色铝

hi-fi 系统及组件

1968—1969 年

或许是因为中性而低调的外观，这款以阳极氧化铝网罩和白色外壳包裹的盒子被广泛模仿。

regie 500

1968 年 | 设计：迪特 · 拉姆斯
控制器
炭黑色 / 着色铝

这款外观与 *studio 1000* 相似的紧凑型放大器，或许是第一款微型 hi-fi 系统。此时，简练的炭黑色和银色组合已经成为博朗“企业设计”（Corporate Design）的一部分。

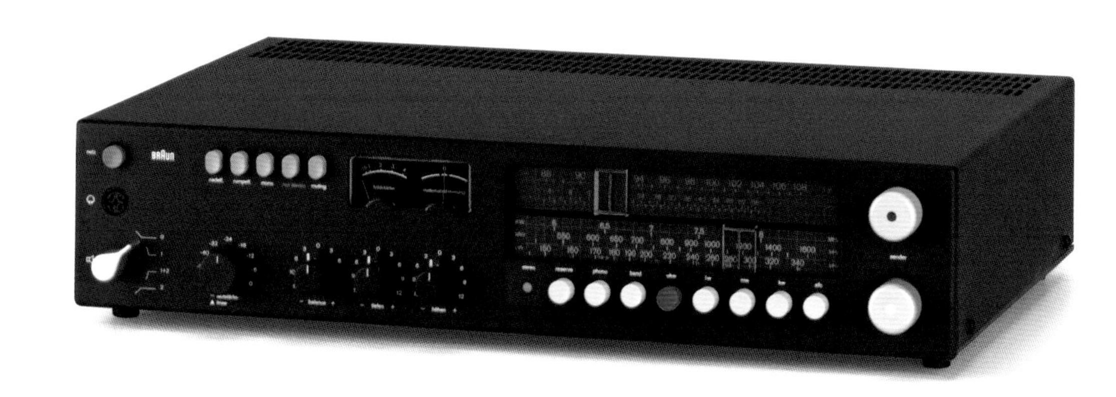

regie 510

1972 年 | 设计：迪特 · 拉姆斯
控制器
炭黑色 / 着色铝，炭黑色 / 黑色

控制器

1972—1976 年

这台接收器是第一款选用黑色生产的 hi-fi 模块。这个配色方案之前就已经在公司内部使用，并且很快成为博朗产品的典型配色。黑色也迅速成为音响行业的标准用色。

regie 350

1976 年 | 设计：迪特 · 拉姆斯
控制器
炭黑色 / 黑色

朴素的黑色外观利用新的视觉对比而引人注目。这对于一台拥有 21 个控制元件和 7 个度盘的设备来说，是一个必要的特征。

SM 1005

1978 年 | 设计：迪特 · 拉姆斯
演播室监听箱，书架式或落地式音响
白色，黑色或胡桃木色 / 着色铝；黑色 / 黑色

hi-fi 系统及组件

1976—1978 年

20 世纪 70 年代末，博朗生产了一款完全黑色的箱式扬声器。外壳边缘的弧度和覆盖物的转角形成了对比，赋予产品一种优雅的触感。

studio

1976 年 | 设计：迪特 · 拉姆斯 / 罗伯特 · 奥伯黑姆 | *PS 550* 电唱机
1978 年 | 设计：迪特 · 拉姆斯 / 彼得 · 哈特维恩 | *TS 501* 接收器 | *A 501* 放大器 | *C 301* 盒式磁带录音机
黑色，灰色

这里，我们看到一种黑白美学，让人联想到录音棚和幻灯片的布景。“组件”中还包括盒式磁带录音机，受盒式磁带驱动器的高度所限，它与其他组件的超薄外观略有不同。

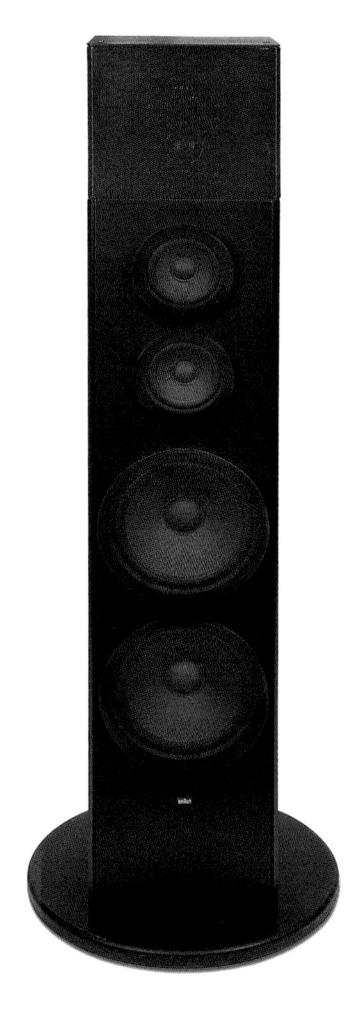

LA sound

1980 年 | 设计：迪特 · 拉姆斯 / 彼得 · 哈特维恩
低频反射扬声器
黑色 / 黑色，胡桃木色 / 棕色

SM 2150

1979 年 | 设计：迪特 · 拉姆斯 / 彼得 · 哈特维恩
演播室监听箱，落地式扬声器
着色铝，黑色或灰色 / 黑色

---

hi-fi 系统及组件

1978—1980 年

这两款扬声器都有可拆卸的前盖。*SM 2150* 覆盖薄膜的垂直排列，与 hi-fi 系统中使用的堆叠原理保持一致，由此形成了一个扬声器塔，适用于演播室或录音棚等场合。

PC 1 / RA 1

1978 年 | 设计：迪特 · 拉姆斯 / 彼得 · 哈特维恩
studio system PC 1 intergral / RA 1 analog；电唱机和盒式磁带录音机
黑色，灰色

一个节省空间的奇迹：至少 25 个控制旋钮并排排列在仅有 55 毫米高的接收器上。同样轻薄的电唱机甚至还包括一个集成的盒式磁带录音机。

LS 70

1982 年 | 设计：彼得 · 哈特维恩
书架式扬声器
黑色 / 黑色，白色 / 白色，胡桃木色 / 黑色

hi-fi 系统及组件

1980—1982 年

这些箱式扬声器的颜色组合，以及锥形的四个角，都与 *atelier* 系统的外观相匹配。

atelier 1

1980 年 | 设计：彼得 · 哈特维恩

P 1 电唱机 | *T 1* 接收器 | *A 1* 放大器 | *C 1* 盒式磁带录音机

黑色，水晶灰

---

atelier 1 是一款价格适中的适合年轻用户的产品。作为一个正式的、功能复杂的系统，其设计上的精练和内聚力无与伦比。

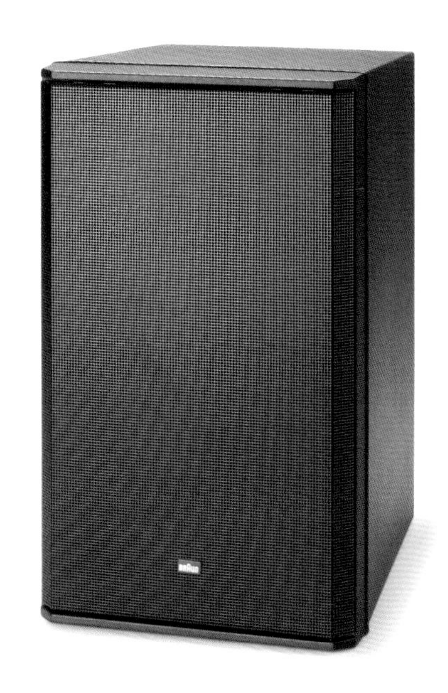

CM 6

1987 年 | 设计：彼得 · 哈特维恩
compact monitor
黑色 / 黑色，白色 / 白色，灰色 / 灰色

LS 150 PA

1983 年 | 设计：彼得 · 哈特维恩
有源落地式扬声器
黑色 / 黑色，白色 / 白色

---

hi-fi 系统及组件

1982—1987 年

博朗生产的各种特殊的扬声器，都能让用户创建个性化的声音场景：这本身就是一种创新。

atelier

1982 年 | 设计：彼得 · 哈特维恩 | *A 2* 放大器 | *C 2* 盒式磁带录音机 | *T 2* 接收器
1984 年 | 设计：彼得 · 哈特维恩 | *P 4* 电唱机
黑色，水晶灰

博朗的最后一款 hi-fi 系统，只有最重要的控制元件才是对用户可见的。

最终，它包含一个 CD 播放器，并提供颇具豪华感的“水晶灰”配色。

L 308

1973 年 | 设计：迪特 · 拉姆斯
扬声器 (8° 系列)
白色 / 黑色

L 260

1972 年 | 设计：迪特 · 拉姆斯
与 *cockpit 250 / 260* 配套的书架式或壁挂式扬声器
白色 / 黑色

控制器及组件

1972—1973 年

凸形塑料罩上的穿孔设计，再次向 *SK 1* 中的这种原创设计致敬。出于声学方面的考虑，这款产品选择了较大的孔径。不过，它们也让人联想到波普艺术画中的网点模式。

regie 308

1973 年 | 设计：迪特 · 拉姆斯
控制器 (8° 系列)
黑色 / 白色

这款接收器的外观有着 8° 的斜坡，是一个调音台。它完全由塑料制成，价格低廉，可以很好地搭配现代流行风格的家具。

PC 3

1956 年 | 设计：威廉 · 瓦根费尔德 / 迪特 · 拉姆斯 / 格尔德 · 艾尔弗雷德 · 马勒
灰色 / 白色

电唱机

1956—1957 年

这款设计简约的便携式“手提箱”电唱机具备所有实用的细节：第一，有一个特殊的收纳线的隔间，单张唱片也可以固定在盖子里；第二，圆形版本的拾音臂也成功面世了 。

G 12 V

1957 年 | 设计：汉斯 · 古杰洛特 / 威廉 · 瓦根费尔德
4 倍速电唱机，*PC 3* 主体
枫木

博朗的第一款电唱机是由古杰洛特设计的“积木式”系统的一部分。把它放置在 *G 11* 收音机的顶部时，这一组合便形成了早期的扬声器塔系统。*FS-G* 电视机的高度也与这款产品相同。

PC 3-SV

1959 年 | 设计：威廉 · 瓦根费尔德 / 迪特 · 拉姆斯 / 格尔德 · 艾尔弗雷德 · 马勒
白色 / 炭黑色（上图）

PS 2

1963 年 | 设计：迪特 · 拉姆斯
白色 / 炭黑色（下图）

电唱机

1959—1968 年

第一款播放 17 厘米唱片的小型立体声电唱机，既适合放在书架上，也可以与 *SK 1* 组合使用。在 *PC 3 SV* 结构的基础上，*PS 2* 电唱机采用了管状钢质拾音臂。

PS 500

1968 年 | 设计：迪特 · 拉姆斯

黑色 / 黑色，炭黑色 / 着色铝 (上图)

PCS 5

1962 年 | 设计：迪特 · 拉姆斯

浅灰色 / 炭黑色 | (下图)

hi-fi 时代早期的第一批电唱机很快转化为“积木式”的外观。这款产品在已经成为行业标准的有机玻璃罩下，展现出复杂的机电组合，再次为整个行业树立了新的标杆。

PS 358

1973 年 | 设计：迪特 · 拉姆斯 / 罗伯特 · 奥伯黑姆
黑色 / 白色

电唱机

1973—1977 年

这台“半自动”电唱机是 8° 系列的一部分。它配备了一个笔直的拾音臂，并且必须手动将唱针放到唱片上。

PDS 550

1977 年 | 设计：迪特 · 拉姆斯 / 罗伯特 · 奥伯黑姆
黑色，灰色

这台轻薄模型是 *studio* 系统的一部分，它有一个电子控制的直接驱动，通过 6 个传感器和一个控制盘进行操作。透明外罩上专门设计的凹形把手是其独特之处。

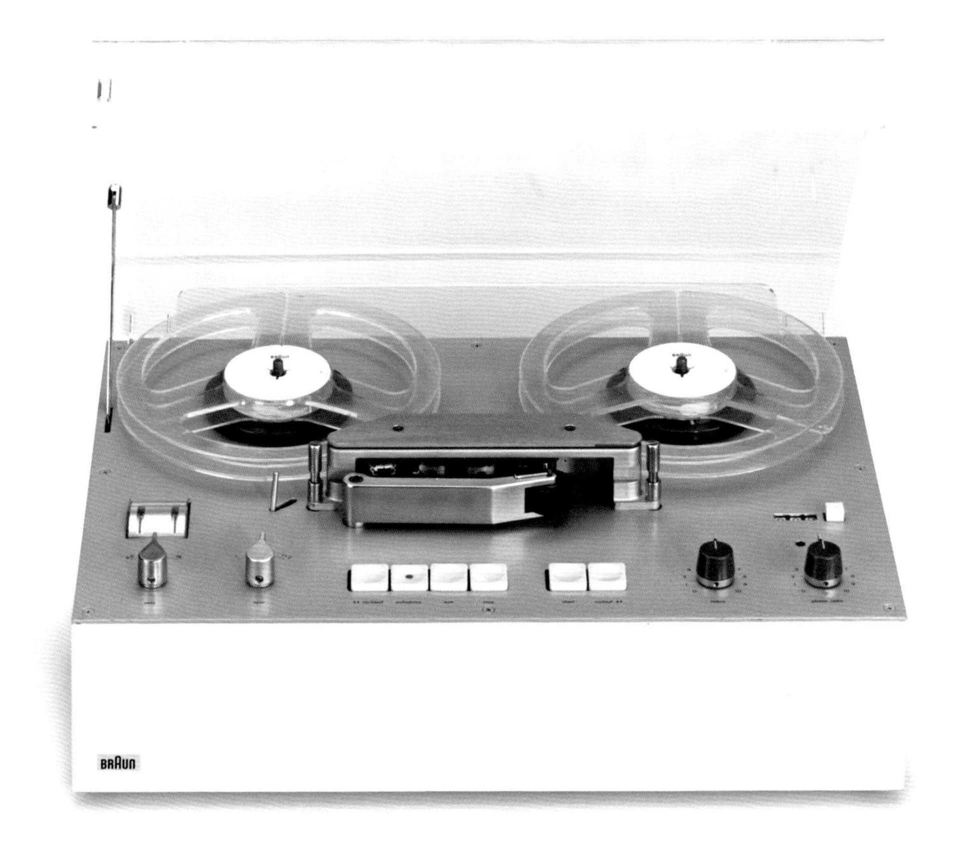

TG 504

1967 年 | 设计：迪特 · 拉姆斯

白色 / 着色铝，炭黑色 / 着色铝

盘式磁带录音机

1967—1970 年

这是为数不多的配备有机玻璃罩的盘式磁带录音机之一，它与 hi-fi 系统完全兼容，甚至还可以安装在墙上。所有开关操作均受电子控制。

TG 1000

1970 年 | 设计：迪特 · 拉姆斯

炭黑色 / 着色铝，炭黑色 / 炭黑色

这台录音机被设定为一款演播室设备，是技术上的杰作。按钮的形状和控制面板的配色方案令人想起 *D 300* 投影仪。整台设备的配色方案也与即将出现的 8° 系列相符。

C 301

1978 年 | 设计：迪特 · 拉姆斯 / 彼得 · 哈特维恩
盒式磁带录音机
黑色，灰色

TCG 450

1975 年 | 设计：迪特 · 拉姆斯
盒式磁带录音机
炭黑色

盒式磁带录音机

1975—1980 年

作为 *studio* 系列的一部分，*C 301* 盒式磁带录音机仍然有一个垂直方向的磁带驱动器。在更加紧凑的 *TCG 450* 中，盒式录音带则可以插在顶部表面上。

C 1

1980 年 | 设计：彼得 · 哈特维恩
盒式磁带录音机，*atelier 1*
黑色，水晶灰

atelier 1 系统中的盒式磁带录音机高度只有 7 厘米，磁带可以水平地插进装载托盘。这款产品还包含一些新功能，比如 LED 显示屏和前面板上的连接器插孔。

CD 3
1985 年 | 设计：彼得 · 哈特维恩
CD 播放器，*atelier*
黑色，水晶灰（下图）

CD 4
1986 年 | 设计：彼得 · 哈特维恩
CD 播放器，*atelier*
黑色，水晶灰（上图）

CD 播放器

1985—1986 年

清晰的线性布局给予整个外观一种“平静”的元素。第一次在 *C 1* 产品中出现的滑出式装载托盘，成为 CD 播放器的标准特征。

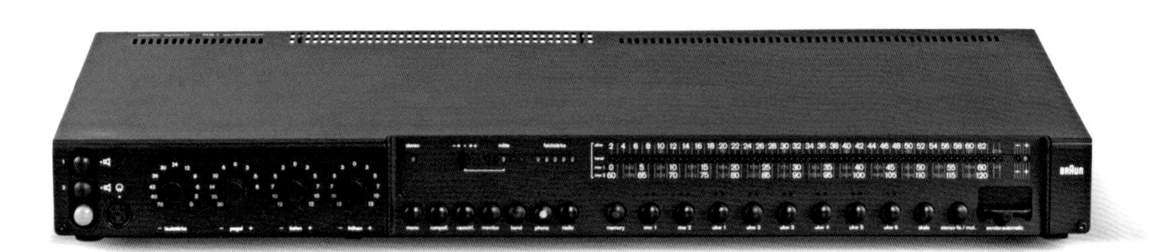

RS 1

1978 年 | 设计：迪特 · 拉姆斯 / 彼得 · 哈特维恩
控制器，合成器
浅灰色，黑色

凭借滑动度盘，这件作品成为当时生产的最薄的接收器。凸形按钮也是一种创新，在之后的 *atelier 1*、时钟和袖珍计算器中被频繁使用。

控制器
1978 年

FS-G

1955 年 | 设计：汉斯 · 古杰洛特
台式电视机
枫木，红榆木

FS 3

1958 年
台式电视机（管状钢支架作为附加产品可售）
胡桃木，红榆木

电视机

1955—1959 年

古杰洛特的电视机可以与 *G 11* 收音机、*G 12* 电唱机组合起来成为一个系统。在台式电视机 *FS 3* 中，直角、简单的旋钮和管状钢架均受古典现代主义的启发。

HFS 2

1959 年 | 设计：赫伯特 · 希尔施
电视柜
胡桃木，红榆木，柚木

这款电视柜与希尔施的其他家具设计风格相匹配。当柜门被关闭时，前表面变得完全光洁。它也可以与收音机和电唱机一起使用。

HF 1

1955 年 | 设计：汉斯 · 古杰洛特
台式电视机
枫木，红榆木

FS 60

1964 年 | 设计：赫伯特 · 希尔施 / 迪特 · 拉姆斯
台式电视机（管状钢支架作为附加产品可售）
胡桃木，红榆木

电视机

1958—1967 年

古杰洛特的电视机可以与 *G 11* 收音机、*G 12* 电唱机组合起来成为一个系统。在 *FS 3* 中，直角、简单的旋钮和管状钢架均受古典现代主义的启发。

FS 80

1964 年 | 设计：迪特 · 拉姆斯
配有座式立柱的落地式电视机
浅灰色

FS 1000

1967 年 | 设计：迪特 · 拉姆斯
台式彩色电视机
浅灰色

尽管博朗从其他制造商那里购买过技术，但即使在电视机这一博朗并非专长的领域，它也成功地创造出独特的品类。很显然，博朗 hi-fi 设备中那些控制旋钮和平行凹槽，成为电视机设计的参考模型。

TV 3 / 重低音音箱 / LS 40

1986 年 | 设计：彼得 · 哈特维恩
台式电视机 + 重低音音箱 + LS 40 卫星扬声器
黑色，水晶灰

电视机

1986 年

在博朗推出的最后一款电视机中，显示屏终于从传统的盒子中解放出来。这款产品柔和的曲线外形，是博朗流线形设计理念的第二次完美诠释。家电与 hi-fi 系统的整合是未来的发展趋势。

GS 3 / 4 / 5 / 6 和 TV 3 电视机与 atelier hi-fi 系统

1984 年 | 设计：彼得 · 哈特维恩

atelier | 黑色，白色，水晶灰

家庭影院综合柜

1984 年

这款组合设备已趋向无限：在这里，视听世界正朝着整体性迈出最后一步。之前，从来没有一个系统能够如此和谐统一，这也建立了私人视听档案的概念。

GS 1 / 2 studio（hi-fi 系统）

1978 年 | 设计：彼得 · 哈特维恩 / 迪特 · 拉姆斯
设备基座
黑色，白色

AF 1（atelier hi-fi 系统）

1982 年 | 设计：彼得 · 哈特维恩（*atelier* 系统）/ 迪特 · 拉姆斯（*AF 1* 座式立柱）
黑色，水晶灰

综合电器柜，座式立柱

1978—1984 年

坚固的底座使用户可以把整套系统放置在房间的中央。随着 *atelier* 作为第一代拥有精美背板设计的 hi-fi 系统的发布，这样的设置已经成为现实的选择。

GS 3 / 4 / 5 / 6（LS 150 扬声器装置，atelier hi-fi 系统）

1984 年 | 设计：彼得·哈特维恩
atelier 系统柜
黑色，白色，水晶灰

这是一个音响领域的建筑作品：产品和机柜的尺寸经过定制达到了整体的和谐。这些组件既可以水平放置，也可以垂直码放。

KH 100
1968 年 | 设计：莱因霍尔德 · 韦斯
T 1000 CD 配适的单声道耳机
黑色（左上图）

KH 500
1975 年 | 设计：迪特 · 拉姆斯
立体声耳机
黑色（左下图）

KH 1000
1967 年 | 设计：莱因霍尔德 · 韦斯
立体声耳机
黑色（右图）

耳机

1967—1975 年

这是另一个首次问世的产品类别：博朗推出的第一套耳机 *KH 1000*，它非常轻巧，有可调节的金属框架和柔软的耳罩，其中的橡胶环均由液体填充。

摄像和电影器材

174 简介

176 里程碑

184 闪光装置

190 *Nizo* 胶片摄影机

196 电影放映机

199 电影相关配件

200 幻灯机

206 相机，电影配件

简介：摄像和电影器材

1956 *PA 1* 幻灯机

1958 *EF 1* 闪光灯

1962 *F 21* 闪光灯
D5 幻灯机

1963 *F 25* 闪光灯

1965 *Nizo S8* 胶片摄影机
Nizo FP 1S 电影放映机

1970 *Nizo S 800* 胶片摄影机
D 300 幻灯机

1972 *F 022 2000 vario* 闪光装置

1974 *Tandem* 幻灯机

1976 Blitzgerät *380 BVC*
Nizo 2056 sound 胶片摄影机
Visacustic 1000 有声电影放映机

1979 *Nizo integral 7* 胶片摄影机

一切都源于一个非常有想象力的想法：欧文·布劳恩坚信便携式电子闪光装置一定有市场。当时尚不完善的设计部响应了欧文·布劳恩的理念，并且以新客观主义的禁欲主义风格进行了设计：就像是从迪特·拉姆斯的画板中分离出来的中性灰色立方体。[1] 他还设计了微型幻灯机，颜色和之前一样——浅灰色或者银色，与快速成长的整个产品系列保持一致。[2] 在 20 世纪 70 年代早期，两款幻灯机的问世预示着一个全新的跨时代产品的出现，它们分别是罗伯特·奥伯黑姆设计的双层幻灯机 *D 300*，以及彼得·哈特维恩设计的双孔幻灯机 *Tandem*，由于非常接近可行性限制的边界而成为系统化设计的典范。[3] 留声机市场普遍认为，在新的流行色的趋势下，这两款产品却反其道而行之，就像两个黑色魔盒一般独特。

在闪光装置（Flash Unit）领域，奥伯黑姆同样重新定义了它所必需的品质——移动性，奥伯黑姆在同一个时期，用一种复杂但符合人体工程学的语言重新设计了闪光灯配件，外观同样是黑色。早在几年前，奥伯黑姆在相关领域有另外一个引人注目的成就——他发明了电影胶片摄影机和配套的放映机，前者让他在接下来的 20 年里广受赞誉。[4] 对业余电影而言，*Visacustic 1000* 和 *Visacustic 2000* 是有史以来最好的产品。1964 年，博朗参加了纽约现代艺术博物馆的展览，在之后的一年，即 1965 年，*Nizo S8* 胶片摄影机在纽约亮相，这也是后来的 *super 8* 胶片摄影机的原型。博朗一直在业余电影市场上推陈出新，*S8*、*2056*，最后还推出了彼得·施耐德设计的 *integral*，但是这些在使用上堪称“革命性”的产品，却随着电影胶片技术的没落而走向衰亡。最终，博朗在 1981 年出售了它的电影与摄影业务。

1 这解释了它们和当时生产的袖珍收音机在颜色、形状上显著的联系。

2 1956 年，博朗推出了第一台带有遥控器和自动对焦功能的投影仪 *PA 1*。1962 年推出的 *D 20* 上还配备摇杆抓手，最终攻克了幻灯片传输的难题。

3 这些设计使得复杂的幻灯片投放在巨大的屏幕上，实现这些功能仅仅需要把一些塑料部件组装在一起。

4 如果没有对设计整体性的主张，博朗也不会成为博朗。从剪辑电影到观看电影所需要的一系列设备，它为专业摄影师提供了范围极广的产品。

图示：*Nizo Integral 7* 胶片摄影机；细节

Nizo integral 7
timer 0
+1
– fix
aut
+ fix

S 8

Nizo 胶片摄影机

1965 年
设计：罗伯特 · 奥伯黑姆
Variogon 1,8 / 8~40 毫米
着色铝

"胶片滑入 Super 8 就像信件插进邮筒一样。"[1] 从此免去耗时费力地往机器里面插胶片的环节，这对电影迷来说是个再好不过的消息了。而且，这并不是唯一的创新。1965 年，几乎在推出新款 *Super 8*[2] 的同时，博朗在美国和欧洲各国先后发布了世界上第一台胶片摄影机。*Nizo S 8* 不仅为 *Nizo* 系列相机[3] 在未来 20 年内奠定了基调，而且也被视为现代电影胶片摄影机的缩影。[4] 它的成功秘诀就是将高水平的工程设计与理性的工艺阐释结合在一起，废除了充满匠气的、螺钉外露的美学。这种成功模式如今已经被验证过无数次。通过严谨地实践这种设计原则，罗伯特・奥伯黑姆设法达到了耐看性与功能传达性的完美统一。这也是 *Nizo* 成为全世界最畅销的胶片摄影机的原因。

摄影机最关键的组件有三个部分：镜头、机身外壳和手柄。设计师们重点关注这三个核心部件，设计出非常简单的结构，这个结构以小巧、立体的摄影机主体为核心，摒弃所有无用的装饰。明亮的铝制表面[5] 象征着高价值和卓越的技术，精巧的控制装置在高对比度中脱颖而出，就像路标一样醒目。[6] 这种布局的考量是由人体工程学决定的，因为安全便捷的操控感对于使用胶片摄影机来讲很关键。这也是在产品设计中要融入更多功能性的原因，比如将变焦功能设计在手柄的上方，这样就可以在变焦时通过手持来施加反压，防止机身发生抖动，这在以前简直是业余摄影师的噩梦。

1 1969 年博朗产品手册。

2 由柯达开发的 *Super 8* 盒式胶片主宰了业余电影市场，直到摄像机问世。

3 处于市场领先地位的慕尼黑公司 Niezoldi & Krämer 于 1962 年被收购，之后的产品以博朗 *Nizo* 品牌出售。

4 20 世纪 60 年代上半叶，博朗产品获得的几次成功为整个产品团队创造了成功范式。例如，*sixtant* 电动剃须刀（1961 年）和 *T 1000*"世界接收器"（1963 年）。*Nizo* 胶片摄影机背后的理念始终保持一致，直至最后一款产品 *integral*（1981 年）。

5 *sixtant* 电动剃须刀首创亚光黑、亚光银组合的外壳。

6 在 *studio 2* 的立体环绕系统中也可以找到同样颜色的外观，用的是同样的材料和配色方案。

control
automatic
manual
m. 0 3 6 9 12 15
ft. 0 10 20 30 40 50
on contr. off
ein
18 24
Nizo S8T
Variogon

D 300

幻灯机

1970 年
设计：罗伯特 · 奥伯黑姆
黑色

1 329 和 398 马克的价格物超所值，它不仅可以通过光学显示器来实现卓越的对焦控制，而且提供了使用特效幻灯片的可能性。

2 黑色也用于较小的设备，如 *T 2* 打火机（1968 年）和同年的 *manulux NC* 闪光灯；紧随其后，电动剃须刀、袖珍计算器和时钟也出现了“优雅黑”；在之后的很长一段时间内，“优雅黑”成了行业标准，时至今日，它仍然被广泛使用。

3 在不抬起设备的情况下，可以使用调节轮升高、降低或向侧面倾斜。

4 奥伯黑姆或许会重新审视这一设计原则，例如 *F 022* 闪光装置的前部和后部。

5 *Synton FP* 评分装置正是为这一目的而开发的。

6 *Tandem Professional* 的两款设备尽管在经济上获得了巨大的成功，却没能达到这样的目标。

博朗的最后一款标准幻灯机堪称注入全新设计理念的巅峰之作。罗伯特・奥伯黑姆首创的 *D 300* 备受赞誉，其目的不仅是吸引业余爱好者，还有专业用户。[1] 他用背驮式原理（piggyback principle）取代了传统投影仪使用的技术，传统投影仪需要导轨和幻灯片保持在同一水平线上。*D 300* 把镜头和灯移至第二层，让导轨直接从机器主体穿过。因此，*D 300* 的体积变得更小。这个双层式设计的投影仪也是博朗的第一款以黑色为主体色调的产品。它略显休闲的外表引发了“黑色”风暴，使得很多产品也跟风设计成了黑色。[2] 人们广泛讨论为什么要使用黑色，博朗给出的解释是，因为投影仪经常在黑暗的环境中使用，所以不能有反光。尽管这种解释听起来非常合理，但设计师们热切关注的问题却是如何设计一个优雅的外观。

D 300 值得被关注的设计重点非常多，设计水平呈现出雕塑般的品质：既有浑然一体的基座，[3] 又有立体式剪裁的表面。例如，它的上边缘处有两个开口盖板，设计得非常出色，让人备感愉悦。正是这种设计造就了它出色的品质。再比如，投影仪的众多开关一反惯例（在当时通常被放在后面），整齐地排列在机身一侧，形成了一个控制面板，被集中在矩形的凹槽内。[4] 这款投影仪的设计还可以控制幻灯片的放映，并且通过集成盘式或盒式磁带录音机来增加一个音轨，[5] 这些设计都为未来的多媒体系统打下基础。不过，关于 *D 300* 是“迈向音视频集成的第一步”的说法或许并不成立。[6]

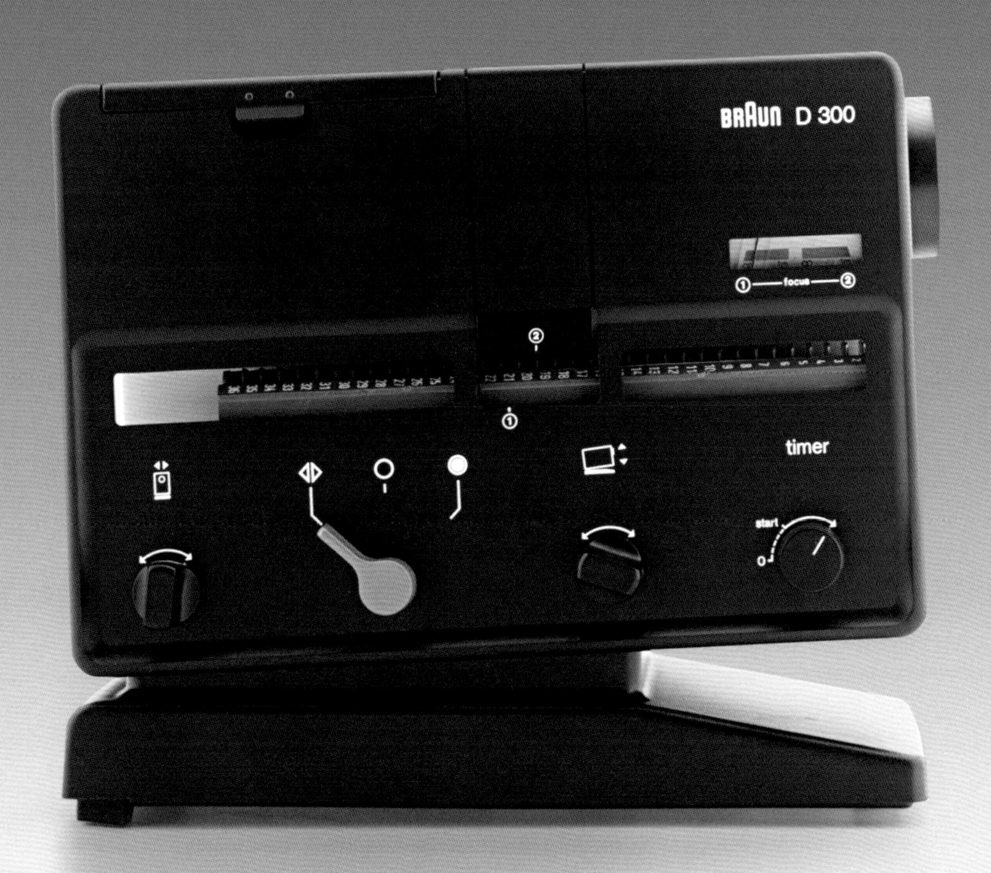
BRAUN D 300
focus
timer
start
0

F 022

闪光装置

1972 年
设计：罗伯特 · 奥伯黑姆
2000 vario computer
黑色

1 这种鲜明的对比，不由得让人想到 *sixtant* 电动剃须刀的银色和黑色的配色组合。

2 耐磨 ABS。第一个黑色和炭黑色闪光装置诞生于 20 世纪 60 年代，主要受 *sixtant* 电动剃须刀的启发。典型产品，例如 *F 80 professional*（1961 年）和 *F 65 hobby*（1962 年）。

3 这种材料在当时被看作低档材质。

4 考虑到闪光灯要装在摄影机的顶部，因此，闪光灯底部的倒角曲线，使拍照时更顺手。

5 1972—1985 年，罗伯特 · 奥伯黑姆设计了超过 40 款商品。在罗伯特 · 奥伯黑姆之前，迪特 · 拉姆斯负责整个产品线的设计。

6 第一款全黑色的设备是 *D 300* 幻灯机，诞生于 1970 年，也是由奥伯黑姆设计的。

闪烁的灯光从凸起的装置中发出来，和黑暗的胶片仓形成了鲜明的对比。这种设计突出了闪光装置最重要的功能——闪光。[1] 这种外观设计也奠定了现在的电子闪光灯的基调。*2000 vario*（*F 022*）的外壳由坚硬的塑料制成，[2] 表面略有纹理，握持非常舒适，时刻传达着它的牢固性和可靠性，[3] 这些特性对于常用设备来说至关重要。整个外壳由两个部分组成，有丰富的质感，在使用过程中的每一次触碰都可以感受到其高质量的设计。它的基本形状由硬朗的外壳和下部两侧的倒角组成，形成了一个“下颏”。[4] 整个箱体的顶部平坦，因此看上去非常坚实，这种整体的设计思路为同时代设计师们留下深刻的印象。*2000 vario* 手持闪光灯是罗伯特・奥伯黑姆设计的电子闪光灯系列的第一款产品，[5] 它标志着一个设计理念的突破。这款产品的出现使设计师们多了一种选择：不再像之前的产品外观那样布满琐碎的细节，同时也引发了“黑色浪潮”的色彩理念。[6] 各个开关采用绿色、红色和蓝色的颜色编码设计，不仅便于理解与操作，而且和黑色的外观形成了鲜明的对比。

这种紧凑的设计模式形成了一种全新的、先进的且标准的设计语言，在当时的业余产品领域是前所未有的。与过去的产品相比，这款产品通过传感器自动感知和可上下旋转的设计，实现了间接闪光。旋转设计是以最简单的方式执行的：灯的两侧装有双轮驱动旋钮，拇指和食指轻轻触碰即可旋转。

BRAUN

Nizo integral

Nizo 胶片摄影机

1979 年
设计：彼得 · 施耐德
Macro-Variogon，1,2 / 7,5~50 毫米
黑色

1 1979—1981 年，*integral 5*、*6*、*6S*、*7* 和 *10* 相继问世。

2 整个功能栏包括 5 个按钮，从单帧释放（定时器）到日光滤光镜。

3 取代了那个时代纯粹靠想象的网格控制的惯例。

这款豪华产品几乎配备了业余电影制作人梦寐以求的一切，并且在顶端的设计上进行了一些巧妙的改进。向前凸出的手柄是里程碑式的创新，倾斜的角度使它的位置看起来很自然，因此这个设计也被专业相机采用。此外，这款产品具备许多特殊功能，例如从手柄延伸出的麦克风，内置的可单独调节的肩托等。因为更多功能性的设计使机身的重量有所增加，所以整个机身外壳第一次采用更轻量的塑料。

即使 *Nizo integral* 的诸多设计连续性被保留下来，我们也必须承认，作为博朗的最后一个相机系列，[1] 它依然标志着整个产品系列的巨大飞跃，特别是在摄像处理方面。作为最显著的特征，设计师彼得 · 施耐德开发了一个功能栏 [2] 来代替以前盛行的各种按钮。这不能被简单地理解为重新布局，事实上，通过让所有功能按键排列在一条直线上，而使它们的概念和文字形成了高度统一。[3] 视觉上的极简使得操作性增强，变得更加易于理解，易于操控。例如，当摄影师的手指习惯性地在这排按钮上滑动操作时，如果突然发现这些按钮不在一条直线上，自然会意识到目前摄像机正处于某种特殊的设置下，而当所有按钮都处于原始位置而形成一条直线时，摄影师就知道摄影机已经被设置为初始的自动操作模式。多功能操纵杆高高耸起，其高度与摄影师的眼睛的高度平行，而操纵杆的终端可以显示剩余的胶片数量，这可是电影制作人最关注的信息之一。

BRAUN
Nizo integral 7
Kreuznach
Macro - Variogon
timer 0
- fix
aut
+ fix
18
24
phono
mic
low mic

EF 1

1958 年 | 设计：迪特 · 拉姆斯

hobby standard

浅灰色

闪光装置

1958—1962 年

直到留声机问世几年之后，闪光灯产品组才被纳入新的设计理念中。与袖珍收音机一样，它们的风格也受到古典现代主义的影响。

F 60 / 30

1959 年 | 设计：迪特 · 拉姆斯
hobby
浅灰色

F 21

1962 年 | 设计：迪特 · 拉姆斯
hobby
浅灰色

第一款便携式闪光装置。冷凝器技术的进步使 *F 60* 的扁平形状成为可能。除此之外，*F 21* 是第一款单片式电子闪光灯，它的立方体造型让人想起 *HF 1* 电视机。

F 25

1963 年 | 设计：迪特 · 拉姆斯

hobby

灰色

F 100

1966 年 | 设计：迪特 · 拉姆斯

hobby

浅灰色

闪光装置

1963—1969 年

玻璃板和外壳本体拼接成水平的前面板，这种设计具有独创性。集成在一侧的拇指拨轮看起来像袖珍收音机的度盘。

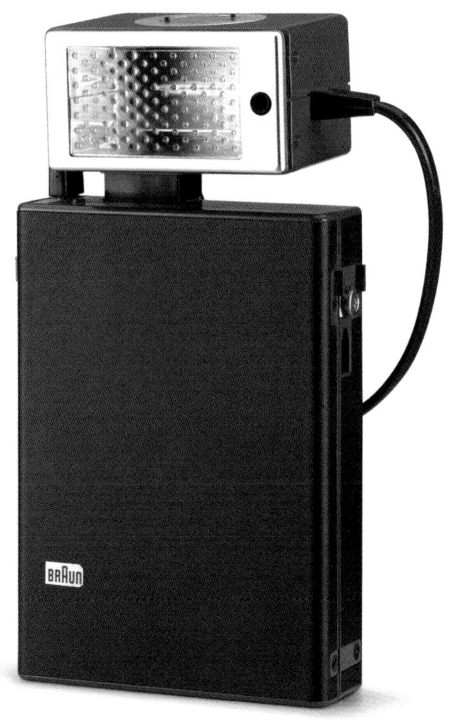

EF 300

1964 年 | 设计：迪特 · 拉姆斯

hobby

灰色

F 655

1969 年 | 设计：迪特 · 拉姆斯

hobby

灰色

闪光灯泡从闪光装置上分离，加上一个单独的手柄，就成为专业闪光装置。

为此，博朗特别研发了一个模块系统。

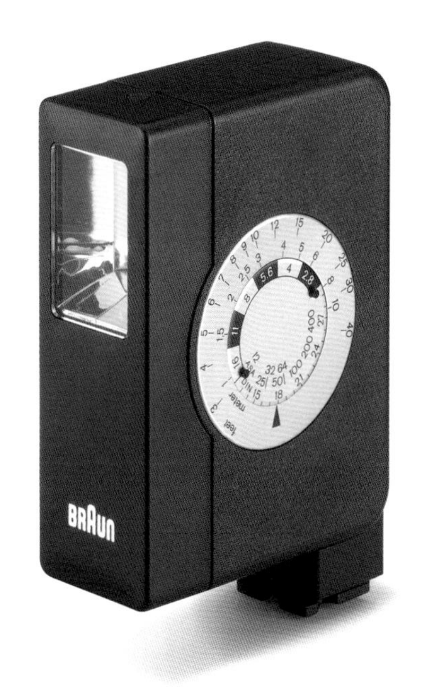

F 111
1970 年 | 设计：迪特 · 拉姆斯
hobby
黑色

F 022
1972 年 | 设计：罗伯特 · 奥伯黑姆
2000 vario computer
黑色

23 B
1974 年 | 设计：罗伯特 · 奥伯黑姆
hobby
黑色

闪光装置
1970—1976 年

对于闪光装置来说，*F 022* 标志着一种新的设计方式。它将博朗设计理念中的分析和有机线条结合在一起。这种策略尤其是在人体工程学方面的设计，随后变成了行业标准。

F 900
1974 年 | 设计：罗伯特·奥伯黑姆
professional
黑色

380 BVC
1976 年 | 设计：罗伯特·奥伯黑姆
vario computer
黑色

20 世纪 70 年代，专业和半专业设备也逐步进入市场。*380 BVC* 由传感器控制，电池安装在棒状的手柄中。

FA 3

1963 年 | 设计：迪特 · 拉姆斯 / 理查德 · 费希尔 / 罗伯特 · 奥伯黑姆
弹簧机制 / *Variogon* 1,8 / 9~30 毫米
黑色 / 着色铝

EA 1

1964 年 | 设计：迪特 · 拉姆斯 / 理查德 · 费希尔
电动 / *Variogon* 1,8 / 9~30 毫米
黑色 / 着色铝

Nizo 胶片摄影机

1963—1968 年

第一台 *Nizo* 胶片摄影机，没有新的美学或人体工程学的概念。当时这些镜头还不是出自博朗设计。

S 8 T

1965 年 | 设计：罗伯特 · 奥伯黑姆
Variogon 1,8 / 7~56 毫米
着色铝

S 56

1968 年 | 设计：罗伯特 · 奥伯黑姆
Variogon 1,8 / 7~56 毫米
着色铝

这里展示的是 *S 8*，也是上市时间更靠后的一款产品，它可以被称作设计的转折点。如今，摄影机的主要构成部分用颜色清晰地区分开来，控制器的布置也是值得注意的细节。

S 800 set / Schulterstativ ST 3

1970 年 | 设计：罗伯特 · 奥伯黑姆 （Kamera）/ 彼得 · 哈特维恩（Stativ）
Variogon Macro 1,8 / 7~80 毫米
黑色

Nizo 胶片摄影机

1970—1973 年

第一台黑色的胶片摄影机（与黑色 *D 300* 幻灯机同年发布）是当时功能最强大的产品。肩托可以伸展到 26 厘米，也可以折起来放在摄影包里。

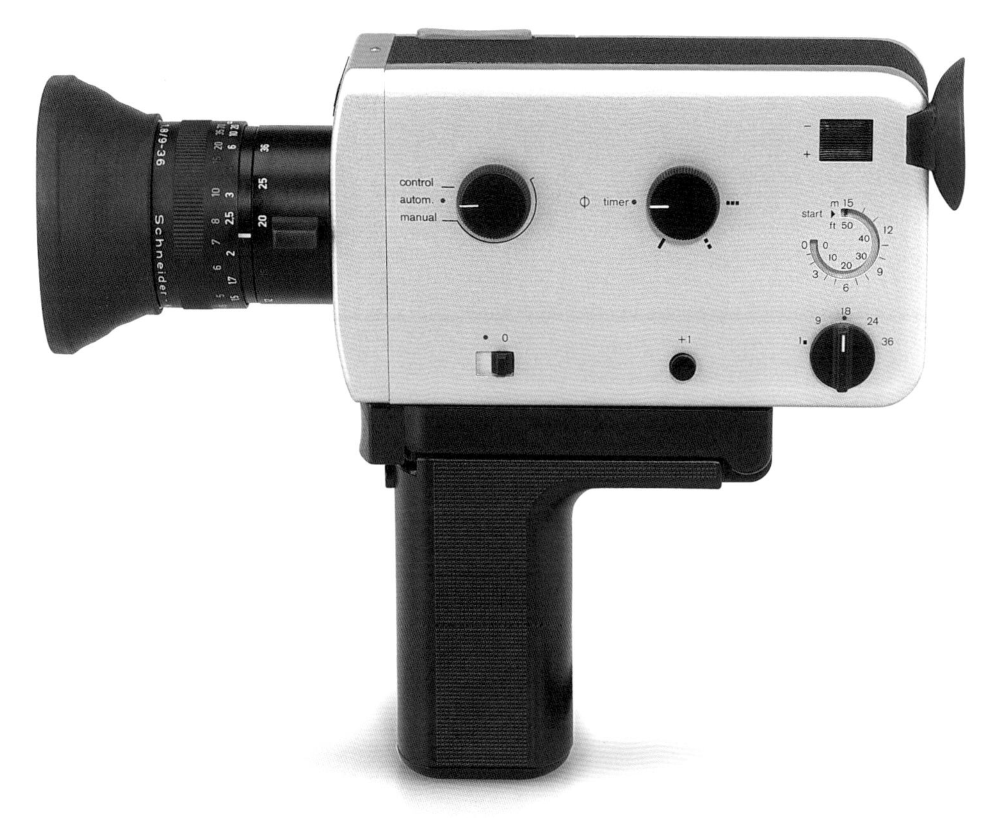

spezial 136

1973 年 | 设计：罗伯特 · 奥伯黑姆
Variogon 1,8 / 9~36 毫米
着色铝

设备的整体外观和胶片仓的造型保持一致。胶片指示器和标度盘排列清晰，凸显出一种冷静的秩序感。

2056 sound

1976 年 | 设计：彼得 · 施耐德

Macro-Variogon 1,4 / 7~56 毫米

着色铝

Nizo 胶片摄影机

1974—1979 年

这款产品是第一批带录音功能的摄影机之一，使后续的同步配乐成为多余的工作（电影的原声带）。它有一个符合人体工程学设计的倾斜手柄，控制模块排列得非常整齐。

professional
1974 年 | 设计：罗伯特·奥伯黑姆
Variogon Macro 1,8 / 7~80 毫米
着色铝

integral 7
1979 年 | 设计：彼得·施耐德
Macro-Variogon 1,2 / 7~50 毫米
黑色

integral 是一款有着亚光黑色外壳的高级录音摄影机，配有一个集成伸缩式的麦克风。它的塑料外壳的生产成本更低，因重量轻和可滑动操控的直线型控制模块而更加简单易用。

FP 1 S

1965 年 | 设计：迪特 · 拉姆斯 / 罗伯特 · 奥伯黑姆
Nizo 电影放映机
浅灰色

电影放映机

1965—1971 年

第一台电影放映机，与银色的胶片摄影机 *S 8* 同步上市，它有一个与机身颜色截然不同的中央控制按钮，鲜明而易识别。

FP 30

1971 年 | 设计：罗伯特 · 奥伯黑姆
电影放映机
着色铝

这台电影放映机选择了与盘式磁带录音机相似的配置，重要的控制开关的位置设计得更靠近电影放映员的位置。

1000

1976 年 | 设计师：彼得 · 哈特维恩
Visacustic stereo 带扬声器的有声电影放映机
黑色

电影放映机

1976 年

这款有声电影放映机由彼得 · 哈特维恩发明，配备独立的扬声器（可以紧紧吸附在一起便于搬运）。另一个扬声器可以用来制造环绕立体声。这款设备还同时集成了纵向和横向调节器。

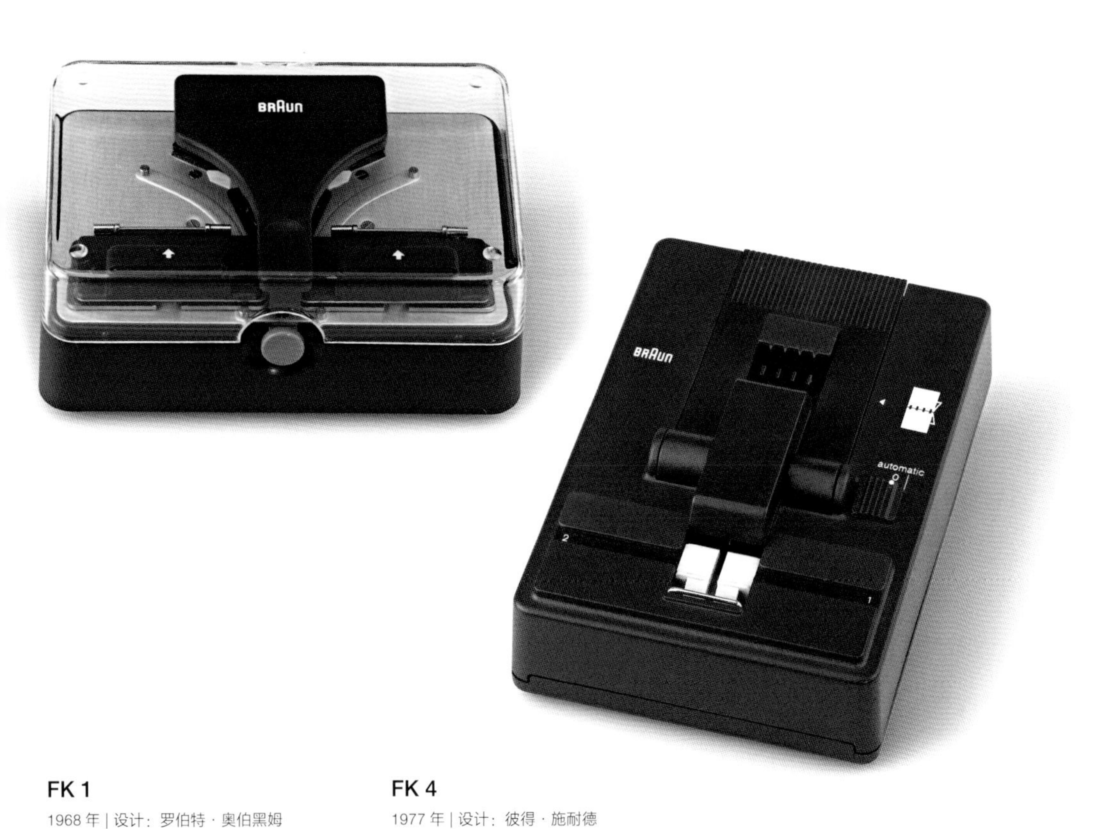

FK 1
1968 年 | 设计：罗伯特 · 奥伯黑姆
接片机
灰色，着色铝

FK 4
1977 年 | 设计：彼得 · 施耐德
接片机
黑色

电影相关配件
1968—1977 年

对于 *Nizo* 的电影迷来说，他们与那些痴迷于老式留声机的爱好者一样，也有具备较高设计水准的配件可供收藏把玩：这两款接片机就非常令人垂涎。

PA 1

1956 年 | 设计：迪特 · 拉姆斯
全自动投影仪
浅灰色

幻灯机

1956—1963 年

这台设备的特殊性在于：幻灯片托盘轴和镜头的垂直布局，以及倾斜的正面和边缘倒角。按钮设置在机身一侧的“肩膀”上，使操作更加便捷。

D 6

1963 年 | 设计师：迪特 · 拉姆斯
Combiscope
浅灰色

多功能性：幻灯机从底部翘起，同时还可以作为一台看片机使用。可以说，这款产品是一次勇敢的尝试，但这种功能的组合在后来并没有出现过。

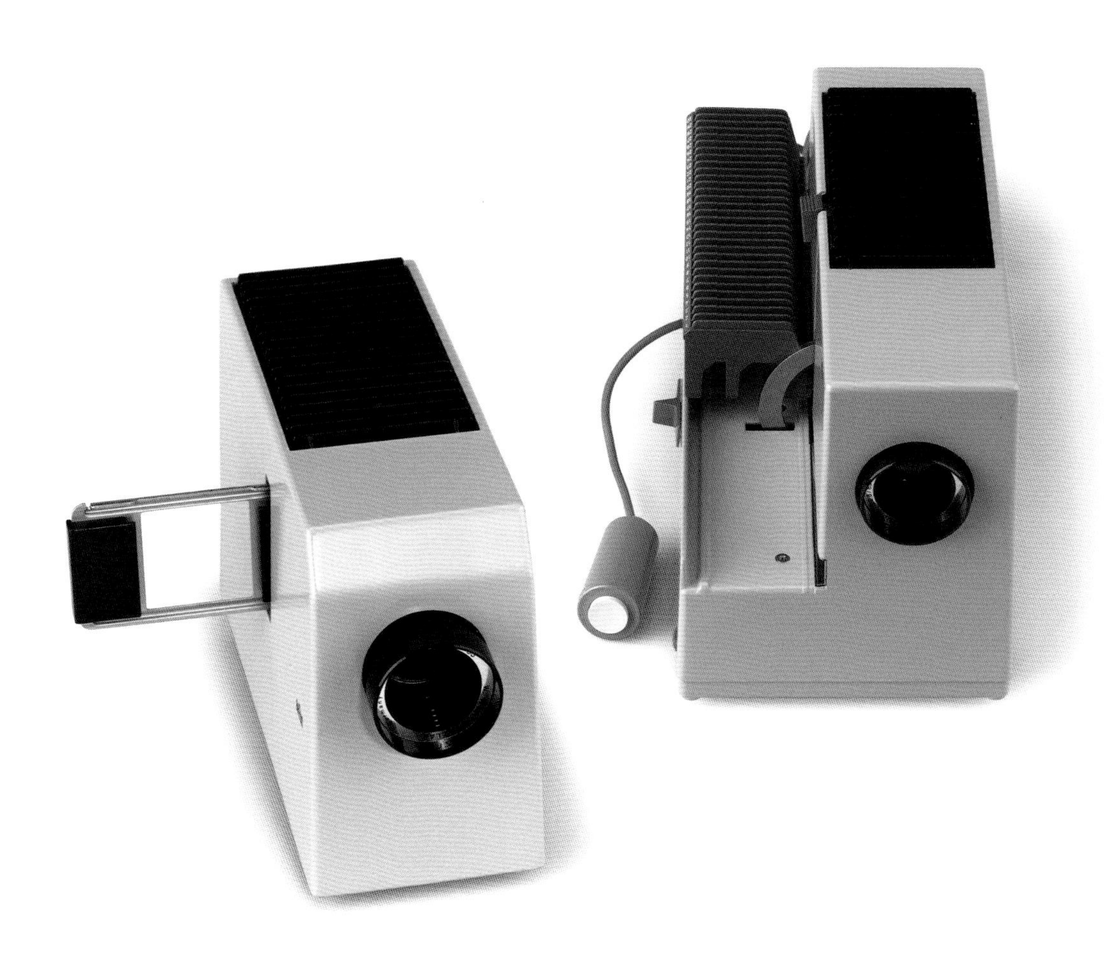

D 10

1962 年 | 设计：迪特 · 拉姆斯
小型投影仪
浅灰色

D 20

1962 年 | 设计：迪特 · 拉姆斯
全自动低压投影仪
浅灰色，石墨色

幻灯机

1962—1966 年

这款产品的设计在未来几十年将主导市场的发展趋势。它的幻灯片托盘轨道平行于镜头，沿着侧边在一个开放的轨道上滑行。

D 25

1966 年 | 设计：罗伯特 · 奥伯黑姆
全自动幻灯机
浅灰色 / 深灰色

这款幻灯机是在远程控制中具有扩展功能的较低版本，这些特性在业界被广泛模仿。此外，它还推出了*D45 / D47*两个型号，颜色采用经典的博朗银。

D 300

1970 年 | 设计：罗伯特·奥伯黑姆
全自动幻灯机
黑色

幻灯机

1970—1974 年

这款设备借鉴了博朗第一台幻灯机的外观，在很多方面都是独一无二的。与其他标准托盘投影仪相比，这款设备的实用性更强，由各种塑料制成。

Tandem

1974 年 | 设计：彼得 · 哈特维恩

Professional（配备计时器）

黑色

这款双孔投影仪利用圆形滑动托盘的优势，与其他控制设备共同构建了博朗复杂的多视觉系统的核心。多个投影盒组合起来，可以投射成大小灵活可变的图像墙。

Nizo 1000

1968 年 | 设计：罗伯特 · 奥伯黑姆
袖珍相机
黑色 / 着色铝

1000

1978 年 | 设计：罗伯特 · 奥伯黑姆
Nizolux 电影闪光灯
黑色

相机，电影配件

1968—1978 年

博朗唯一一款内置测距仪的相机。扁平的方形机身搭配边缘的倒角设计，同时配备一个便携式相机包。

钟表和袖珍计算器

208 简介

210 里程碑

224 台式闹钟

234 收音机闹钟

236 壁挂钟

240 腕表

242 袖珍计算器

简介：钟表和袖珍计算器

1971 *phase 1* 台式闹钟

1975 *AB 20* 台式闹钟
functional 台式闹钟
ET 11 袖珍计算器

1977 *DW 20* 腕表
ET 33 袖珍计算器

1978 *ABR 21* 收音机闹钟

1979 *DN 50* 台式闹钟
ABW 21 壁挂钟

1981 *ABW 41* 壁挂钟

1985 *AB 312 vsl* 台式闹钟

1989 *AW 10* 腕表

1990 *ABR 313 sl* 收音机闹钟

1991 *DB 10 sl* 电波闹钟

2001 *AW 75* 腕表

2002 *ET 100* 袖珍计算器

1975 年对于博朗来说是非常关键的一年。在这一年里，作为博朗最后推出的产品组别，闹钟和袖珍计算器系列产品相继问世。*functional* 数字闹钟在这一年投入市场，这也是博朗完全自主开发的第一款闹钟，在市场上颇受瞩目。同一年上市的模拟闹钟 *AB 20* 和第一台袖珍计算器则引领了审美趋势数十年，并广受消费者的喜爱。*AB 20* 的外观就像飞机驾驶舱里的仪表盘，对博朗和其他制造商的闹钟外观都产生了深远的影响。后来，配备其他特殊功能的闹钟，例如，收音机闹钟 *ABR 21* 或者对噪音敏感的声控器 *AB 312*，似乎都和 *AB 20* 是一个模具生产出来的一样。

负责所有上述设计的是迪特里希・卢布斯，他在“测量时间”这个非常恰当的领域践行着“不断提升产品使用寿命”的原则。马克斯・比尔花费 20 多年的时间，使设计合理的家用闹钟被大众广泛认可，卢布斯则在此基础上做了延伸，例如使用新的石英技术。由于读取时间需要用到人的感知系统，迪特里希・卢布斯为此优化了所需要的图形元素，只为更好地适应人的感官。所有努力都与图形领域紧密相关，卢布斯的这些成就也被应用到收音机和留声机等其他产品系列中。这种对视觉细节的关注是博朗产品强大的竞争力之一。例如，在台式柜闹钟和旅行闹钟上，占钟面最大面积的是数字，卢布斯用极其醒目的颜色、最简单清晰的图形显示了时间。与此同时，闹钟和袖珍计算器的外观也追随了 20 世纪 70 年代特有的黑色浪潮：那不仅是夜晚的颜色，还象征着外太空的精神，更是与最好的钢笔、节日专属的豪华轿车的颜色保持一致。

1 数字闹钟系列至今仍在生产，后续产品，例如电波闹钟 *DB 10 sl*（1991 年）。

2 闹钟、壁挂钟和腕表几乎涵盖了这一行业的所有产品。它在一个狭义的产品范围内不断创新，设计出一款又一款令人惊讶的产品。例如在闹钟这个品类里，卢布斯加入了人体工程学的设计，特别是在开关设计和排列上做到了极致。

图示：*AW 75* 腕表

BRAUN
tachymeter
60
70
80
90
100
120
140
160
180
210
240
270
300
12
11
1
9
3
8
4
7
5
30
20
40
20
min
sec
Made in
8
Germany

functional

台式闹钟

1975 年
设计：迪特里希 · 卢布斯
Digital DN 42
Nr.4815
黑色
（*Digital DN 18* 丝绒镀镍）

phase 1 是博朗推出的第一款闹钟，配备一个数字显示器。[1] 4 年后，博朗发布了第一款真正自主研发的电子闹钟：*functional*。迪特里希・卢布斯参与了早期的设计，这种插电式闹钟有几个与众不同之处。它的主要组成部件没有像其他闹钟一样隐藏在盒子里，而是一分为二地呈现在外观上。例如，显示屏和变压器就变成了外壳的部件，充当前后两个基座，在显示屏和变压器中间“漂浮”着窄电路板，也是主要的控制区域。

这款时钟厚 2 厘米，身材苗条且轻巧，像意大利跑车一般时尚。[2] 倾斜设计的显示屏采用类似太阳镜的有机玻璃材质，因此易于阅读显示。尽管六分段的数字 [3] 是有些角度的，但是仍然可以清晰地看到。控制按钮位于闹钟顶部，便于操作，其他所有设置元素都隐藏在底部。[4] 凸出的按键方便夜间操作，因为手指很敏感，可以感受到精确到毫米的凸起。[5] 但是，这并不是 *functional* 大获成功的原因。这款如此微型的金属闹钟之所以令人着迷，是因为它散发着现代雕塑般的印记。黑色版的产品尤其如此，显示屏的表面与纤细的外壳融为一体。*functional* 不仅是一款测量设备，而且看起来更像是刚刚降落在床头柜上小憩的 UFO。

1 这种数字显示器在 20 世纪 50 年代就已经出现，例如吉诺 · 瓦尔（Gino Valle）在 1955 年为 Solari 设计了 *Cifra 5* 数字闹钟。这里的数字显示器采用不同的机械工艺。

2 一种弱化金属外壳实际重量的外观设计。

3 数字的基本形式是由堆叠方块形成的“8”。这是一项气体放电显示技术，在当时是相当昂贵的。显示器的亮度可以使用调光器来调节。

4 这种物理的差异主要是为了区分重要且需要直接使用的功能，和次要且需要隐藏的功能。*HF 1* 电视机（1958 年）首次应用了这种设计，后来在 *atelier* hi-fi 系统（1980 年）中再次使用。

5 这里应用了知觉生理学和心理学原理，在同一时期开发的袖珍计算器上同样可以找到这种设计。

date
off
signal
on
repeat
BRAUN
10 54 04

DW 30

腕表

1978 年
设计：迪特 · 拉姆斯 / 迪特里希 · 卢布斯
quartz *LCD* digital
No.4814
铬合金（黑色未发售）

腕表和运动鞋有什么共同之处呢？尽管几乎人人都有这两样东西，但是直到 20 世纪 80 年代它们才成为“生活方式”的一部分，[1] 其中蕴含的威望、奢华、个性等理念起到了重要的助推作用。博朗进入腕表领域之初，可以说是一次技术性的实验，其目标之一是为公司精通电子技术的工程师开创一个全新的领域。博朗腕表进入市场相对较晚，并且只有一些基本款面世，以实用为主，并不奢华。但是在今天，博朗腕表被收藏家们喜爱并非因为它的金属质地，而是它们具备一些其他品质，尤其是带液晶显示屏的数字腕表 *DW 20* 和 *DW 30*，这两款腕表拥有优雅的“身形”，至今仍被认为是博朗所有产品中最受欢迎的收藏品。[2]

DW 30 的金属外壳 [3] 被设计成黑色或银色，这是博朗开发的第一项专利。设计师迪特里希・卢布斯和迪特・拉姆斯在腕表领域再次创造出和谐并让人倍感愉悦的产品。在颜色方面，它们与 20 世纪 60 年代以来博朗产品常用的黑色和银色保持一致。显示屏下方的两个按钮用于设置时间 [4]，易于操作。同样的设计被应用在博朗的模拟闹钟和壁挂钟上。[5] 事实上，人们每天穿什么衣服、戴什么饰品，都是非常个性化的体现，因此，还有什么比一块表更能彰显谨慎而可靠的个人气质呢？[6]

1 一开始管理层并不重视这一点。例如，在买阿迪达斯 *Samba* 运动鞋的顾客中，有 1/4 是为了参加运动的。很长时间之后，管理层才开始重视这个问题。

2 产量较少的黑色腕表更受欢迎。

3 配有光滑或有棱纹的皮革表带。

4 这些按钮既可以用来显示时间，又可以用来设定月份、日期、分和秒。左边的按钮用来开灯。

5 这些产品的易读性继承了马克斯 · 比尔的传统。他在 20 世纪 50 年代推出了一系列设计合理的钟表，为这一领域树立了“优良造型”的标准。

6 精确性和使用寿命长经常是相互矛盾的。例如 20 世纪 90 年代原子钟的广告活动，据说“每百万年只有 1 秒钟的误差”，但制造商只准备提供 6 个月的保修期。

BRAUN
10.30

ABR 21

收音机闹钟

1978 年
设计：迪特 · 拉姆斯 / 迪特里希 · 卢布斯
signal radio
No.4826
黑色，白色

1 据消费电子学会的统计，无论是因为使用率高（90%的德国人人手一台），还是它在商店里的上架量最高，收音机闹钟可以被认为是收音机的新标准。

2 *T 4* 袖珍收音机（1959 年）同样使用了一个圆形穿孔面板的扬声器。

3 *ABR 313*、*ABR 314 rsl* 和 *ABR 314*（1996 年）三个款式都有显示屏，并且重新编排了触摸按键，把前盖折叠起来，从而推出了一款更加紧凑的样式。

4 它们与闹钟 *AB 20* 和 *functional*（都是 1975 年上市）的开关设置相同。

一般来说，放置闹钟的地方不宜离床太远，所以，研发出这台带闹钟的收音机[1]应该是音频行业最大的创新。因为这台收音机具有闹钟唤醒功能，所以备受消费者的欢迎。迪特里希·卢布斯和迪特·拉姆斯决定，为收音机和闹钟这两种功能赋予同样的重要性。表盘和扬声器采用半径相同的圆形，对称地置于矩形外壳上。这种有序造型严苛得有如士兵的列队，但我们依旧可以看出与其他产品的相似之处。一个圆形的度盘环绕着一个圆形的扬声器，扬声器的表面是穿孔的形式，度盘下方有两个旋钮，这一点和 *SK 1* 小型收音机颇为相似。[2]

后来生产的定时收音机，[3]设计师们没有采用过去的设计方式，而是进行了许多创新设计。*ABR 21* 顶部凸起的摇杆开关，是设计师从整个钟表的设计样式中选取的，[4]亚光黑色的外壳、纯色的表盘、四根表针都用特殊颜色标识。两根粗一些的白色指针分别是分针和时针，细长的黄色指针是秒针，黑色的细指针显示闹钟的时间（指针上有红色标记）。这是博朗产品在很长一段时间内经常使用的组合，具有很高的识别度。黄色秒针的形状后来成为模拟时钟的图案，这不由得让人想起汽车的时速表。如此严谨中性的设计风格，博朗的印刷字体在其中起到不可或缺的作用，这些字体在博朗的每条产品线中都可以看到。比如“Akzidenz Grotesk”这个字体，它只有细细的衬线，直线和曲线在视觉上有着相似的宽度，与 Helvetica 字体相似，它变成了一个不那么显眼的“缺少品质的字体”。

12
quartz
9
3
6
BRAUN
fm
kanal
MHz
volume
tuning

ABW 41

壁挂钟
1981 年
设计：迪特里希 · 卢布斯
domodique
No.4839
黑色

1 马克斯 · 比尔这位在 20 世纪 50 年代就设计出经典的 *functional* 钟表的设计师，也开始设计壁挂钟。

2 这款壁挂钟的设计不受颜色、材料（金属、塑料）、表盘（有些款式没有时间的标记）的限制。在最简化的款式中，直接去掉了树脂玻璃盖。

说到钟表，似乎就应该是壁挂钟的样子。那一年，米兰孟菲斯工作室践行的当时最流行的设计理念，在后现代主义时代打出了“一切皆有可能”的口号，而博朗再一次展示出如何在新产品中融合“克制主义”和“古典功能主义”的元素。比如，为什么要把钟表设计成挂在墙上的形式？因为这样一来就不需要底座了，于是，整个钟表被设计为一个纯粹的表盘，[1] 没有任何多余的装饰。就连旋钮也从后边移到了前边，从而成功实现了不从墙上取下挂钟也可以设置时间的便捷操作。整个视觉效果就像是一个表盘“悬挂”在墙上，只有表针在稳稳地转动。这个设计将“形式服务于功能”的设计原则发挥到了极致。

迪特里希・卢布斯在这款产品上继续保持了他典型的视觉和字体风格，同时还增加了第三个维度：深度。表盘分为三层也是一个新颖的设计，他为壁挂钟赋予了实体的纹理——这个小小的调整具有非同寻常的意义：*ABW 41* 壁挂钟因此成为世界上最平的壁挂钟。除此之外，这种空间分层还创造了环状阴影线，给人们另一种视觉感受。这两点差别都增加了可读取性，尤其是从远处看的时候，可读取性更好（在通常情况下，壁挂钟都是在远处看）。所以，这个壁挂钟系列被认为是极简主义的典范，时至今日，它的设计仍在以各种变化的形式被广泛应用。[2]

BRAUN
quartz
Made in Germany

AB 312 vsl

台式闹钟
1985 年
设计：迪特里希 · 卢布斯
voice control
No.4760
黑色

"停！""安静！"在使用具备声控系统的闹钟时，只要喊一声就能让闹钟停止。有了这一创新，博朗在 20 世纪 80 年代中期彻底改变了我们早晨的唤醒模式。当然，声学传感器[1]也会对其他任何语言和声音作出反应，例如敲门或者咳嗽。这种特性使得这款闹钟成为孩子们喜爱的玩具，当然，他们喜欢的是闹钟可以测试他们的叫喊声是多么嘈杂。

迪特里希·卢布斯设计的 *AB 312* 闹钟自带声控系统，厚度却仅有 2.5 厘米，很薄很轻，可以放在任何背包中，是天然的旅行伴侣。[2] *AB 312* 堪称紧凑型产品设计的典范，甚至还能当作手电筒来使用。它那多边形折叠式前盖，在打开时会成为一个稳固的底座，同时还能显示世界时区，便携旅行范儿十足。这款声控闹钟的表盘与博朗的模拟闹钟的表盘非常相似。[3] 中性设计风格有点像技术仪表盘，但是绝不会让人感觉它没有经过设计。[4] 这种审美在钟表界得到了广泛认同，也让这种设计成为博朗最常使用的设计模板之一。同时，它还是一个将理性产品赋予多层次意义的典型案例。[5] 我们甚至可以感受到，在这个小小的黑色盒子里，暗藏着关于夜晚的隐喻，对一个闹钟来说，这种隐喻再恰当不过了。

1 在表盘上的那个金属"耳朵"。

2 重量仅 60g。

3 之前的产品 *AB 312 ts*（1984 年）没有声控系统。配有声控系统的 *AB 314 vsl* 在 *AB 312 ts* 的基础上进行了一些细节改进，例如设置时间功能（背面锁定时间，侧面唤醒时间）的清晰分离，还能实现使用特殊按钮锁定这些功能。

4 这一审美标准是由 *AB 20*（1975 年）奠定的，在之后的几年间非常盛行。

5 迪特 · 拉姆斯在钟表界所倡导的"完全放弃特殊的形式特征"（complete renunciation of special formal features）、"少，但更好"（Less, But Better），Humburg，1995，p.95。

BRAUN
voice control
quartz
Made in Germany
off
on
GMT WELTZEIT
Greenwich Mean Time

DB 10 sl

电波闹钟

1991 年
设计：迪特里希 · 卢布斯
digital
No.3876
灰色 / 着色铝，灰色

博朗的第一台电波闹钟还可以测量房间的温度。[1] 通过对这款多功能产品的设计开发，研发人员向数字时代迈出了崭新的一步。技术的演进使各部件占用的空间更小，设计师们也理所当然地认为，产品的形态已不必再局限于过去。然而，这个想法还是太过保守。事实上，高度为 9 厘米的 *DB 10* 和后续研发的系列产品，主要由蓝绿色液晶显示屏下的键盘 [2] 来控制。

通常情况下，显示屏均垂直于桌面，键盘则与桌面平行，这主要是出于人体工程学的考虑。但是，为了在同一台设备上体现这两个部件，迪特里希・卢布斯把它们倾斜地结合在一起，[3] 由此，一款像滑雪赛道一样倾斜的闹钟便诞生了。两侧的防滑脊也增加了纹理设计。[4] 为了增强稳定性，这台纪念碑式的测量仪在背部安装了橡胶塞和斜楔结构，还配有一根天线。24 小时闹钟、远程控制等功能均能做到绝对精准，毕竟，精确的时间控制对当今的消费者来说是需要满足的基本功能。如果认为精确的时间是理应具备的功能，那么，那些令操作极度简单、使用异常便捷的对产品细节的关注更是直达指尖：棒状的夜间警报、友好的灯光开关、键盘盖打开的方式以及小手指就可以闭合的设计，可以控制滑动精确程度，每次按压都像手指在按摩的小小的设置按钮。[5]

1 在上一款产品 *DB 12* 中可以实现。

2 这些键盘的颜色与袖珍计算器非常相似。

3 这种设计使得用户可以在设置闹钟的时间时，直接看到显示屏。

4 特别是在银色款式中，其材质类似于波纹金属片，这是一种高科技建筑领域所熟悉的风格。塑料外壳采用黑色和银色的经典博朗颜色。

5 这款产品虽然引用了不同硬度的塑料，但并不是采用软硬结合的塑料部件。

snooze / light
10.45
30
time
alarm time
temp
date
alarm on/off
7 8 9
4 5 6
1 2 3
0 C
start

ET 33

袖珍计算器

1977 年
设计：迪特 · 拉姆斯 / 迪特里希 · 卢布斯 / 路德维希 · 利特曼
control LCD（*slim LCD*）
No.4993
黑色

秩序、节俭、和谐、效用。尽管袖珍计算器的市场占有率相对较小，却聚集着理性的博朗设计的所有优点，这绝非偶然。迪特里希・卢布斯、迪特・拉姆斯和路德维希・利特曼，力图把微型电脑的计算功能放在一个小小的平板上去实现，正是这一品牌的数学逻辑，构成了有序设计原则的根本依据。

25 个均匀间隔、有序排列的按键构成一个正方形，不同的功能以彩色编码，无论是按键还是按键上的数字都采用同一尺寸设计。然而，尺寸的大小并非取决于技术上的要求，[1] 或是减少什么功能。[2] 这一设计上的决定并非基于纯粹的逻辑思考，而是人为因素，其中主要关注的是感觉和诠释。凸起的按键是全球首创，[3] 这个创新设计尽管被仿效无数次，但时至今日，仍可以想象当年它是多么难以突破。因为在那个年代，凹下去的按键似乎更符合逻辑。[4] 但是人类触觉和大脑的工作方式不同于人们的想象。手指可以更轻松地定位和按压光滑的圆顶，而不会滑到邻近的按键上。[5] 而且，单独凸起按键的地方传达出一种更有秩序的整体感觉。当然，温暖、低调的配色方案也强化了这一印象。当我们把所有这些因素都考虑进去，“*ET 33* 及其后续的几款产品为什么经久不衰”这个问题就一目了然了。[6] 这些都不是冷冰冰的计算机器，如果对比造型优雅的钢笔，哪个放在夹克的口袋里更让你感到舒适？

1 例如这款产品的体积可以造得更小，但是这并不利于计算器的使用和处理性能提升。

2 按键的数量不一定是 25 个，很多竞争对手的产品经常设计许多按键，加载了很多并不经常使用的功能。

3 这个设计是从钟表设计师那里借鉴来的，凸起的按键最早出现在闹钟 *AB 20* 和 *functional*（1975 年）上。

4 意味着手指需要下沉按到按键。

5 按下时，它们发出无声的“点击”，给了人们更多的感知暗示。

6 他们的设计在接下来的 25 年内都几乎没有发生变化，这使他们能够抵挡廉价的模仿者的冲击。

BRAUN
12345678.
F
0
2
Δ%
M+
M-
MR
MC
+/-
√
7
8
9
÷
%
4
5
6
×
CE
1
2
3
−
C
0
·
=
+

phase 2

1972 年 | 设计：迪特里希 · 卢布斯
No.4924 / 4925
黑色、红色、黄色（左上图）

digital compact

1975 年 | 设计：迪特里希 · 卢布斯
Digital DN 19 | No. 4937
白色（右上图）

phase 1

1971 年 | 设计：迪特 · 拉姆斯 / 迪特里希 · 卢布斯
No.4915 / 4916 / 4917 / 4928
珍珠白、红色、橄榄绿、透明（下图）

台式闹钟

1971—1976 年

博朗早期的钟表配备数字显示屏，将机械和电子技术相结合。*phase 1* 的数字显示是基于棱镜，*phase 2* 的数字显示是在堆叠的薄板上实现的，*digital compact* 的数字显示则是在磁带上运行的。

DN 40

1976 年 | 设计：迪特 · 拉姆斯 / 迪特里希 · 卢布斯
electronic | No. 4967
黑色、红色、白色

functional

1975 年 | 设计：迪特里希 · 卢布斯
Digital DN 18 | No. 4958
丝绒 镀镍 (*Digital DN 42* 黑色)

functional 的特点是顶部有三个新的凸形开关，而 *DN 40* 的开关设置在后面。*functional* 配备了一个复杂的气体放电显示屏，而 *DN 40* 则采用荧光数字显示屏。

AB 20 / 20 tb

1975 年 | 设计：迪特 · 拉姆斯 / 迪特里希 · 卢布斯

esact quartz / travel | No. 4963

黑色

AB 21 / s

1978 年 | 设计：迪特 · 拉姆斯 / 迪特里希 · 卢布斯

signal quartz | No.4821 / 4836

黑色，红色，白色

台式闹钟

1975—1979 年

小巧、轻便，是非常成功的模拟闹钟，畅销于市场且经久不衰，最初是为床头柜设计的。折叠的前盖板也让它成为很好的旅行闹钟。

DN 50

1979 年 | 设计：路德维希 · 利特曼
visotronic | No. 4850
黑色

第一个从侧面看呈三角形的闹钟。它配备双显示屏和长长的按键，更容易在黑暗中被找到。

AB 11

1980 年 | 设计：迪特里希 · 卢布斯
megamatic quartz | No. 4834
黑色，白色

AB 30

1982 年 | 设计：迪特里希 · 卢布斯
alarm quartz | No. 4847
黑色，白色，黑 / 白色

台式闹钟

1980—1988 年

AB 30 和 24 小时闹钟 *AB 11* 有一个关闭按键，几乎横跨整个闹钟的宽度，而过去的产品使用的则是拨动开关。

AB 2

1984 年 | 设计：朱里根 · 格罗贝尔 / 迪特 · 拉姆斯
quartz | No. 4761
黑色，白色，黄色，绿色，灰色等

KTC / KC

1988 年 | 设计：迪特里希 · 卢布斯
组合石英钟 + 定时器 | No. 4863 / 4859
白色

AB 2 闹钟有一个圆形外壳，与表盘的形状相呼应。这种形式的创意也是双时钟 / 定时器 *KTC / KC*（其中每个部件都可以单独使用）的设计起点。

AB 312 vsl
1985 年 | 设计：迪特里希 · 卢布斯
voice control | No. 4760
黑色

AB 1
1987 年 | 设计：迪特里希 · 卢布斯
quartz | No. 4746
黑色，白色

AB 40 vsl
1992 年 | 设计 : 迪特里希 · 卢布斯
voice control | No. 4745
黑色

台式闹钟
1985—1996 年

AB 312 vsl 是第一款平面闹钟的后续产品，*AB 310* 被证实是理想的旅行闹钟。它集成了声学传感器，使唤醒的方式令人更加放松。

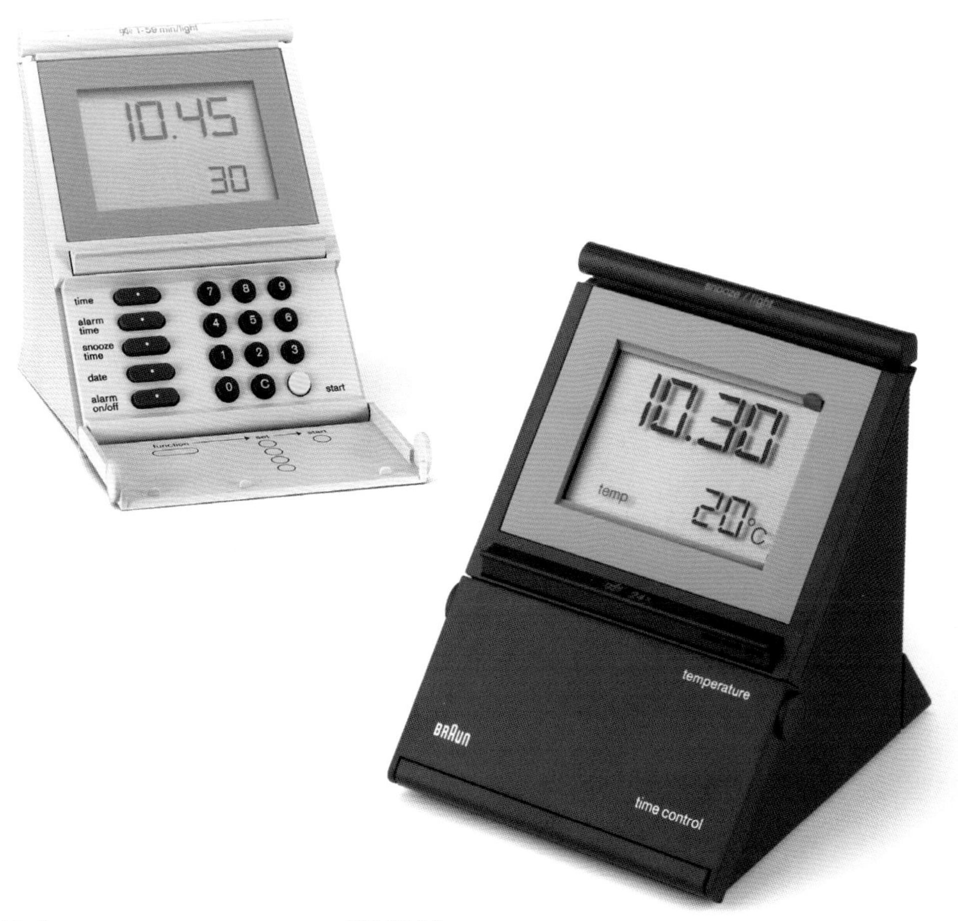

DB 10 sl

1991 年 | 设计：迪特里希 · 卢布斯
digital | No. 3876
灰色 / 着色铝，灰色

DB 12 fsl

1996 年 | 设计：迪特里希 · 卢布斯
time control temperature 电波闹钟 | No. 3875
黑色

第一款电波闹钟，正面倾斜的外观设计令人惊叹，这款技术含量颇高的时钟便于使用，同时减少了一些功能，类似于家用的袖珍计算器。

DAB 80 fsl

1993 年 | 设计：迪特里希 · 卢布斯
time contro l 电波闹钟 | No. 3863
黑色

AB 60 fsl

1994 年 | 设计：迪特里希 · 卢布斯
time contro l 电波闹钟 | No. 3850
黑色

台式闹钟

1993—1995 年

这款产品融合了 *DB 10 sl* 与模拟闹钟的特征，采用经典的博朗外观。设置按键位于一个倾斜角度的底座上，易于操作且方便闭合。

AB 6

1993 年 | 设计：迪特里希 · 卢布斯
quartz | No. 4747
黑色

AB 314 sl

1995 年 | 设计 : 迪特里希 · 卢布斯
quartz | No. 3864
黑色，白色

博朗钟表具有理性、易使用、技术超前的普遍特征，这款产品还衍生出许多变化的外观，例如 *AB 6*，其外部曲线契合圆形的表盘。

ABR 21
1978 年 | 设计：迪特 · 拉姆斯 / 迪特里希 · 卢布斯
signal radio | No. 4826
黑色，白色（左上图）

ABR 11
1981 年 | 设计：迪特 · 拉姆斯 / 迪特里希 · 卢布斯
megamatic radio | No. 4846
黑色（右上图）

ABR 313 sl
1990 年 | 设计：迪特里希 · 卢布斯
radio alarm quartz | No. 4779
黑色（下图）

收音机闹钟

1978—1996 年

收音机闹钟是当今使用最为广泛的收音机形式之一。博朗的这款模拟闹钟采用人们所熟悉的外形：圆形穿孔扬声器也是博朗的一个具有悠久传统的设计元素。

ABR 314 df

1996 年 | 设计：迪特里希 · 卢布斯

radio alarm quartz | No. 3869

黑色，银色千禧版

模拟闹钟和数字收音机的结合，使用户可以在选择电台的同时设定闹钟，

这个功能是一个优势，与经典圆形表盘的良好可读性相结合。

ABW 21
1979 年 | 设计：迪特里希 · 卢布斯
domo quartz fix + flex | No. 4833
黑色，白色（左图）

ABW 21 set
1980 年 | 设计：迪特里希 · 卢布斯
domoset quartz 晴雨表石英钟
No. 4855 | 黑色（右上图）

ABW 21 d
1980 年 | 设计：迪特里希 · 卢布斯
Domodesk quartz 台式石英钟
No. 4833 | 黑色，白色（右下图）

壁挂钟

1979—1982 年

这款钟表的外观有几处变化：都有基座，双表盘后面有气压计，单表盘后方有波纹管，可以调整表盘的方向。

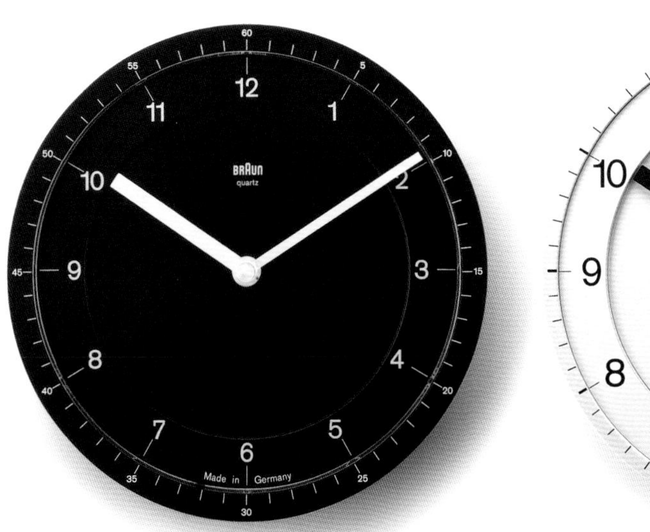

ABW 41

1981 年 | 设计：迪特里希 · 卢布斯
domodisque | No. 4839
黑色

ABK 30

1982 年 | 设计：迪特里希 · 卢布斯
quartz | Nr. 4861
白色 / 白色边，白色 / 黄色边，白色 / 蓝色边，白色 / 红色边，白色 / 棕色边，黑色 / 黑色边

这款最小的钟表（设计创意借鉴了闹钟 *AB 310*）是实用极简主义的典型案例，同时，又在颜色、圆边与表盘的关系等方面进行了创新。

ABK 20

1985 年 | 设计：迪特里希 · 卢布斯
No. 4780
红色，白色，蓝色，黑色，棕色

ABK 31

1985 年 | 设计：迪特里希 · 卢布斯
No. 4781
白色 / 白色，红色 / 灰色，棕色 / 棕色

壁挂钟

1985—1988 年

这款壁挂钟在设计上主要利用了彩色圆环，数字字体也采用了微调后的 Univers 字体，在某些环境条件下，这款壁挂钟的易读性得到了提升。

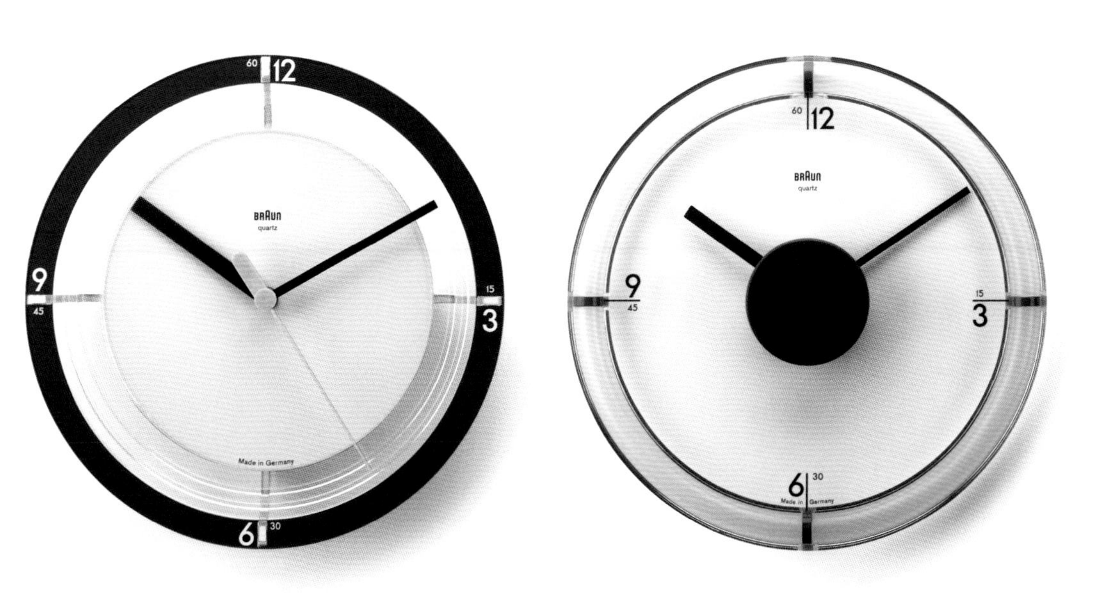

ABW 21

1987 年 | 设计：迪特里希 · 卢布斯
No. 4782
灰色 / 蓝色 / 透明

ABW 35

1988 年 | 设计：迪特里希 · 卢布斯
No. 4778
灰色 / 透明

表盘只用了 4 个数字来显示时间，并且整个表盘采用了透明材料，使后面的墙体颜色可以透过钟表显露出来。

DW 20
1977 年 | 设计：迪特 · 拉姆斯 / 迪特里希 · 卢布斯
quartz LCD digital | No. 4812
铬合金，黑色

AW 10
1989 年 | 设计：迪特里希 · 卢布斯
quartz analog | No. 4789
铬合金，黑色

AW 50
1991 年 | 设计：迪特里希 · 卢布斯
quartz analog | No. 3805
白金， 钛陶瓷

腕表

1977—2003 年

与第一款钟表相同，第一款腕表也配备了数字显示屏。直到接下来的10年，模拟时钟的样式才得以流行，将模拟闹钟和壁挂钟的可读性延续到了腕表上。

AW 60 T

1995 年 | 设计：迪特里希 · 卢布斯
Chronodate | No. 3806
钛陶瓷

AW 22

2003 年 | 设计：彼得 · 哈特维恩
石英 | No. 3812
银色 / 黑色

AW 24

2003 年 | 设计 : 彼得 · 哈特维恩
石英 | No. 3814
黑色 / 蓝色

减少了对腕表表盘的视觉障碍，包括减少了表盘上的数字。相比之下，*AW 60 T* 实现了将腕表的其他功能整合到一起的目标，但不会对可读性造成任何障碍。

ET 11

1975 年 | 设计：迪特 · 拉姆斯 / 迪特里希 · 卢布斯
contorl | No. 4954
黑色

ET 22

1976 年 | 设计：迪特 · 拉姆斯 / 迪特里希 · 卢布斯
contorl | No. 4955
黑色

ET 33

1977 年 | 设计：迪特 · 拉姆斯 / 迪特里希 · 卢布斯 / 路德维希 · 利特曼
contorl LCD | No. 4993
黑色

袖珍计算器

1975—1987 年

这个产品系列一直在寻求最理想的外观：在 20 世纪 70 年代中期，经过几款产品的发展，博朗终于推出了第一台具有完美外观、适合日常使用的袖珍计算器。

ET 44
1978 年 | 设计：迪特 · 拉姆斯 / 迪特里希 · 卢布斯
contorl LCD | No. 4994
黑色

ETS 77
1987 年 | 设计：迪特里希 · 卢布斯 / 迪特 · 拉姆斯
contorl solar | No. 4777
黑色

即使是非常简约袖珍的产品，也可以在设计上千变万化，例如，将按键的形状稍做改变，或者加入太阳能充电功能，兼具环保和现代气息。

ST 1

1987 年 | 设计：迪特里希 · 卢布斯
solar card | No. 4856
黑色

ET 88

1991 年 | 设计：迪特里希 · 卢布斯
world traveller | No. 4877
黑色

袖珍计算器

1987—1991 年

只有信用卡大小的袖珍计算器可以放在任何一个钱包里，非常便携，还针对经常旅行的用户特别设计了极为实用的功能。

打火机和手电筒

246 简介

248 里程碑

254 台式打火机

257 袖珍打火机

260 棒状打火机

261 手电筒

简介：打火机和手电筒

1966	*TFG 1* 台式打火机
1968	*T2 / TFG 2* 台式打火机
1970	*T3 domino* 台式打火机 *diskus* 手电筒 *manulux NC* 手电筒
1971	*F 1* 袖珍打火机 *mach 2* 袖珍打火机
1974	*centric* 袖珍打火机
1977	*duo* 袖珍打火机
1981	*variable* 棒状打火机

20 世纪 60 年代，博朗新成立了一个部门叫作“新产品”（New Products），期望以新技术工艺为基础开发创新的产品。这个孵化器想要孵化的第一款创新产品是电磁台式打火机。莱因霍尔德·韦斯设计的 *TFG 1 permanent* 打火机呈扁平状，侧面比较轻薄，18k 镀金的尊贵版也是这样的外观。尽管超出了本书的范围，但笔者仍然需要指出的是，对于设计一个打火机来说，比技术[1]更加重要的是分析为别人点烟时的心理状态，这比技术更能影响产品的设计。事实上，给别人递火的这种行为是一个模棱两可的姿态，在这个姿态中，一个人的示好与彰显身份的心理融合在了一起。

设计一个用来彰显身份和社会地位的产品，对于博朗来说是种全新的尝试。以至于这个新产品部门在内部显得有点神秘兮兮，和传统的设计部门不同，这个新部门更像是在设计开发一种逻辑。打火机具有身份象征的寓意体现在高品质的材料、精美的做工、款式的多样性，以及一些彰显永恒经典概念的基础元素上。经过团队的努力，博朗设计出一系列优雅的台式打火机和袖珍打火机，甚至诞生了 *T3 domino* 打火机。在这个产品组中，大部分设计由迪特·拉姆斯负责，多数产品的外观都是具有纹理的长方体。这与前文介绍的闪光灯系列产品在设计上大相径庭，二者唯一的共同点是都会发光。博朗设计的打火机与普通的便携式打火机相比，完全针对不同的受众群体，后者纯粹只是为了点燃一根烟，或许只会唤起吸烟小青年的自豪感吧。

1 后来使用了压电点火器，工程师们研发了太阳能电池打火机。

图示：*T2 / TFG 2* 台式打火机；上部细节

T 2 / TFG 2

台式打火机

1968 年
设计：迪特 · 拉姆斯
cylindric
No.6822
镀银，带有细条纹理
铬合金，带有环状纹理
铬合金，表面抛光
铬合金，带有细条纹理
黑色，带有环状纹理
镀银，带有钻石图案
红色，蓝色或者橘色塑料
黑色，黑色顶部外壳
黑色，铬合金顶部外壳
亚克力

镀银的金属外壳，光滑或带着钻石图案，抑或是有着细条纹理。铬合金的金属外壳，以及黑色的金属外壳，光洁或带着环状纹理。黑色、蓝色、橙色或者红色的热固性塑料。多年来，*T 2* 进行了 13 种变化。这些产品的设计并不是典型的博朗设计，但是清晰地传达出产品的目的：除了点燃一根香烟或雪茄之外，还可以彰显卓尔不凡的品位。黑色或银色的环状纹理、细条纹理更能给人留下极佳的印象。打火机和名贵的钢笔一样，经常作为身份和地位的象征。如今打火机仍是需要精心设计的产品，这要感谢博朗 [1]。

T2 cylindric 台式打火机是迪特・拉姆斯设计的第一款圆柱形打火机。外形和我们几何教科书里的一模一样：笔直地垂直于桌面，甚至名字都带有明显的几何教科书的特征：圆柱体（The Cylinder）。这个小小的台式打火机 [2] 可以轻易地握在任何一位男士的手里。因为在打火时拇指需要施加一点压力 [3]，所以侧面的开关设计得较大，再加上边缘稍稍弯曲的弧度，使得按压操作异常轻松舒适。虽然是一个短暂又简单的动作，但 *T 2* 却呈上悦耳的“咔哒”声，为递火增添了一份极好的声学感知，为这个过程赋予一种优雅愉快的意义。

1 1966 年博朗将打火机正式列入产品线。

2 高 8.5 厘米，宽 5 厘米，加上所有金属部件后，总重量约 250g。

3 曾经的磁铁点火器后来被压电点火器所取代。

T 3

台式打火机

1970 年
设计：迪特 · 拉姆斯
domino，蓄电池点火
No.6740
红色 / 黄色 / 蓝色 / 白色塑料

平面、立方体、圆柱体，博朗打火机的外观都是简单的几何体。这种极简主义风格的创造者是迪特 · 拉姆斯。他也是 *T3 domino* 打火机的设计师。尽管设计风格不断变化，甚至外观设计也有很多参照系，但是博朗仍然通过维克托 · 瓦萨雷利（Victor Vasarély）设计的几何图案设计出非常受欢迎的打火机。*domino* 是一个小小的立方体，[1] 对于打火机来说，这样的外形有些一反常规。[2] 边缘和边角被加工成不同程度的倒角。这款产品把出火口设计成一个黑洞，与周围区域产生明显的对比。一系列鲜艳的原色塑料外壳并非来自博朗传统的产品色系。在 20 世纪 60 年代那个叛逆成为潮流的年代，整个世界增加了一套新的流行色彩。[3] 各种日常用品也呈现出"令人震惊的霓虹色系"。[4] 博朗对这个富有感染力的新环境自然也无法免疫。[5]

在那个年代，波普艺术将日常消费品也变成了艺术，使许多日常物品看起来更像是艺术品，实用主义者拉姆斯设计了一个波普风格的立方体打火机，采用消防车车身的红色或是蛋黄的黄色。打火机的侧面是一个圆形按键，标有一个黑点 [6]；那个时代的另一个标志是对圆形的强调。这种设计理念将产品表面变成了一个平面图片。[7] *domino* 打火机的定位是年轻人使用的较为低价的商品，机身内部还设计了一套折叠的烟灰缸。我们可以把这款产品看作乌尔姆传统的代表作，或者是披头士乐队和吉米 · 亨德里克斯（Jimi Hendrix）在编曲创作时会使用的小物件。

1 打火机的高度大概是 5.5 厘米，宽度不足 6 厘米。

2 打火机的功能性、工艺和外壳形状之间的关系经常是随意的（就像今天的电子产品一样）。因此选择几何图形这样的外观并非出于功能性的考虑，而单纯是由审美决定的。

3 这里值得一提的是，前述艺术家维克托 · 瓦萨雷利创作的彩色系列。在威利 · 弗莱克豪斯（Willy Fleckhaus）为苏尔坎普出版社（Suhrkamp）设计的一套传奇的彩虹封面，它们无处不在地出现在书架上。

4 众所周知的例子是弗纳 · 潘顿（Verner Panton）（20 世纪 60 年代德国 Vitra 家具）的 Stackon Panton 椅子和 Walter Zeischegg（1967 年 Helit）的同样可堆叠的烟灰缸。

5 在博朗，明亮的波普色彩首先出现在手持式 *B 2* 电动剃须刀（1965 年）上，后来在 *KSM 1 / 11* 磨咖啡机（1967 年）、*HLD 4* 吹风机、磁带盒剃须刀和盘形手电筒中出现。前述三款产品都是在 1970 年首次推出，也就是 *T 3* 推出来的那一年。另一个色彩突然出现的产品是由休伊制造的塑料门把手。

6 这个点后来被取消了。

7 盒式剃须刀（1970 年）已经设计了一个圆点。作为欧普艺术的特征，也被用于广告和政治目的（红点运动）。

manulux NC

手电筒

1970 年
设计：莱因霍尔德 · 韦斯 / 迪特 · 拉姆斯
可充电电池
No.5903
黑色

1 第二次世界大战期间及之后，电池匮乏且稀缺， 马克斯 · 布劳恩购买了 *manulux* 发电手电筒。后来，汉斯 · 古杰洛特设计了一个新型号 *manulux DT 1*（1964 年），强烈地回应了 *sixtant* 剃须刀（1962 年）。

2 高 2 厘米，长约 12 厘米。

3 这包括剃须刀和闪光装置，博朗 *sixtant*（1962 年）和 *F 022* 闪光装置（1972 年）也与 *manulux NC* 一样设计成了黑色。

4 同年上市的 *manulux NC* 和 *D 300* 幻灯机是第一款完全设计成黑色的产品。

这种产品类型，最后由莱因霍尔德 · 韦斯和迪特 · 拉姆斯重新设计，是对公司历史的回顾。[1] 手电筒是人们随身携带的物品。因此，充电式的 *manulux NC* 被设计得十分小巧[2]，和一包扁平的香烟盒的大小差不多，可以看成是把最轻薄的手帕放在最小的衬衫口袋里。这个小巧的塑料灯只有 70g，相当于一封中等大小的信件的重量。

因为手电筒经常在黑暗的环境下使用，因此把滑动开关装在手电筒外壳上，可以用拇指轻松摸到并向前推动。前面的外壳稍宽，指示发出光线的方向。有机玻璃灯罩有一个反射性的凸起，可以改变光线的色散。这个“镜头”可以用手指轻松打开，所以换灯泡也可以在很短的几秒钟内操作完成。外壳的后面是一个可以拆卸的盖子，下面可以找到电池和插座，从正面看是一个半圆形。*manulux NC* 有一个“下颏”，就像其他博朗移动设备一样[3]，都是为了便于握持。黑色可能隐喻黑暗，但是在那个时代，它是企业形象的一个固定元素，[4] 或者看作是它的一部分。可以肯定的是，*manulux NC* 的整体设计遵从了博朗所规定的各项原则。

BRAUN

TFG 1

1966 年 | 设计：莱因霍尔德 · 韦斯
permanent 台式打火机 | No. 6826
请参考产品清单中的颜色和型号

台式打火机

1966—1968 年

在 20 世纪 60 年代中期，当博朗实施“伟大设计”计划时，*TFG 1* 是博朗推出的第一款打火机，扁平式外观设计，后来还衍生出黑色和白色款式。开关采用了一种新型的滑动式开关。

T 2 / TFG 2

1968 年 | 设计：迪特 · 拉姆斯
cylindric 台式打火机 | No. 6822
请参考产品清单中的颜色和型号

台式摆件：以圆柱形命名的标准打火机是该产品组的重要成员，极具现代风格，生产成本相对较低。

T 3

1970 年 | 设计：迪特 · 拉姆斯
domino 台式打火机，蓄电池点火 | No. 6740
红色，黄色，蓝色和白色塑料外壳

台式打火机

1970 年

这种类型的打火机于 20 世纪 60 年代后期上市，由简单的几何形状和典型的彩虹色组合而成，符合那个时代的审美。

F 1

1971 年 | 设计：迪特 · 拉姆斯
mactron 袖珍打火机 | No. 6902
请参产品清单中的颜色和型号

mach 2

1971 年 | 设计：迪特 · 拉姆斯 / 弗洛里安 · 塞弗特
袖珍打火机 | No. 6991
请参考产品清单中的颜色和型号

electric

1972 年 | 设计 : 古杰洛特研究所
袖珍打火机 (*mach 2 slim*) | No. 6060
请参考产品清单中的颜色和型号

在 20 世纪 70 年代初，袖珍打火机大多是窄窄的矩形形状。博朗的黑色和银色搭配纹理质感的表面，彰显产品的优良品质。

袖珍打火机

1971　1972 年

T 4

1973 年 | 设计：古杰洛特研究所
studio 袖珍打火机 | No. 6809 / 110
请参考产品清单中的颜色和型号

weekend

1974 年 | 设计：迪特 · 拉姆斯
袖珍打火机 | No. 6813 / 062
请参考产品清单中的颜色和型号

centric

1974 年 | 设计：朱里根 · 格罗贝尔
袖珍打火机 | No. 6817 / 338
请参考产品清单中的颜色和型号

袖珍打火机

1973—1980 年

在 *T 4* 打火机中，打火按钮并没有像其他打火机那样处于顶部，而是占据了几乎整个窄边。黑色是那些年的主打颜色。

dino

1975 年 | 设计：Busse Design Ulm
(重新设计) 袖珍打火机
No. 6110 / 302 | 黑色塑料

duo

1977 年 | 设计： Busse Design Ulm
袖珍打火机 | No. 6070 / 302
请参考产品清单中的颜色和型号

dymatic

1980 年 | 设计：迪特 · 拉姆斯
袖珍打火机 | No. 6120 / 301
请参考产品清单中的颜色和型号

微型设计：用明确且正式的词汇表示就是，基本的设计主题有不同的变化。

有时由外部设计师，例如里道 · 巴斯（Rido Busse）设计工作室负责。

variabel

1981 年 I 设计：迪特 · 拉姆斯
棒状打火机 | No. 6130 / 700
拉丝铬合金，拉丝不锈钢

棒状打火机

1981 年

这款打火机的设计理念不同寻常，长条形状可以确保用户能在安全距离内打火。

manulux DT 1

1964 年 | 设计师：汉斯 · 古杰洛特 / 汉斯 · 苏科普（Hans Sukopp）
手摇手电筒 | No. 826
深橄榄色，黑色

manulux NC

1970 年 | 设计 : 莱因霍尔德 · 韦斯 / 迪特 · 拉姆斯
充电手电筒 | No. 5903
黑色

两款没有电池的手电筒：*manulux DT 1*，像 20 世纪 40 年代的那款成功的先行者一样，可以由发电机操作，*manulux NC* 由主电源供电。

手电筒

1964—1970 年

diskus

1970 年 | 设计 : 汉斯 · 古杰洛特 (1964 年)
蓄电池手电筒 | No. 904
黑色，黄色，橘色，白色

手电筒

1970 年

这些圆形的手电筒体现了创新、未来主义的设计理念。发光的“UFO”具有那个年代典型的鲜艳色彩。

电动剃须刀

264　简介

268　里程碑

282　电动剃须刀

300　胡须和头发修剪器

简介：电动剃须刀

作为一款男士必备产品，每天都有无数男士使用剃须刀打理胡须，从高科技到古老传统的生活习惯，从钱包到某种潜意识，这个过程被复杂的氛围所围绕。部分新型电动剃须刀的外形令人想到手斧或新一代的手机，这绝非偶然。第二次世界大战后，带有剪切刀片和美式外壳的 *S 50*[1] 开启了全新的产品线。[2] 三年后，*300 Deluxe* 发布，依然采用旧的标志，但是盒子已经采用全新的、更加理性的字体。其中影响比较深远的设计，是把镀合金刀头与塑料方形机身分离，以隔离锋利的刀刃。当然，机身现在已变成圆角边。剃须刀下半部分呈现易握持的“下颏”形状，不仅没有突兀之感，反而成为博朗剃须刀[3] 与众不同的特征所在。

20 世纪 50 年代，设计领域开始发生巨变。[4] 由格尔德・艾尔弗雷德・马勒引领的轮廓简化趋势衍生出了组合和标准的类型，并最终促成 *SM 3* 的诞生。*SM 3* 从中间到顶部以对称的方式逐渐变细，其设计为后来的 *SM 31* 奠定了模型基础。这款剃须刀锐利的外形和销量的双重成功为 *SM 31* 在产品线中赢得了无可取代的地位。将 *sixtant SM 31*[5] 握在手中，就像握着一块光滑的石头，马勒和汉斯・古杰洛特通过改变产品的配色方案，成功地把加强的刀刃力度与灵活的刀头结合起来。[6] 如今，与之前的产品理念相反，黑色逐渐主导了该产品的基调，从而使产品的价值感更加突出。[7] 1970 年前后是一段剧烈变化而又充满创意的时期，由理查德・费希尔研制的加长版剃须刀和弗洛里安・塞弗特[8] 设计的多款前瞻性概念产品显得尤为突出。这一阶段还见证了罗兰・厄尔曼的第一批设计，在此基础上逐渐衍生出了现代博朗剃须刀。20 世纪 80 年代早期，博朗标志性的手柄震动，以及用户体验颇为友好的修剪胡须功能出现在 *micron plus* 系列产品上。上述创新与中央放置的开关、平滑的外观设计，一并在 *micron vario*

1 1950 年，*S 50* 问世。第一款 dry shaver 的原型在 1943 年就已经被研制出来，在第二次世界大战期间，那只是一份毫无力量的初稿。

2 1953 年，在德国只有约 1.5% 的男士使用电动剃须刀；到了 1960 年，这个比例上涨到 40%。

3 它的基本形式在当时被其他制造商效仿，外观仅有轻微的差异，例如 *Dual*（1955 年）、*Remington For-Most*（1956 年）和 *Siemens SEH 63*（1958 年），但博朗是唯一一个将其塑造成企业形象一部分的公司。*300 Deluxe* 的左侧同样有一个摇杆开关。

4 例如，在威廉・瓦根费尔德的想法之后，*300 Spezial* 上设计了一个插头。

5 *SM 3* 同样出了炭黑色款。

6 早在 20 世纪 50 年代，朗森公司就以黑色和银色版本销售了博朗的电动剃须刀。镀铬的头部和黑色机身都是美国的新产品。朗森还获得了胡须修剪器的专利，这是博朗为 *combi*（1957 年）第一次提出的 (cf. Artur Braun, *Max Brauns Rasierer. Erinnerungen von Artur Braun*, Hamburg 1986, p. 77 f.)。

7 当“方盒子”的习语控制着古典现代主义的时候，博朗还发挥了在自然形态和人体工程学方面的作用，比如 *KM 3* 食品加工机（1957 年）。这是与斯堪的纳维亚设计同期开发的。

8 由于 *sixtant* 意义非凡，因此得到持续更新，尤其是在理查德・费希尔的助力之下。除了技术上的改进之外，后续版本还增加了容易握持的纹理、更小的半径、更直的线条和一个带肋条的滑动开关，就像 *mayadent* 牙刷（1963 年）中的一样。

图示：*micron plus universal* 电动剃须刀；细节

BRAUN

系列产品得以首次实现。而 *Flex Integral* 产品中可自动调节的动力输出节奏及状态显示功能，使 20 世纪 90 年代的干式剃须变得更加方便。

这些由细微接缝连接起来的，带有银色外壳的顶级剃须刀产品最终成为浴室用品中的顶级产品。[9] 到了千禧年底，进入了一个全球化和个性化蓬勃发展的新纪元，涌现出一系列特殊类型的剃须刀，其中就包括具有半透明外观的 *Pocket Twist plus* 和 *FreeGlider* 这两款产品。进入 21 世纪，剃须刀的外形变得更加复杂，开始脱离传统的、简单的方形外观。硬件和软件技术的发展重新定义了壳体与刀片在空间上的共存关系。但是，真正令人惊艳的是自清洁剃须刀的发明。通过与公司内部的清洁中心联合研发出的 *Syncro* 和 *Activator*，成功解决了须渣的清理问题，博朗再一次取得开创性的突破。

1955 *300 special DL 3* 电动剃须刀

1960 *SM 3* 电动剃须刀

1962 *sixtant SM 31* 电动剃须刀

1968 *stab B 3* 电动剃须刀

1972 *Intercontinental* 电动剃须刀

1976 *micron* 电动剃须刀

1982 *micron plus universal* 电动剃须刀

1985 *micron vario 3* 电动剃须刀

1986 *linear 245* 电动剃须刀

1990 *Flex control 4515* 电动剃须刀

1994 *Flex Integral 5550 universal* 电动剃须刀

1997 *Pocket Twist* 电动剃须刀

1999 *with Cleaning Center 7570 Syncro Clean&Charge* 电动剃须刀

2001 *Flex Integral 5414* 电动剃须刀

2002 *FreeGlider 6680* 电动剃须刀

Activator Clean & Charge 电动剃须刀和清洁中心

2004 *cruZer 3* 电动剃须刀

9 例如，稳操胜券的 *cassett* (1970 年) 和 *Intercontinental* (1972 年) 引入了银色作为机身外壳的颜色。

图示：*FreeGlider 6680* 电动剃须刀；细节

BRAUN

FreeGlider

sixtant SM 31

电动剃须刀

1962 年
设计：格尔德·艾尔弗雷德·马勒 / 汉斯·古杰洛特 / 弗里茨·艾希勒
No. 5310
黑色 / 磨砂亚光处理

如果让一个孩子画剃须刀，那么画出来就是 *sixtant* 的样子。即使处在今天的视角回顾过往，*sixtant* 依然被视作真正意义上的电动剃须刀。它一经推出，就被视为同类产品中设计最好和最美观的产品。对于一个日常使用的小型家用电器，能够取得如此标志性的地位是莫大的荣耀。新开发的六边形刀网赋予其值得纪念的名字：*sixtant*。这些刀网[1]不再是冲压而成，而是采用化学电铸工艺制作而成，并镀之以铂金。这使得干式剃须有史以来第一次能够在保护皮肤方面与湿式剃须达到同样的水平。小巧、光滑的 *sixtant* 集众多关键技术于一身，如令人信心十足的振动、坚不可摧的枢轴马达，又或者是非常耐用的压铸框架。这些特征使得超长的质保期[2]成为可能，*sixtant* 也成为德国“品质工艺”的化身。

这款剃须刀具有无可争议的人体工程学特性，它的大小和曲线完美贴合男士的手掌。半球形的刀头设计也同样极其简单和有效。*sixtant* 开创性的设计衍生于格尔德·艾尔弗雷德·马勒所设计的 *SM 3*，如同一块直立的、向上和向下具有圆润边角的方砖。[3]汉斯·古杰洛特加大了 *sixtant* 壳体的半径。然而，更具决定性的是颜色上的改变，这一步和那些早期博朗设计上的进化一样激进，而同时又有所继承。虽然马勒设计的早期作品 *SM 3* 采用与浴室风格一致的白色，但全新的黑色外壳成功地使传统剃须刀进入到电动剃须刀的独创领域。[4]不同的颜色选择也会带来进一步的影响。亮色和暗色中间的分界线清晰地表达了 *sixtant* 这款产品。[5]我们只能猜测，或许是受到高端相机[6]的影响，*sixtant* 的配色是黑色与银色的组合。无论如何，如今，每天早晨男士们都会手持略重或者说具有存在感的 *sixtant*，赋予日常剃须环节以全新的气质。长久以来，电动剃须

1 它们第一次可以“咔嗒”一下咬住剃须刀头，而不是被拧在上面。

2 三年，而不是通常的 6 个月。

3 一些人在这里看到了美国流线形的影子。但是这些形式特征首先是对斯堪的纳维亚设计“有机品质”的参考，自然的形式与功能性相协调，这种方式也被应用于工业设计。比如，福特 *Taunus 17 M*（1960 年）。因此，剃须刀在其产品范围内演化出了自己的正式词汇表，而这个产品范围是由 *box-happy* 古典现代主义模式所提供的。

4 第一款博朗刮面刀 *S 50*（1950 年）和朗森 *300 Special*（1955 年），从博朗获得在美国制造的许可，在一个黑色版本中，但是在那时，这仍然是一个很小的剃须刀市场，几乎不会引起人们的注意。弗里茨·艾希勒显然做出了至关重要的贡献，他对色彩的执着是出了名的；他看到了丹麦的银器上有磨砂的整体把手，使它看起来更加高档。参见注释 7。

5 同年推出的宝马 *1500* 汽车也有一条笔直的腰线，这一特点开始在整个汽车设计领域中普及开来。

6 自从徕卡相机面世之后，银色和黑色一直是相机领域的标准配色，后来也频繁出现，例如中幅相机 *Hasselblad*。

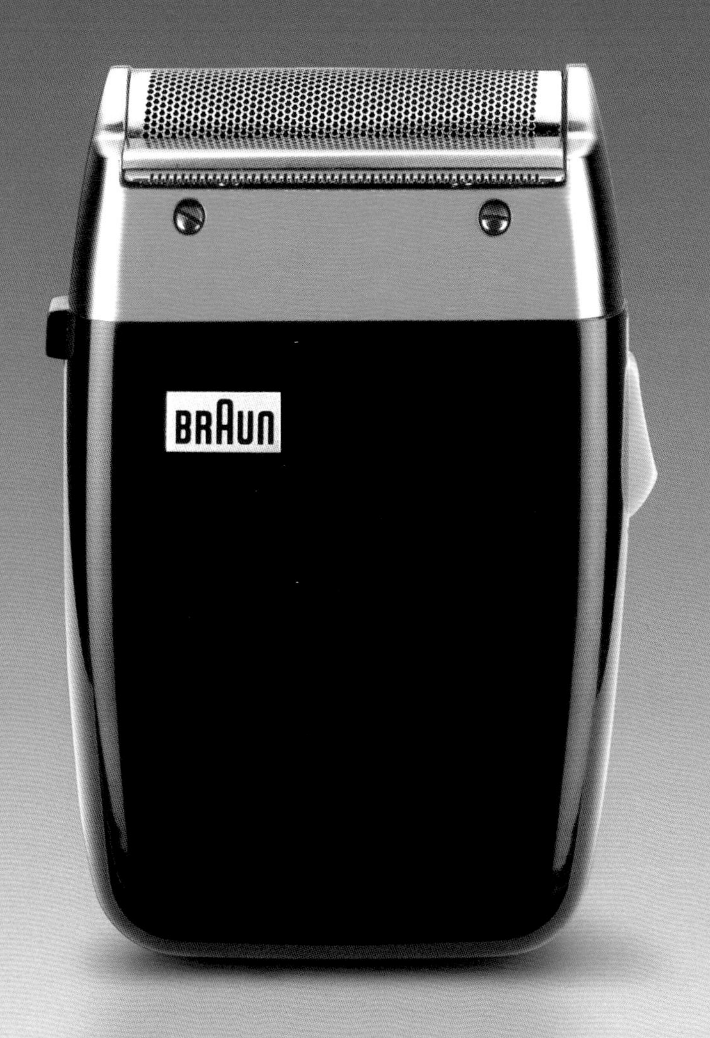
BRAUN

刀被视为在没有水的情况下的临时剃须选择，产品形象与割草机差不多，而自此电动剃须刀提升到体面的产品层次。

这次升级绝不仅仅是微小的改变：亚光的表面[7]由普通塑料和镀合金钢材构成，创造了精致、不规则的亚光效果，进一步增强了在情感层面的影响。不仅在剃须刀领域，甚至在诸如咖啡机、hi-fi 塔等博朗产品上，黑色与银色的配色组合都在随后几年中迅速扩散，并成为博朗品牌象征的一部分。当然，黑色与银色的配色组合最初也是博朗从其他品牌中的借鉴所得。[8] *sixtant* 在商业上同样获得了显著的成功。该款产品在剃须人群中的地位就如同大众之于汽车产品一样，销量超过 800 万台，[9] 后来这款产品还逐渐配备了胡须修剪器。最终，使得电动剃须刀成为西方人的生活方式中不可缺少的部分。

7 这种拉丝表面的工艺，最初是由手工完成的。参见注释 4。

8 这种色彩方案体现了工程和奢华等多样品质，但也体现了含蓄和永恒的设计。

9 从 1968 年开始使用 *sixtant S*；在此之前，剪切头必须被移除和更换。

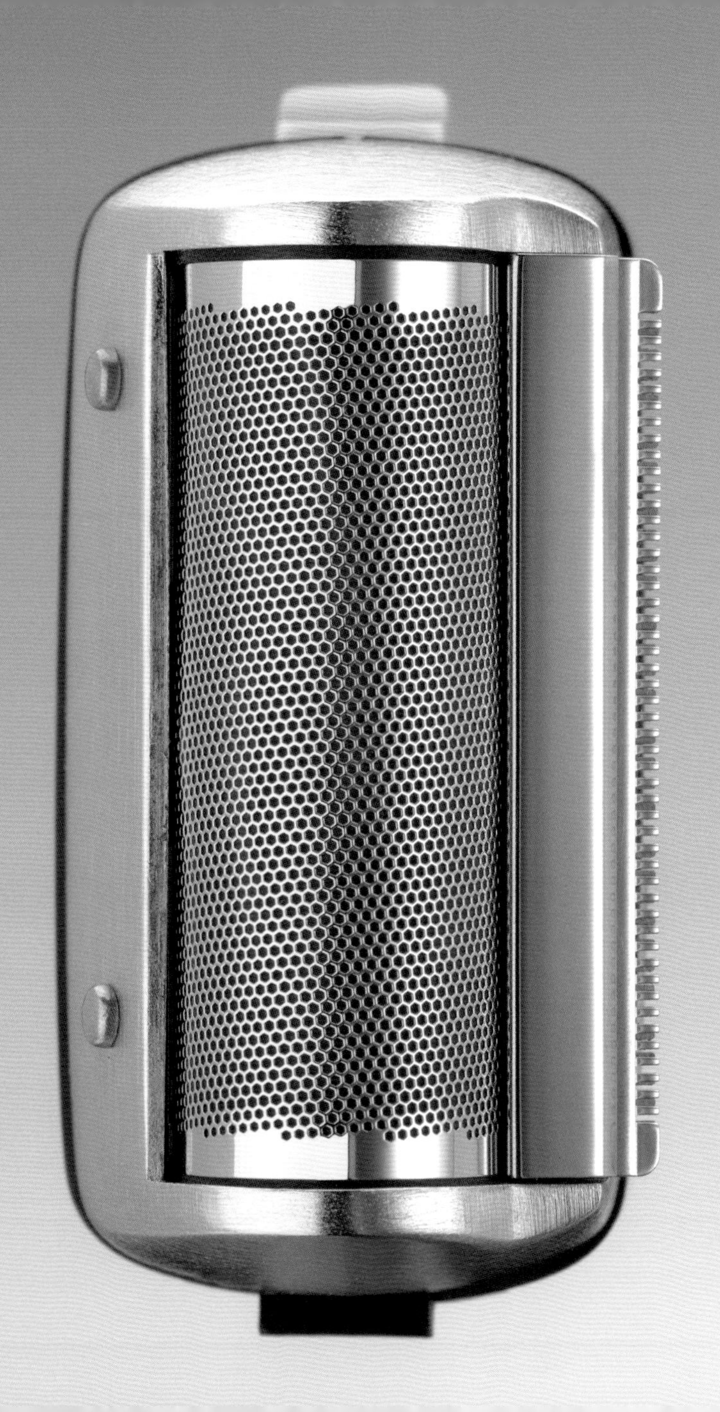

micron plus universal

电动剃须刀

1982 年
设计：罗兰 · 厄尔曼
电源，可充电电池
No. 5561
不锈钢

这是第一款配有胡须修剪器的电动剃须刀。它的外层覆盖着规则的暗灰色的圆点，让人联想到工业结构或者欧洲抽象表现主义时期的作品，但是它们看起来也像须渣附在外壳上。此外，它与博朗经典产品中的设计元素保持一致，比如 *SK 1* 收音机的标志性的多孔金属表面。从一开始，这就是一个创造设计历史和制造技术上的大胆壮举。在那个软硬材料结合技术刚刚产生的时代，[1] 博朗首次在家用电器上进行了开发尝试。这种凹凸纹理的实用优势是显而易见的：设备更易握持，即使将其放在光滑的物体表面，例如玻璃上，也不易滑落。凸点所形成的独特排列把博朗与其他剃须刀区别开来，毕竟对其他品牌来说，在 *micron plus* 机身上无缝安置 500 个凸点的技术并没有不容易掌握。

罗兰・厄尔曼对 *micron plus* 的设计，如今看来似乎很平常，但在当时可谓开创性的创新。当然，虽然没有用户注意到，剃须刀的内部运行机制也被重新设计过，但他们非常认同用两个手指就可以取下刀网托盘 [2] 的设计，以及刀头的串联开关式设计。这个拥有专利的滑动技术至今依然被采用，这也成为巧妙的设计很快被用户所接纳的经典案例。我们不应忽视，这些工程师和专家所研发出的新成果，最初都是源于设计部门的灵感碰撞，而这也印证了工业设计所包含的范畴是多么广泛。

1 这项技术包括将软塑料与金属或硬塑料结合起来，已经成为产品领域的广泛标准。

2 在那之前，需要一个螺丝刀来替换剪切刀片。

BRAUN

micron vario 3 universal

电动剃须刀

1985 年
设计：罗兰 · 厄尔曼
电源，可充电电池
No. 5564
黑色

剃须刀过去被设计得既短又宽。直到 *micron vario 3* 的出现才显著改变了这一现象。罗兰·厄尔曼舍弃了经济奇迹时期那已经过时的、低矮粗犷风格的设计，取而代之的是全新的、简约的美感设计。细长的款式不仅看起来更精密，而且更易上手，具备显著的设计上的优势。然而，实现这修长的外形设计要比外行人所认为的复杂得多。早期的款式在底部留有电源线接口，然而它并不是在底部的中央，而是与电力开关键相对。这一对称式布局似乎无法改变，直到罗兰·厄尔曼自行研发出了[1]第一款中央插口，[2]而这是缩窄该款产品的必备的先决条件。

micron vario 3 就像是着灰色条纹外套的绅士，是制造技术历史上的里程碑。它标志着向管式制造的转变，[3]并引发了工厂在生产制造技术层面的革命。与此同时，这也是赋予剃须刀底部稳定外壳的核心技术要求。*micron vario 3* 拥有超长的一体式外壳，在随后的几年中，它创下了所有剃须刀的最高日产量纪录。此外，它的合计销量超过 2 000 万台，是博朗有史以来产量最高的剃须刀。直到今天，这款剃须刀界的“大众高尔夫”依然是博朗产品线中的一员。

1 当然，是在一些热情的工程师的帮助下。

2 插座同时可以作为开关，也就是说它的电压可以从 220V 转换成 110V。

3 生产现在只需要一个纵向的集成过程。预先组装的部件可以滑入套管中（而不是在彼此的顶部安装外壳）。

BRAUN
universal

Flex Integral 5550

电动剃须刀

1994 年
设计：罗兰 · 厄尔曼
电源，可充电电池
No. 5504
灰色 / 磨砂镀铬处理

20 世纪 80 年代，随着充电电池续航时间的延长并为用户所接受，便携电动剃须刀产品开始出现。从 *Flex Integral 5550* 开始，这些设备都装有显示充电状态的显示屏。另外一个与第一个可拆卸刀头同样卓越，但看不见的创新是电池自动管理系统，[1] 不管用户在做什么都可以控制电池的放电节奏。从那之后，电池寿命几乎可以说是无限的。*Flex Integral* 系列的外观并没有违背这一创新，但是它们也铸就了另一个里程碑。

近几十年来，罗兰・厄尔曼塑造了博朗剃须刀的形象，敢于偏离强硬的黑色主流而倾向于银灰色，这一配色组合的对比度会弱一些。减少后的凸点也变成了浅灰色。之前离散的、较大的凸点如今按照剃须的方向排成四列。[2] 握持区域与滑动控制之间的线条把外壳从中间分开，这是和谐的分割比例的典范。机身右侧的锁定开关主要用于防止意外开机，[3] 同样是最大限度的弱化处理。*Flex Integral* 是低调的典范。但是，一旦打开开关，它所发出的并非想象中的“轻声呢喃”。相反，这个频率专家发出的令人惊讶的电动机震动的声音，能够盖过任何扰人的噪音。

1 这种自动系统 (*Syncro-Logic*) 在充电之前完全放电。

2 它成功实现了将剃须功能作为一种驱动皮肤的媒介的设想。

3 这使设备具有对儿童的安全性。

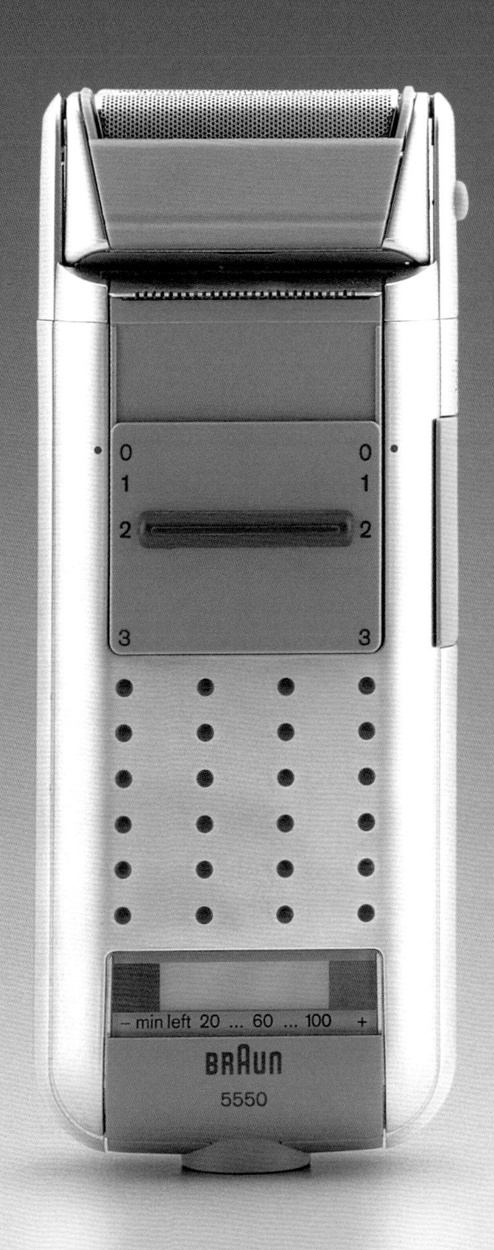
0
1
2
3
0
1
2
3
– min left 20 ... 60 ... 100 +
BRAUN
5550

Activator System Clean& Charge

电动剃须刀和清洁中心

2003 年
设计：罗兰 · 厄尔曼
Activator System 8595
电源，可充电电池 +*Clean & Charge* 系统
No. 5643
银色

到了 20 世纪末，干式剃须技术如此发达，以至于没有人能想到该领域仍在取得重要进展。也就是说，直到博朗消除了人们认为“连上帝都已经无能为力”的令人烦恼的事情：清理剃须后留下的须渣。*Syncro Clean & Charge* 系统提供了彻底的清洁方案，如同它所承诺的：带来革命性的剃须体验。第一款自洁式干式剃须系统是前所未有的产品类型。由罗兰·厄尔曼设计，该系统由 13 厘米高的清洁设备组成，电动剃须刀可插入其中。设备的底座是可替换的暗盒，[1] 暗盒中蓄有循环液体，这是紧凑小巧的清洁站的核心部分。容纳液体的塑料容器在设备底部仍然作为蓝色线条可见，流露出与系统整体一致的理念。在清洁装置中的斜倚的姿势实际上也具有功能性的目的：这个角度更容易插入剃须刀，而且清洁液体也更容易流出。*Syncro* 剃须刀和首款 *Clean & Charge* 底座是分别独立研发的，即便后者研发失败，剃须刀本身还是可以成为一个独立的产品，这主要是因为在开发之初，谁都无法确保这一想法能够成功实施。这也解释了为什么 *Syncro* 仍然需要主电源供电，并需要一个钩状的、向上突出的电源。

只有当用户的接受度在现金层面被确认后，才有可能采取下一步符合逻辑的步骤：*Activator* 的背面集成了电子触点，这是一个明智和优雅的解决方案，[2] 使得去掉延伸部分成为可能。虽然旧款产品的清洁和充电过程需要通过按钮来激活，但是现在一切都可以自动运行。当插入清洗中心时，*Syncro* 能够感知到并开始运转。这个过程中，蓝色的控制二极管灯会亮起。极具技术气质的蓝色如今在博朗剃须刀，包括 LED 显示屏中，[3] 都被视为标志性颜色而广泛使用。与表面齐平的中置按压式滑动开关也采用蓝色边框。[4] *Activator* 的线条由黑色软塑料突出显示，使得刀头与设备机身显著分离。[5] 优化后的刀网结构第一次采用不规则形状的开口，浑然天成。

1 这个系统是由博朗开发的。

2 这种演变的生产成本要低得多。

3 这种变化，生产成本比较低，因此也应用在许多手机中。

4 *Syncro* 微微抬起的头部完全是蓝色的。

5 在 1999 年发布的 *Syncro* 中第一次应用。

BRAUN
8595
15 min
clean
3
2
1
off
auto select
clean
eco
normal
intensive
cartridge
full
empty
BRAUN

Activator System Clean& Charge

6 银色和灰色的配色方案可以追溯到*sixtant*。

7 这样的安排应该会令任何一个博朗的传统主义者感到高兴。

另外一个新颖的微创新是：沿曲线分布的凸点大小不一，尺寸并非完全相同。

虽然 *Activator* 是一款微创新的作品，但也展示出博朗追求一致性的努力，无论是标志性的银色和黑色组合，[6] 还是直线形的中央功能条。[7] 平行的接缝把剃须刀的外壳塑造得像豪华汽车的引擎盖一样。精巧的分割和流线形设计的巧妙结合在现代产品美学中扮演着关键角色，这在当代汽车设计领域更加显而易见，同时，在某种程度上也解释了我们所指的高科技外观。而这一印象并非徒有其表，毕竟一个 *Activator* 就包含超过 10 万个晶体管。

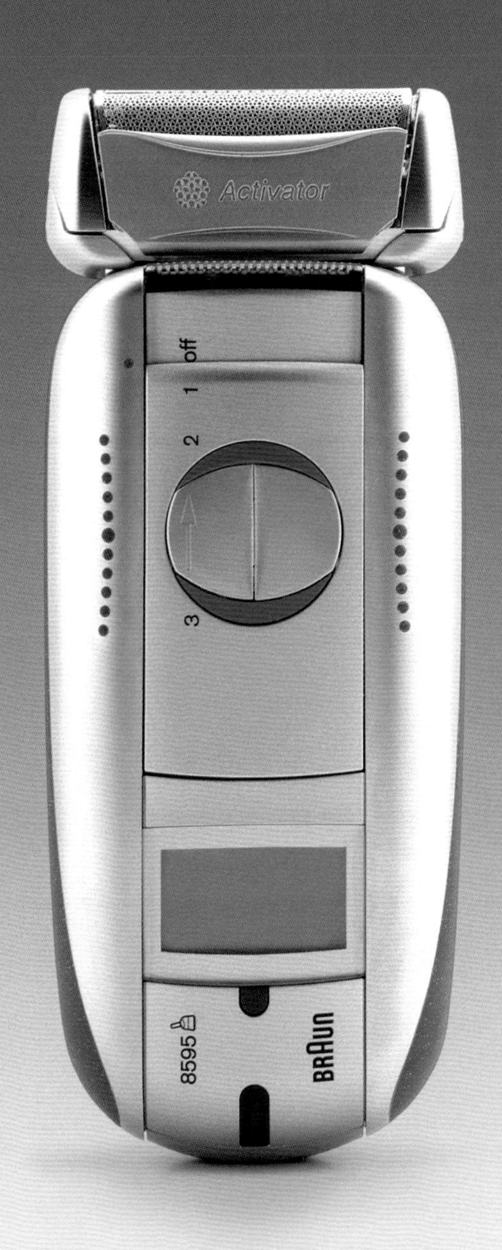
Activator
off
1
2
3
8595
BRAUN

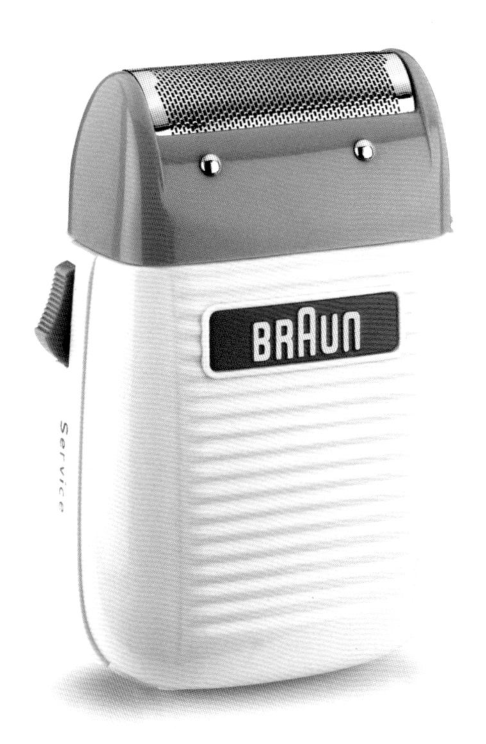

300 special DL 3

1955 年
白色 / 棕色 / 红色

combi DL5

1957 年 | 设计：迪特 · 拉姆斯 / 格尔德 · 艾尔弗雷德 · 马勒
No. 5249 | 白色

电动剃须刀

1955—1962 年

博朗的第一位设计师格尔德·艾尔弗雷德·马勒所接到的第一项任务是重新设计剃须刀。该款产品具有更细的肋拱、金属刀头和更低调的标志。

S 60
1960 年 | 设计：格尔德 · 艾尔弗雷德 · 马勒
Standard 2
白色 / 镀合金

SM 3
1960 年 | 设计：格尔德 · 艾尔弗雷德 · 马勒
No.5300
白色 / 炭黑色

sixtant SM 31
1962 年 | 设计：格尔德 · 艾尔弗雷德 · 马勒 / 汉斯 · 古杰洛特 | No.5310
黑色 / 磨砂亚光处理

SM 3 标志着一种新形式的诞生：博朗设计有机线条的一个例子。从乳白色向以黑色和银色为主的过渡也标志着技术的飞跃。

commander SM 5

1963 年 设计：理查德 · 费希尔
电源可充电电池
No. 5500 | 深灰色

S 62

1962 年 设计：格尔德 · 艾尔弗雷德 · 马勒
Standard 3 | No. 5620
白色 / 橄榄色

parat BT SM 53

1968 年 | 设计：迪特 · 拉姆斯 / 理查德 · 费希尔
蓄电池 6 / 12 V, 蓄电池 12 / 24 V | No. 5230
橄榄色 / 镀合金

电动剃须刀

1962—1969 年

剃须刀变成高级别日用品的过程仍在继续。在 *commander* 这款产品中，整合了大量工程技术，首次引入了可充电电池的设计。

stab B 2

1966 年 设计：理查德 · 费希尔

蓄电池 | No. 5964

白色，浅灰，蓝色，红色

stab B 3

1968 年 | 设计：理查德 · 费希尔

蓄电池 | No. 5970

着色铝

stab B11

1969 年 | 设计：理查德 · 费希尔

No. 5969

着色铝

这款圆柱形的剃须刀被设计成一款附加产品，拥有圆形的刀头系统。它由肋拱形的滑动开关来控制。*B 11* 产品使用标准 1.5 伏蓄电池。

sixtant BN

1967 年 | 设计：理查德 · 费希尔
No. 5511
黑色

sixtant 6006

1970 年 | 设计：理查德 · 费希尔
No. 5340
黑色

电动剃须刀

1967—1972 年

介绍本次展示的明星产品：*BN* 是一款长期畅销的理发剪刀，拥有优雅的中央控制开关。另一方面，*6006* 产品在主体机身和刀头上带有圆形凹槽把手，用户体验非常好。

cassett
1970 年 | 设计： 弗洛里安 · 塞弗特
蓄电池 | No. 5536
红色，黄色，黑色

rallye / sixtant color
1971 年 | 设计：弗洛里安 · 塞弗特
No. 5321
红色 / 黑色，黄色 / 黑色，黑色 / 黑色

intercontinetal
1972 年 | 设计：弗洛里安 · 塞弗特 / 罗伯特 · 奥伯黑姆
No. 5550
黑色 / 镀合金

时尚的剃须刀 *cassett* 拥有类似三角形的外观。在优雅的 *intercontinental* 产品上，铬合金条改变了机身比例，将用于操作剪发器的按钮移到了中间。

vario-set
1973 年 | 设计：哈特维希 · 卡尔克
No. 5350
乳白色（未售出）

sixtant 8008
1973 年 | 设计：迪特 · 拉姆斯 / 弗洛里安 · 塞弗特 / 罗伯特 · 奥伯黑姆
No. 5383 | 棕色，黑色

micron
1976 年 | 设计：罗兰 · 厄尔曼
No. 5410
黑色

电动剃须刀

1973—1979 年

原创设计：*vario* 的刀片可以调节。8008 是一款螺钉隐形且附带皮套的畅销品。*micron* 采用一种简单的机身系统来制造，是第一款可修剪头发的多功能剃须刀。

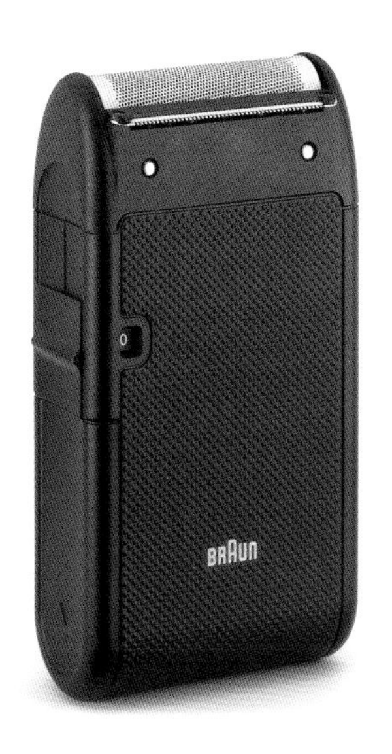

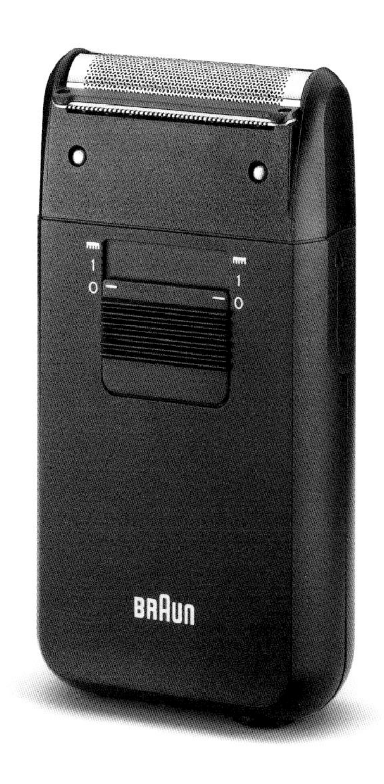

intercity
1977 年 | 设计：罗兰 · 厄尔曼
可充电电池 | No. 5545
黑色

sixtant 4004 / compact S
1979 年 | 设计：迪特 · 拉姆斯 / 罗伯特 · 奥伯黑姆 /
罗兰 · 厄尔曼 No. 5372
光面 / 镀合金，条纹 / 黑色

sixtant 2002 / synchron standard
1978 年 | 设计：罗兰 · 厄尔曼
No. 5209
深蓝色，灰色

这些 *intercity* 旅行用的剃须刀拥有可靠握持的结构，并且外观几乎对称。

sixtant 4004 与 *2002* 都有黑色的刀头。

micron plus universal
1982 年 | 设计：罗兰 · 厄尔曼
电源，可充电电池 | No. 5561
不锈钢

sixtant 2004
1984 年 | 设计：罗兰 · 厄尔曼
No. 5213
黑色 / 镀合金，黑色 / 黑色

pocket
1984 年 | 设计：罗兰 · 厄尔曼
蓄电池 | No. 5526
黑色

电动剃须刀

1982—1986 年

micron 的肌理表面技术不仅引入了软硬结合技术，它还首次实现了一键式控制。得益于内部运转机制的安排，可以实现在制造过程中完成测试。

micron vario 3 universal
1985 年 | 设计：罗兰 · 厄尔曼
电源，可充电电池 | No. 5564
黑色

linear rechargeable / linear 275
1986 年 | 设计：罗兰 · 厄尔曼
可充电电池 | No. 5365
灰色 / 黑色，灰色 / 红色

linear 245
1986 年 | 设计：罗兰 · 厄尔曼
电源 | No. 5235
黑色 / 红色，灰色，黄色，绿色

新型的袖状结构使得 *vario 3* 的纤细外壳成为可能。柔软的凸起部分排列成行，而在 *linear* 系列里，它们形成了不同的颜色平行线。

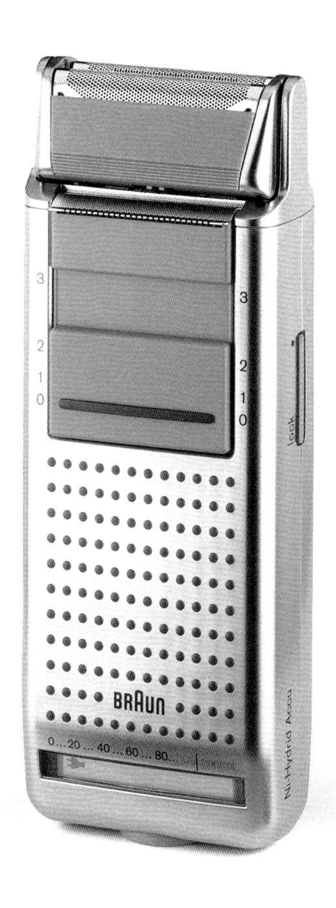

micron S universal

1986 年 | 设计：罗兰 · 厄尔曼
电源，可充电电池 | No. 5556
黑色

Flex control 4515 universal

1990 年 | 设计：罗兰 · 厄尔曼
电源，可充电电池 | No. 5585
黑色

Flex control 4550 universal cc

1991 年 | 设计：罗兰 · 厄尔曼
电源，可充电电池 | No. 5580
灰色 / 镀合金

电动剃须刀

1986—1994 年

Flex control 4550 是博朗第一款带有液晶显示屏以显示电池电量的剃须刀，外壳为雅致的银灰色。它的双层活动刀头也是世界首创。

action line

1992 年 | 设计：罗兰 · 厄尔曼
电源 | No. 5479
黑色

Flex control 4010

1993 年 | 设计：罗兰 · 厄尔曼
电源 | No. 5437
黑色

2540 universal

1994 年 | 设计：罗兰 · 厄尔曼
电源，可充电电池 | No. 5596
黑色

Flex control 通过精准的结构设计强化纵向线条，凸显纤细的机身外壳。在 *2540 universal* 具备完美的头发修剪器和铝箔刀头，以及长长的平行滑动开关，使其物有所值。

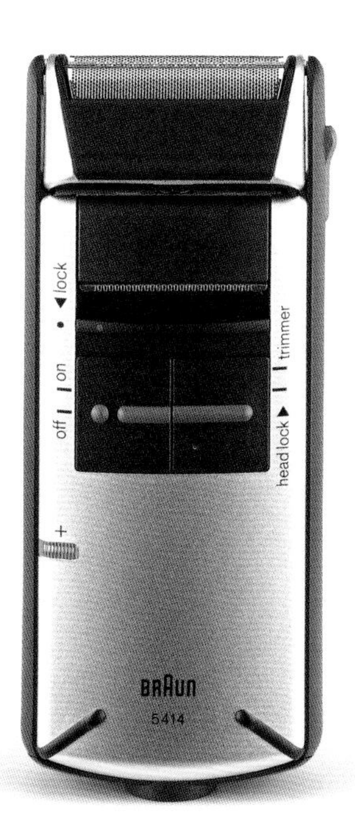

Flex Integral 5550 universal
1994 年 | 设计：罗兰 · 厄尔曼
电源，可充电电池 | No. 5504
灰色 / 磨砂镀合金

2560 universal
1995 年 | 设计：罗兰 · 厄尔曼
电源，可充电电池 | No. 5596
黑色 / 金属炭黑色

Flex Integral 5414
1995 / 2001 年 | 设计：罗兰 · 厄尔曼
No. 5476
银色

电动剃须刀

1994—1999 年

5550 轻微放大化的显示器，引起了人们对显著提升的自动充电功能的注意。*5414* 在侧面的 LED 显示屏贴有最小化的和倾斜排列的软质塑料条纹。

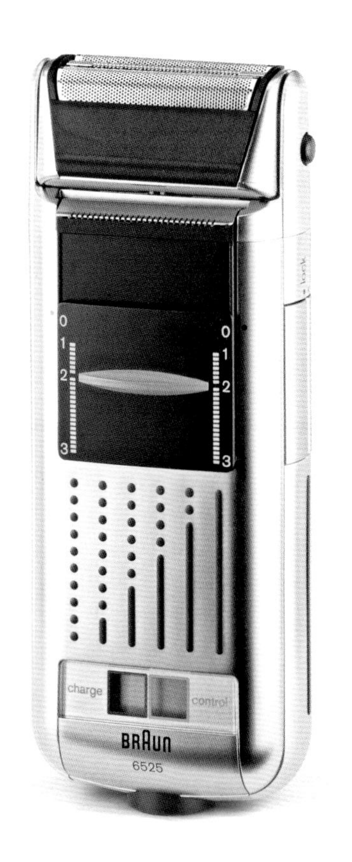

Flex Integral ultra speed 6525

1997 年 | 设计：罗兰 · 厄尔曼
No. 5703
磨砂镀合金

370 PTP TB

1999 年 | 设计：罗兰 · 厄尔曼 / 科妮莉亚 · 塞弗特
Pocket Twist Plus 370 | No. 5615
透明蓝色

375 PTP

1999 年 | 设计：罗兰 · 厄尔曼
Pocket Twist Plus 375 | No. 5615
黑色 / 磨砂镀合金

得益于更强大的电动机，超高的转速使剃须更加有效率。*Pocket Twist* 因其半透明的外壳和中央旋转开关而脱颖而出，当真名副其实。

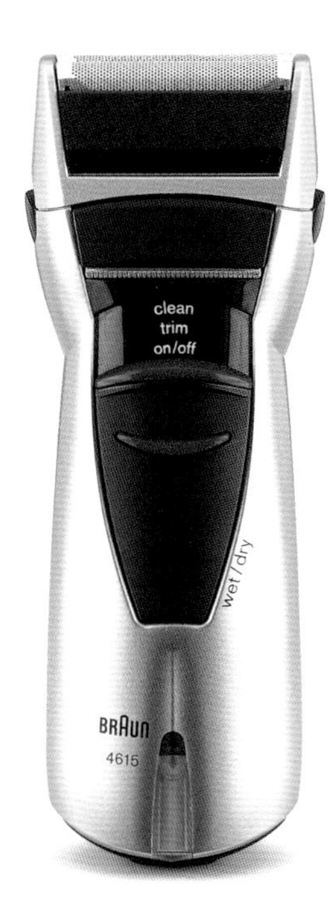

Flex Integral ultra speed 6512

2000 年 | 设计：罗兰 · 厄尔曼
电源，可充电电池 | No. 5706
黑色

2540 S TB Shave & Shape

1999 年 | 设计：罗兰 · 厄尔曼 / 科妮莉亚 · 塞弗特
电源，可充电电池 | No. 5596
透明蓝色

4615 TwinControl

2000 年 | 设计：比约恩 · 克林 / Duy Phong Vu
电源，可充电电池
银色

电动剃须刀

1999—2004 年

Shave & Shape 实现了剃须刀和胡须修剪器的双重功能。具有优雅的纤细刀身设计的 *4615* 则是专门为远东市场而设计的。

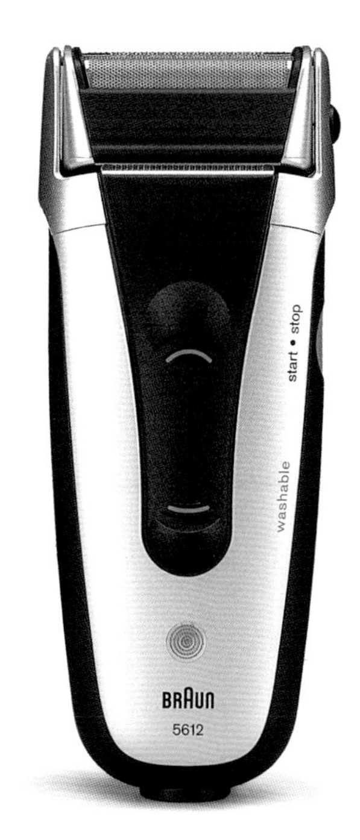

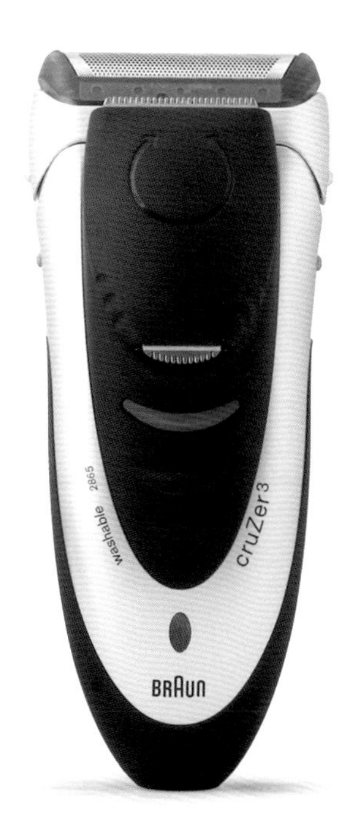

FreeGlider 6680

2002 年 | 设计：罗兰 · 厄尔曼
电源，可充电电池 | No. 5710
银色 / 蓝色

Flex XP 5612

2002 年 | 设计：罗兰 · 厄尔曼
电源，可充电电池 | No. 5720
银色 / 黑色

2675 cruZer^3

2004 年 | 设计：罗兰 · 厄尔曼 | 理念：奥利弗 · 格拉贝斯（Oliver Grabes）/ 戴维 · 威克斯（David Wykes）
电源，可充电电池 | No. 5732 | 银色 / 黑色

FreeGlider 是博朗的第一款电动湿式剃须刀。透明的机身外壳显示了内部填充的水平。光滑、有机合成的外壳更容易握持。与楔形握持区域有异曲同工之妙。

Syncro 7516
2001 年 | 设计：罗兰 · 厄尔曼
电源，可充电电池 | No. 5494
磨砂铬合金 / 黑色

Syncro Logic 7680
2000 年 | 设计：罗兰 · 厄尔曼
电源，可充电电池 | No. 5491
香槟色

Activator 8595
2003 年 | 设计：罗兰 · 厄尔曼
电源，可充电电池 | No. 5645
银色 / 灰色

电动剃须刀

2001—2003 年

Syncro 是第一款 *Cleaning Center* 剃须刀，它重拾博朗早期柔软的线条设计。*Activator* 的设计同样结合了曲线和直线的设计。蓝色标志着技术的完美。

Syncro System 7680

2001 年 | 设计：罗兰 · 厄尔曼
电源，可充电电池 +*Clean & Charge*
No. 5491 / No. 5301
香槟色，黑色

Activator System 8595

2003 年 | 设计：罗兰 · 厄尔曼
电源，可充电电池 +*Clean & Charge*
No. 5645
银色，灰色

自清洁电动剃须刀是一项创新，为博朗带来了独特卖点，*Activator* 则进一步简化了这款产品。轻快的倾斜式设计加速清洁液的流出。

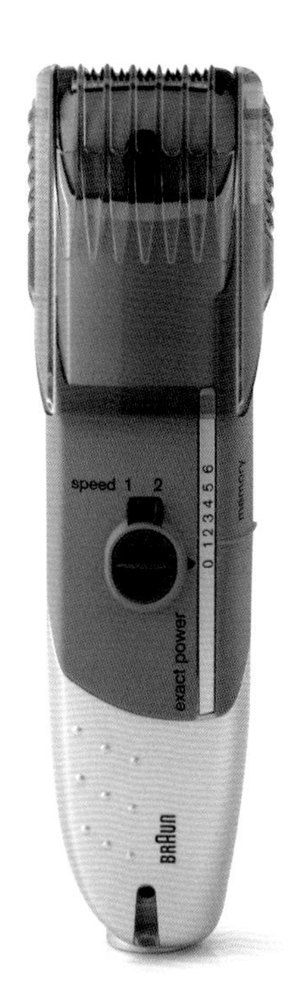

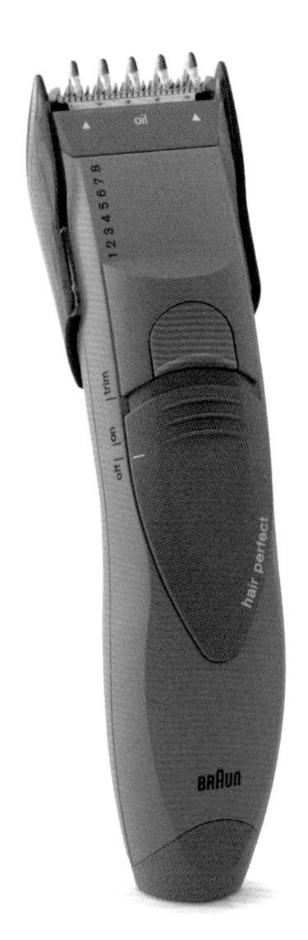

exact universal
1986 / 1990 年
设计：罗兰 · 厄尔曼
电源，可充电电池 | No. 5280
黑色

EP 15
2005 年 | 设计：比约恩 · 克林 / 本杰明 · 威尔逊 / 罗兰 · 厄尔曼
exact power EP 15
No. 5602 | 黑色 / 浅灰色

EP 100
1999 / 2005 年 | 设计：比约恩 · 克林 / 罗兰 · 厄尔曼 | *exact power EP 100*
No. 5601 | 1999 年：蓝色
2005 年：银色 / 灰色 / 蓝色

HC 20
2001/2005 年 | 设计：比约恩 · 克林
hair perfect | No. 5606
2001 年：蓝色 / 浅绿色
2005 年：蓝色 / 灰棕色 / 橘色

胡须和头发修剪器

1986—2005 年

胡须修剪器反映出更复杂、更具情感因素的设计趋势。所采用的方式包括更柔和的外观、更微妙的材料混合，以及更引人注目的颜色组合。

身体护理电器

302 简介

304 里程碑

314 脱毛器

320 吹风机

334 卷发器

336 空气造型卷发器

340 身体护理设备

341 血压监测仪

342 红外线耳温计

简介：身体护理电器

1964 *HLD 2* 吹风机
1970 *HLD 4* 吹风机
1971 *ladyshaver*
1972 *HLD 5* 吹风机
1975 *DLS 10* 电卷发器
HLD 1000 吹风机
1977 *RS 60* 卷发器
1978 *PGC 1000* 吹风机
1983 *BP 1000* 吹风机
1988 *P 1100 silencio* 吹风机
Lady Braun style 剃刀
1989 *EE 1 Silk-épil* 脱毛器
1991 *HL 1800* 吹风机
1996 *pro LT ThermoScan* 耳温计
1998 *PRSC 1800* 吹风机
1999 *IRT Pro 3000* 耳温计
2000 *EE 1020 Silk-épil* 脱毛器
BP 2510 血压监护仪
AS 1000 卷发棒
2002 *PRO 2000* 吹风机
2004 *creation$_2$ IonCare* 吹风机

如果说脱毛器和卷发器是适用于女性用户的产品，那么，吹风机则是一款无性别的产品。就像电熨斗和烤面包机一样，它是博朗初期的家用电器设备之一，因此具有悠久的发展历程可以让人们去回顾。与此同时，博朗品牌也与吹风机密切相关，自 1960 年以来，博朗在塑造这一产品的过程中扮演着重要角色。从原则上说，吹风机不过是手持的、聚焦的加热器，在进风口和出风口之间装有风扇而已。事实上，很多博朗设计师设计的吹风机产品，在乍看之时就已令人印象深刻，因为这款并不复杂的设备给予他们充足的设计空间。

博朗的第一款吹风机并没有把手部分，是为了与当时处于主流地位的立方体造型保持一致。随着时间的推移，设计师们更多的是围绕传统吹风机的模式在设计。[1] 随着布局格外紧凑且技术分布更有逻辑的 *PGC 1000* 的出现，海因茨・乌尔里克・哈泽在 20 世纪 70 年代成功创造出了吹风机永恒的款式。这款高效且便携的吹风机带有倾斜的手柄，这一设计起到了抛砖引玉的作用，并在随后的若干年中持续进化。20 世纪 90 年代后期，设计师们在同样配置的基础上进行表达，但是采用了更多样化的材料和全新的设计语言。*PRSC 1800 Professional Style* 就是这一趋势的典范：它的“全球化设计”迅速受到广泛的认可。同时，该产品部门还新增了两个家用诊断设备，使测量温度和血压更加简便。

1 “电吹风”的德语是 *Fön*，由德国高端家电品牌 AEG 版权所有，它在 1900 年把第一款这样的设备带入市场。这个时代的一些模型采用了穿孔面板，它第一次是出现在 *T 4* 袖珍收音机 (1959 年) 中。

图示：*BC 1400* 吹风机；细节

swing 1400

PGC 1000

吹风机
1978 年
设计：海因茨 · 乌尔里克 · 哈泽
super compact
No. 4456
白色 / 灰色

自 1900 年以来，电动吹风机就已进入人们的日常生活中。[1] 大半个世纪之后，吹风机得到了颠覆性地创新。海因茨・乌尔里克・哈泽设计的 *PGC 1000* 非常紧凑，看起来是如此经典，因为在过去的很长一段时间里，吹风机就是被定义成这样的。与早期型号相比，灰白色的吹风机明显变小，且看起来更狭长，重量不到半磅。[2] 通过彻底改变机身的配置，才成功将上述特性集于一身。当时，通风机和格栅 [3] 通常安装在手柄和外壳的顶部或侧面，就像传统蒸汽机船一样。[4] 如今，进风口设置在机身的背部，并形成了机身外壳的终极方案。这个充满智慧的设计也提供了更高的安全度，极大降低了头发被吸入风口的可能性。进风口的隔板设计成整齐排列的圆孔形状，既与风扇的形状相呼应，又继承了博朗悠久的设计传统。[5]

PGC 1000 的手柄设计曾引起不小的轰动。过去的吹风机手柄，要么垂直于空气流动方向，要么像手枪一样向后倾斜，然而实验表明，恰恰相反的方向带来了人体工程学的舒适体验。向前倾斜的设计更易握持，也因此不容易疲劳。吹风机变成了箭头的形状：这是前倾的机身却带有逆向空气动力学的案例。这一先锋式的设计随后被频繁地模仿和复制，以至于这种开创性的创新很快就被认为是自然而然的了。

1 电吹风是由 AEG 发明的，它创造出的专属名词叫作：Fön。

2 塑料外壳的长度只有 15 厘米（上部外壳的直径为 6 厘米），重量只有 220g。

3 进风口。

4 例如在 *HLD 1000* (1975 年) 的模型中。

5 这句话源自正式的博朗准则中的引述，它体现在 *SK 1* 晶体管收音机 (1958 年) 和 *T 4* 袖珍收音机 (1959 年) 的穿孔面板上，就像当年的 *ABR 21* 无线电闹钟一样。

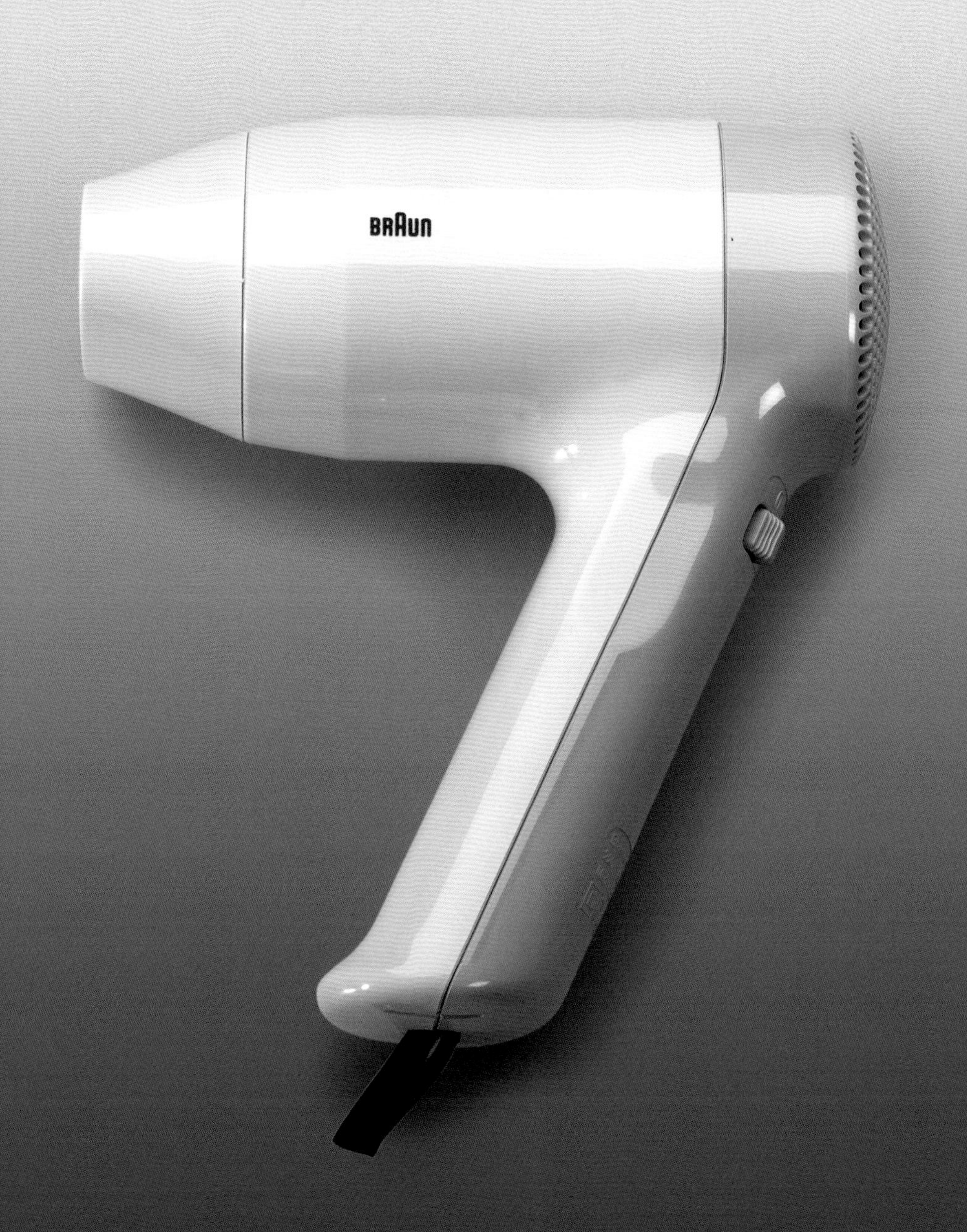
BRAUN

PRSC 1800

吹风机

1998 年
设计：比约恩 · 克林 / 朱里根 · 格罗贝尔
professional 1800
No. 3522
黑色 / 灰色 / 铬合金

如今在构思一款产品时，必须密切关注全球不同的、极具差异化的市场。而这款专业级的吹风机，是为了能够满足不同类型需求而出现的。该款产品相对来说体积偏大，这主要是为了提供充足的动力，也是美国消费者的核心需求。但是，流线形的设计依然令它看起来很优雅。为了迎合远东地区的用户需求，手柄设计相对较小。[1] 此外，还有一些功能性元素可以对机身的设计做出解释：例如，漏斗形的机身优化了空气的流动性。多维度的考量汇集在一起，创造出这款具有普适性的产品，它是印证“全球化设计”能够在全世界范围受到追捧的完美案例。

整个设计中隐藏着不少令人惊喜的地方，其中之一就是采用之前从未在吹风机中使用过的材料，包括进气格栅上可拆卸的、纵横交错的网格 [2] 和银色抛光处理的表面。最后，机身上还有一些特征是即便仔细观察也很难发现的，[3] 无论是在结构上还是在外观上都反映出这一点。从外观上看，*Professional Style* 这款产品由三部分组成，但实际上，手柄前端看似是独立组件的部分只是一块软质材料。[4] 无论是从视觉、触觉和人体工程学上角度都是一种优势。这块软质材料延伸向上，直达机身的下边缘形成了一个拱形，这个独立的元素赋予这条新的产品线以独特的外观。

1 为了使手柄保持较小的直径，甚至开发出一个新的开关。

2 污垢无法穿透，却可以被轻松地擦拭掉。

3 为了确保聚丙烯做的外壳不会太热，加热元件有一个内壳结构，这样风扇就可以作为一个独立装置插入外壳中。

4 在软硬结合技术上有一个特殊的变化：虽然它看起来像是三个分开的部分，但实际上只有两个。这将三个部分的优势与节约成本的颜色选项结合起来，这是项目的强制性规范。

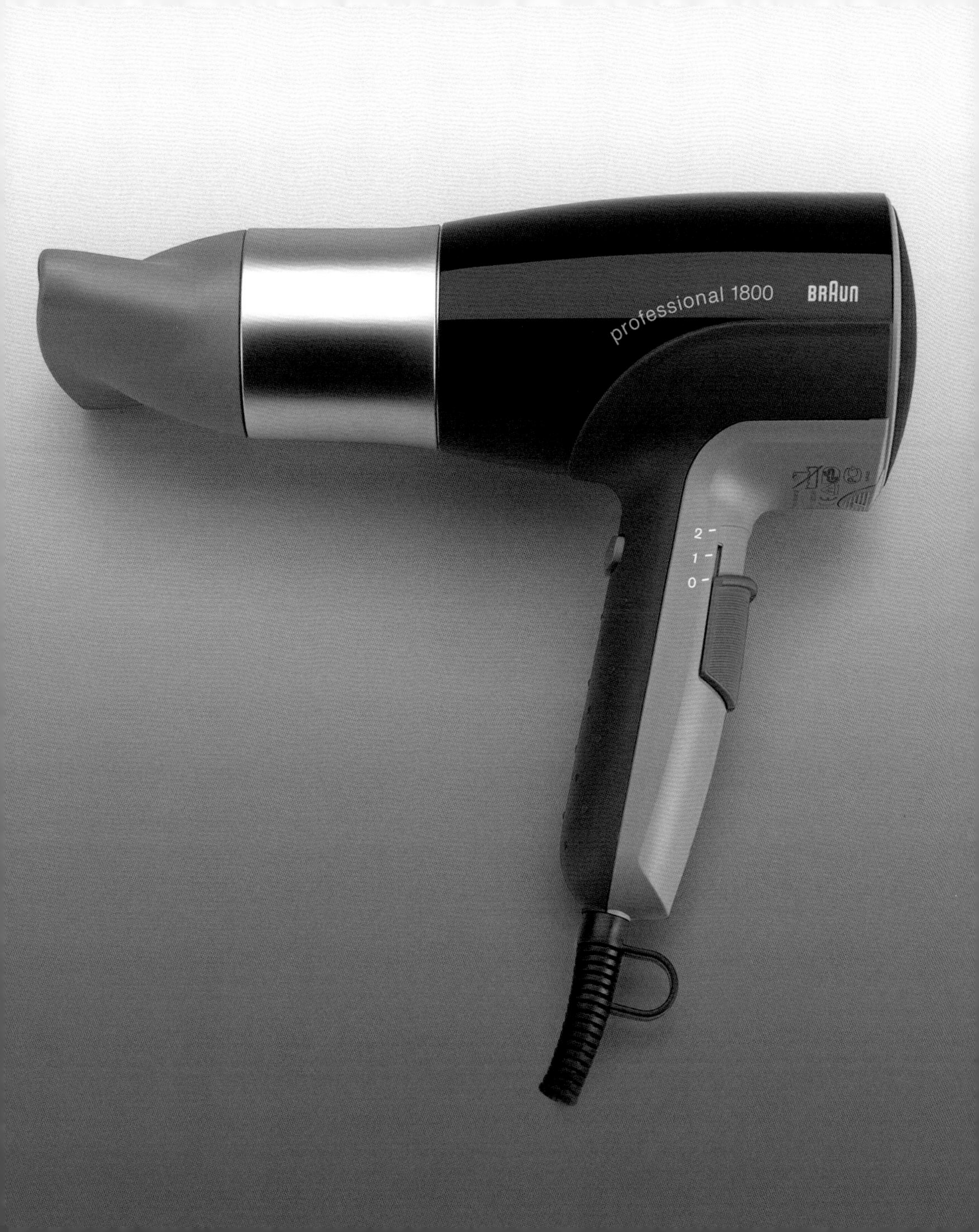

professional 1800
BRAUN
2
1
0

Silk-épil eversoft

脱毛器

2002 年
设计：彼得 · 施耐德 / 朱里根 · 格罗贝尔
eversoft 2470 | 电源
No. 5316
淡紫色 / 金属色，紫罗兰色 / 金属色，
黄色 / 银色

这款设备似乎摆脱了与机器相似的全部特征。彼得 · 施耐德和朱里根 · 格罗贝尔赋予了这款手掌大小的脱毛器以极富表现力的水滴状机身，并为它提供了丰富的形式，这也是 21 世纪初的设计新范例。[1] 直角在此是个例外。[2] 曲线形的机身略带起伏，小体积是专为女性用户的手掌大小而设计的。[3] 但是，单指操作是博朗全部产品的标准。*Silk-épil eversoft* 并不比一张放在盒中的 CD 重很多。[4] 从侧面看，这款重量很轻的产品有着丝质的顺滑曲线。

彩色的表面由流线形的平面和曲线来表达，优美的外观通过柔和色调进一步增强，与产品并非完全无痛的使用体验形成对比。多色的外观与多部件组成技术相辅相成。[5] 光滑的塑料带与握持区域的粗糙表面相辅相成。[6] *Silk-épil* 是当代产品设计中用塑形表达情感特质方面的经典案例。不仅如此，长期以来为人所诟病的“花哨且不实用”的印象正在被扭转：这款设备就像有脸颊和鼻子一样，机身的 V 形分布是典型的女性特征，而在柔软的外观下，*Silk-épil* 却有更高的机械精度。用拇指和食指扣紧各个附件，你可以感受到弹簧压紧并听到短促的、令人愉悦的咔嗒声。

1 从 20 世纪初期到 20 世纪中叶盛行的斯堪的纳维亚风格，对时尚趋势的影响是显而易见的。流动的形式还没有用于技术产品中。

2 这意味着背部形成一条易握持的曲线和向上逐渐变细的光滑的锥度。从前面看，机身的底部宽 7 厘米 (从两侧凸起部分测量)，顶部宽 6 厘米，底部有 3 厘米，顶部有两个。

3 这同样适用于非欧洲国家，因为在很大程度上，*Silk-épil eversoft* 是一款出口商品。

4 约 120g。

5 这里的变化是硬性与硬性材料结合的技术。参见 *micron plus* 电动剃须刀中关于多组分技术的介绍。

6 这些是由更小的半透明元素连接起来的。

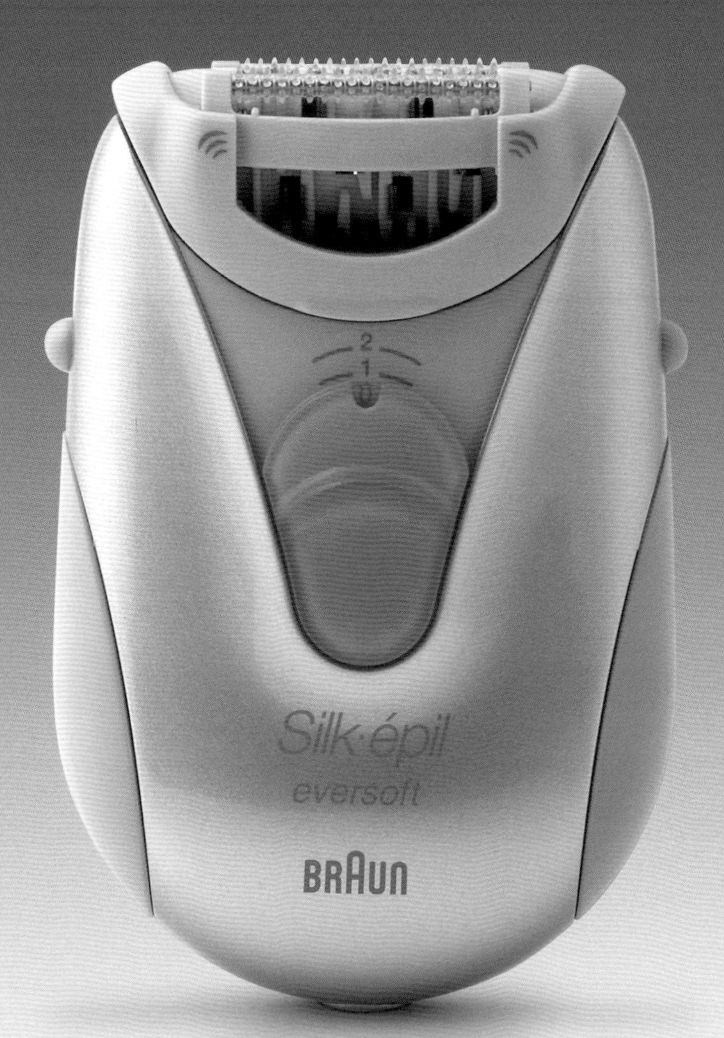
2
1
0
Silk·épil
eversoft
BRAUN

IRT Pro 3000

耳温计
1999 年
设计：比约恩 · 克林 / 迪特 · 拉姆斯 / 蒂尔 · 温克勒
Braun ThermoScan
No. 6014
金属银 / 灰色

博朗不仅成功创造了多款经久不衰的产品，而且公司崭新的产品理念也改变着人们的习惯和日常生活，毕竟这是创新更深层次的意义。*ThermoScan* 最有可能成为经典之一，它通过技术创新消除了传统温度计那不可避免且令人不悦的使用流程。电子耳温枪的使用非常便捷，在婴儿睡觉时就可以完成体温测量。[1] 这种高效的使用体验使家中的传统水银体温计无立足之地。同类的第一款产品并非产自德国，[2] 而且看上去显得有些笨拙，与博朗专利研发的 *Pro 3000* 相比，使用了完全不同的测量方法。其背后是关于产品设计截然相反的两种态度。原始型号中，技术发明影响了机身外形，且并没有对使用场景进行深入思考，导致测量过程的处理非常复杂；而另一方面，在塑造博朗产品的过程中，易用性是设计师的首要考量因素。最终通过详尽的思考和对细节的把控，呈现出了一款和谐、完整的产品。这一成果的取得有赖于研发、设计和制造环节的通力合作，并把这些作为一个完整独立的过程来思考，这是从一开始就根植于博朗设计的基本理念。

这些差异体现在诸如更短的设备周长和更轻的重量，测量体温时可以安全便利地放置在耳蜗内。主控制按钮中的凹形设计有助于提升操作准确度，几乎提高了 100% 的水平。从侧面看，*Pro 3000* 形成了稍微向上翘且前倾的平行四边形。它的两个主要元素就如同躯干和后背，唤起拟人化的联想。同时，两个部分所形成的角度使体温计易于正确握持，并把尽可能准确测量作为首要考虑因素。这款家用手持检测分析设备 [3] 仅通过拇指和食指即可操作，是博朗设计理念的完美诠释：简约、易于理解和用户友好性。[4]

1 安全性是一个不可小觑的优势。仅仅是降低孩子的恐惧程度就能大大提升体温测量的精准度。

2 最初的技术来自 ThermoScan，这也是一家由吉列公司收购的美国公司。起初，博朗只是对其产品设计进行细微的修改，结果使 *IRT 1000* 模型出现（1997 年）。

3 还有一款为医生和医院设计的专业版本，有内置的防盗功能。

4 *ThermoScan* 具有显示温度序列的记忆功能，便于用户判断出体温是上升还是下降。

ThermoScan
/mem
BRAUN

IRT Pro 3000

5 参见 *micron vario 3 universal* 电动剃须刀（1985 年）中的介绍。

最初是白色款，后来又推出了银色款，银色也被作为中性背景色深深地根植于公司历史中。较低的功能部分是浅灰色，这一保守的配色方案同样有先例可循，[5] 它所传递出的值得尊重的特质与温度计的功能和背景相吻合。两个圆形控制按钮呈浅绿色，令人印象深刻。一个微小的却不可思议的重要设计是测量头的透明塑料罩，用于防止耳垢，就像“透镜”一样对确保测量的精准度具有重要作用。如果戴上这个“小帽子”，耳温枪就通过一个微小的红色按钮来检测体温，随后也可以通过轻触按钮关掉设备。

图示：*IRT 3520*；细节

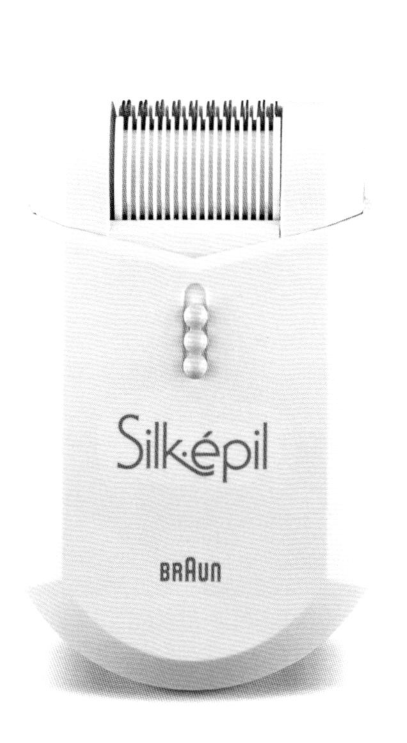

Silk-épil EE 1

1989 年 | 设计：瑟奇 · 布龙（Serge Brun）
电源 | No. 5285
白色

Silk-épil duo / plus EE 30

1992 年 | 设计：瑟奇 · 布龙
可充电电池 | 电源，可充电电池
No. 5295, 5272 | 白色

脱毛器

1989—1997 年

这是第一款以“下颏”形状设计的脱毛器，两侧是平行的斜角。由三个球状物组成的开关显得更加女性化。盖上盖子之后整个产品完全对称。

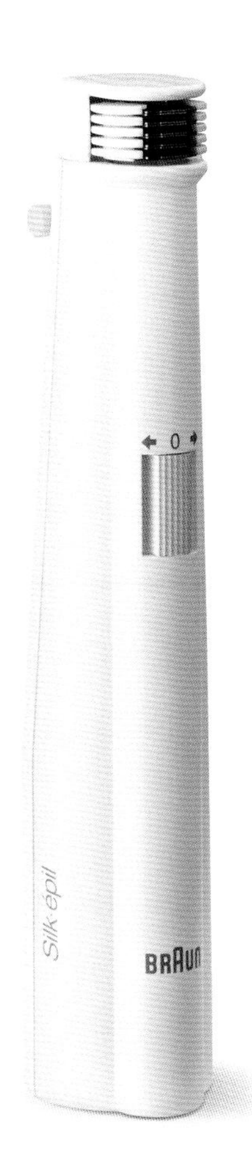

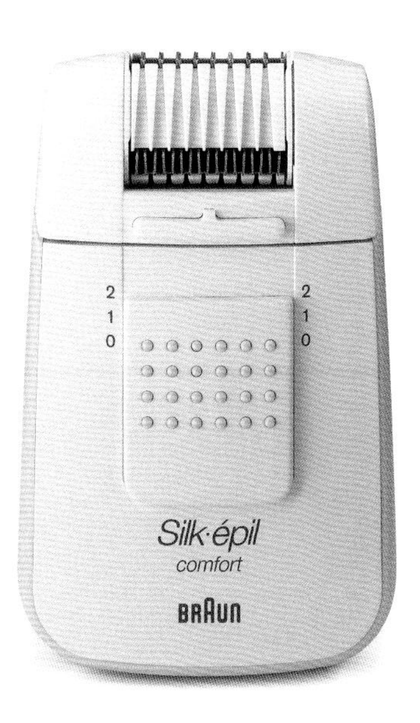

cosmetic EF 20

1993 年 | 设计：彼得 · 施耐德 /
彼得 · 埃卡特（Peter Eckart)
蓄电池 | No. 5293 | 白色

Silk-épil EE 300

1995 年 | 设计：彼得 · 施耐德
selext 可充电电池 | 电源，可充电电池
No. 5298 | 白色

Silk-épil EE 90

1997 年 | 设计：彼得 · 施耐德
Silk-épil comfort
No. 5306 | 白色 / 黄色

这一系列产品提供了新的变化，特别是用于处理面部毛发的棒状脱毛器。第二代 EE 系列有一个朴素的外观，并使用一个位于中央且易于操作的开关，让人联想到早期的那款 *Syncro* 剃须刀上的设计。

Silk-épil EE 1020

2000 年 | 设计：彼得 · 施耐德 / 朱里根 · 格罗贝尔
SuperSoft | 电源 | No. 5303
米黄色

Silk-épil 2170

2001 年 | 设计：彼得 · 施耐德 / 朱里根 · 格罗贝尔
eversoft Solo | 电源 | No. 5316
黄色 / 银色

脱毛器

2000—2004 年

整体以裙式呈现，带有舌形的开关和柔软表面的脱毛器成为这类产品设计的基本外观。此处，新的配色和易握持的表面相得益彰。

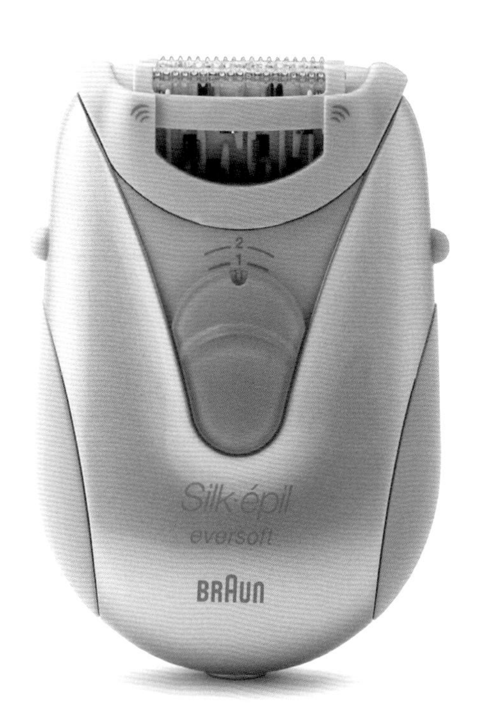

Silk-épil 2470

2002 年 | 设计：彼得 · 施耐德 / 朱里根 · 格罗贝尔 / 科妮莉亚 · 塞弗特（Cornelia Seifert）| *eversoft Easy Start* | 电源 | No. 5316
淡紫色 / 金属色

Silk-épil 3270

2004 年 | 设计：彼得 · 施耐德 / 朱里根 · 格罗贝尔 / 科妮莉亚 · 塞弗特 / 比约恩 · 克林
SoftPerfection Easy Start | No. 5318
紫水晶色，银色

20 世纪 90 年代后期，一款具有柔软流畅线条的产品登上了舞台。产品的“脸颊”有时变得胖一些，有时变得窄一些。值得注意的是，色彩选择愈发地新颖大胆。

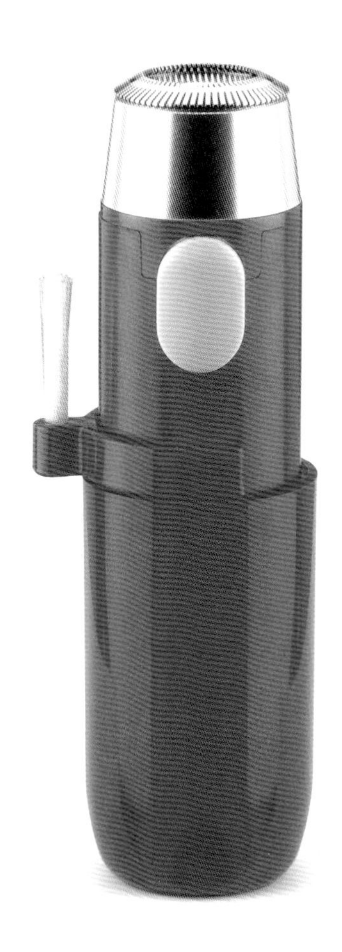

BM 12 / BL 12
1972 年 | 设计：弗洛里安 · 塞弗特
underarmshaver | 蓄电池 | No. 5967
橙色，黄色，红色

ladyshaver
1971 年 | 设计：弗洛里安 · 塞弗特
No. 5650
白色，橙色

Lady Braun elegance exclusive
1982 年 | 设计：罗兰 · 厄尔曼
电源，可充电电池 | No. 5565
红色透明

脱毛器

1971—2005 年

女士脱毛器通常借鉴男士版的设计。腋下脱毛器 *B 12* 同样与 20 世纪 60 年代后期的棒形剃须刀相似。

Lady Braun elegance 2
1985 年 | 设计：罗兰 · 厄尔曼
No. 5667
白色

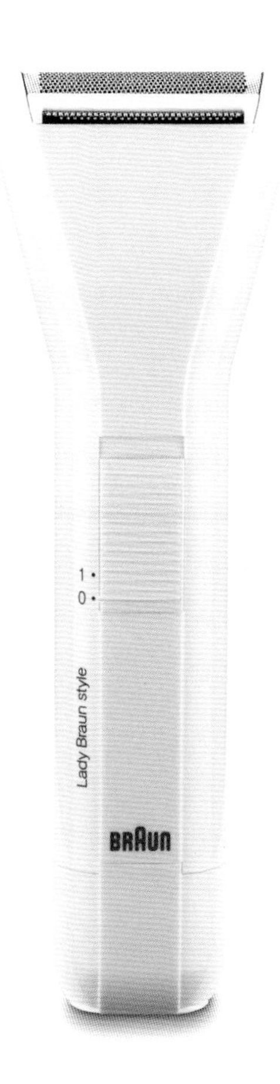

Lady Braun style
1988 年 | 设计：罗兰 · 厄尔曼
电源 / G | No. 5577
白色

Silk & Soft LS 5500
2005 年 | 设计：比约恩 · 克林
BodyShave | 可充电电池，电源 | No. 5328
透明蓝色 / 银色，透明白色 / 银色

棒状外形再次被采用。无论是在经典款还是在细长款中，位于顶部的扩大的剪切刀头可以用于难以触及的身体部位。

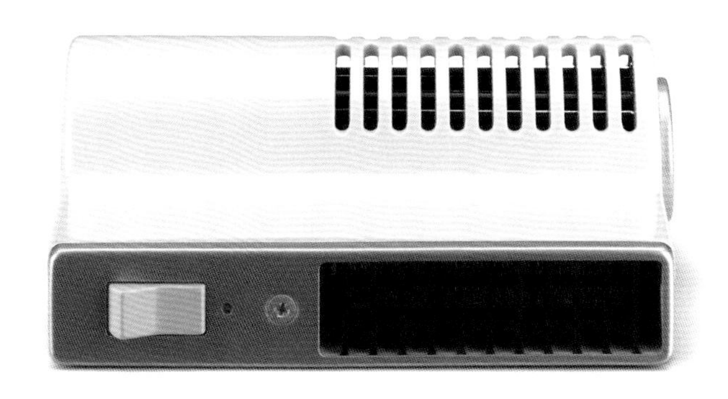

HLD 2 / 20 / 21, HLD 23 / 231

1964 年 | 设计：莱因霍尔德 · 韦斯
No. 4410, 4414
白色，黑色

吹风机

1964—1970 年

博朗的第一台吹风机将机身后部的技术结构想象成曲线并加以实现，这也使握持更加方便，操作更加顺畅。进气和出气格栅在视觉上成为独立装置。

HLD 4

1970 年 | 设计：迪特 · 拉姆斯
No. 4416
红色，蓝色，黄色

这款后续产品的外观一个矩形，短边略有弧度。平行缝隙的设计与早期的留声机相同。产品结构紧凑，并采用了当时流行的鲜艳色彩。

HLD 6 / 61

1971 年 | 设计：朱里根 · 格罗贝尔

No. 4418

白色，橙色

吹风机

1971—1974 年

在某些情况下，吹风机又回到它经典的传统形式，有两个“腿”和它们之间的横向进气口，如图所示。这里新增了用于加速气流的集中器喷嘴。

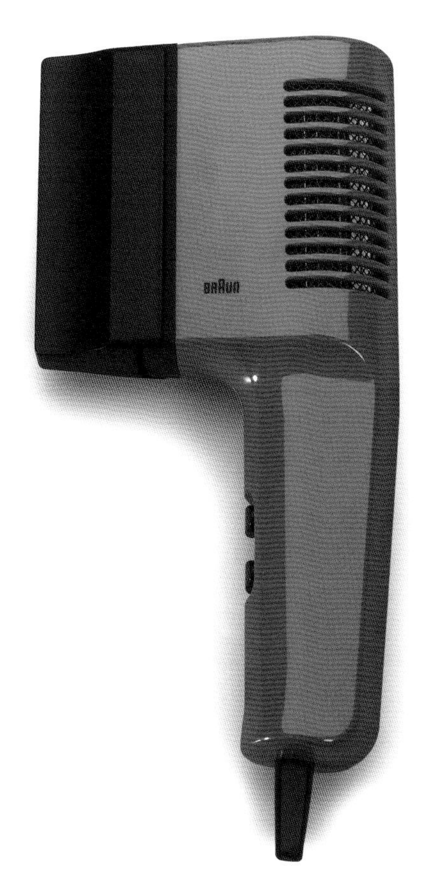

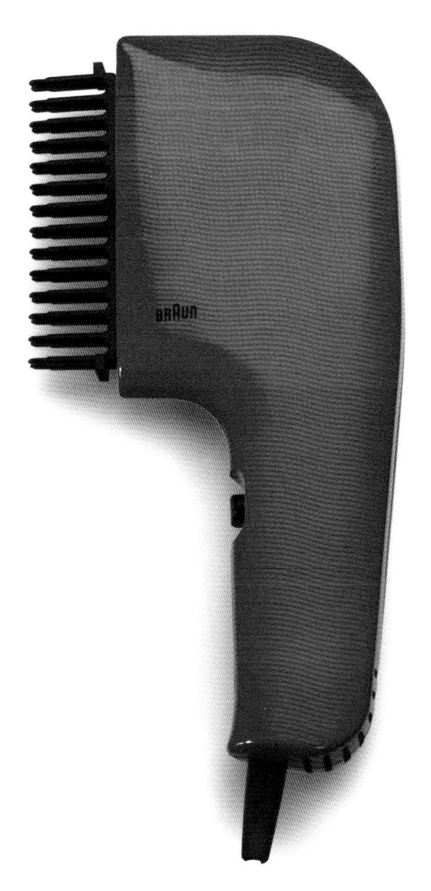

HLD 5

1972 年 | 设计：莱因霍尔德 · 韦斯 / 朱里根 · 格罗贝尔 / 海因茨 · 乌尔里克 · 哈泽
发型套装 / *Man styler* | No. 4402 / 4406
橙色，棕色，黑色，白色

EPK 1

1974 年 | 设计：朱里根 · 格罗贝尔
Swing-hair, 护理梳 | No. 4431
棕色

头发护理领域的设备开始细分成各种专用器具。发梳和吹风机的组合在这里基本上都是垂直布局。

HLD 1000 / PG 1000
1975 年 | 设计：朱里根 · 格罗贝尔
Braun 1000 | No. 4407
白色

HLD 550
1976 年 | 设计：海因茨 · 乌尔里克 · 哈泽
No. 4422
橙色

吹风机
1975—1991 年

吹风机的外形变得越来越轻巧，并且局部采取了穿孔阵列的形式。这种设计元素继承了博朗早期的设计作品（参见 *SK 1* 和 *T 4* 收音机）。储存电线的空手柄是一个全新的设想，让这款产品朝着旅行吹风机的方向又迈进了一步。

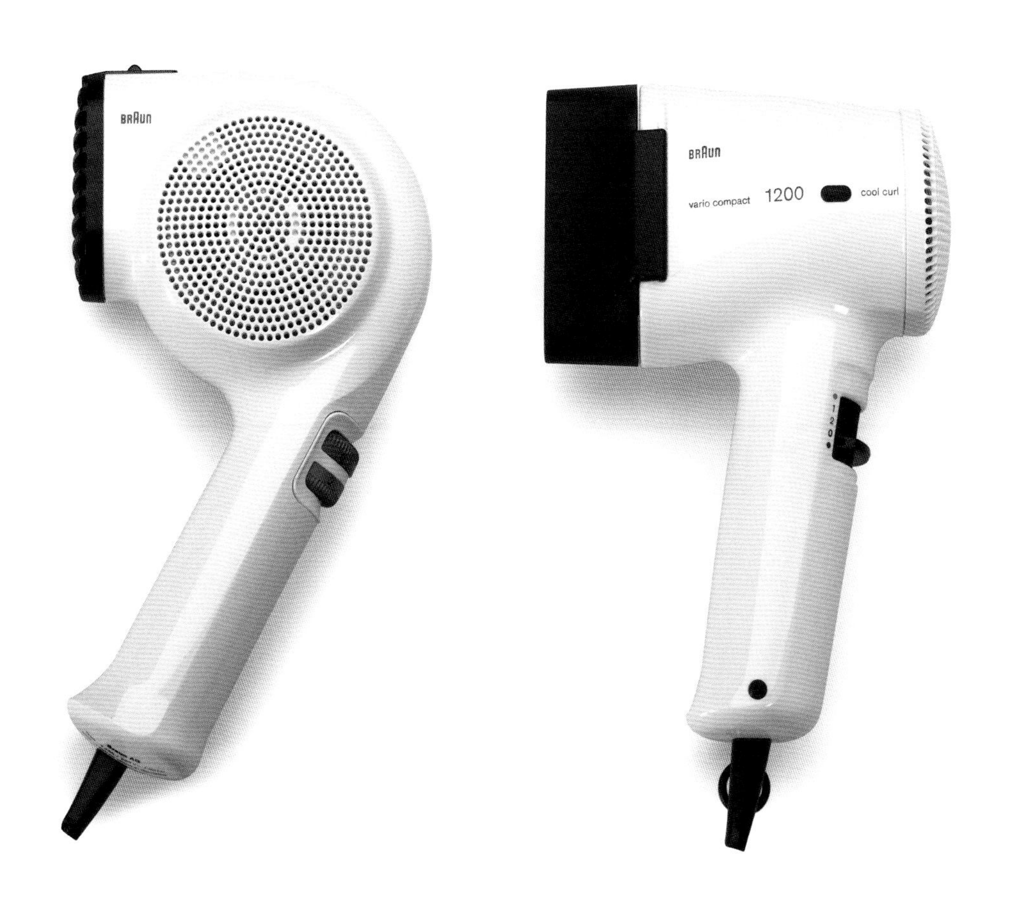

PGE 1200
1978 年 | 设计：海因茨 · 乌尔里克 · 哈泽
Protector electronic sensor hairdryer | No. 4455
白色

PSK / PK 1200 / B
1982 / 1991 年 | 设计：罗伯特 · 奥伯黑姆
silencio 1200 / vario plus / plus cool | No. 4479 / 4548
白色，黑色，蓝色

控制吹风机的噪音对设计来说是一个挑战，理想的目标是让吹风机能在更高的性能水平上更加安静。*PSK 1200* 产品同时含有吹冷风的选项。

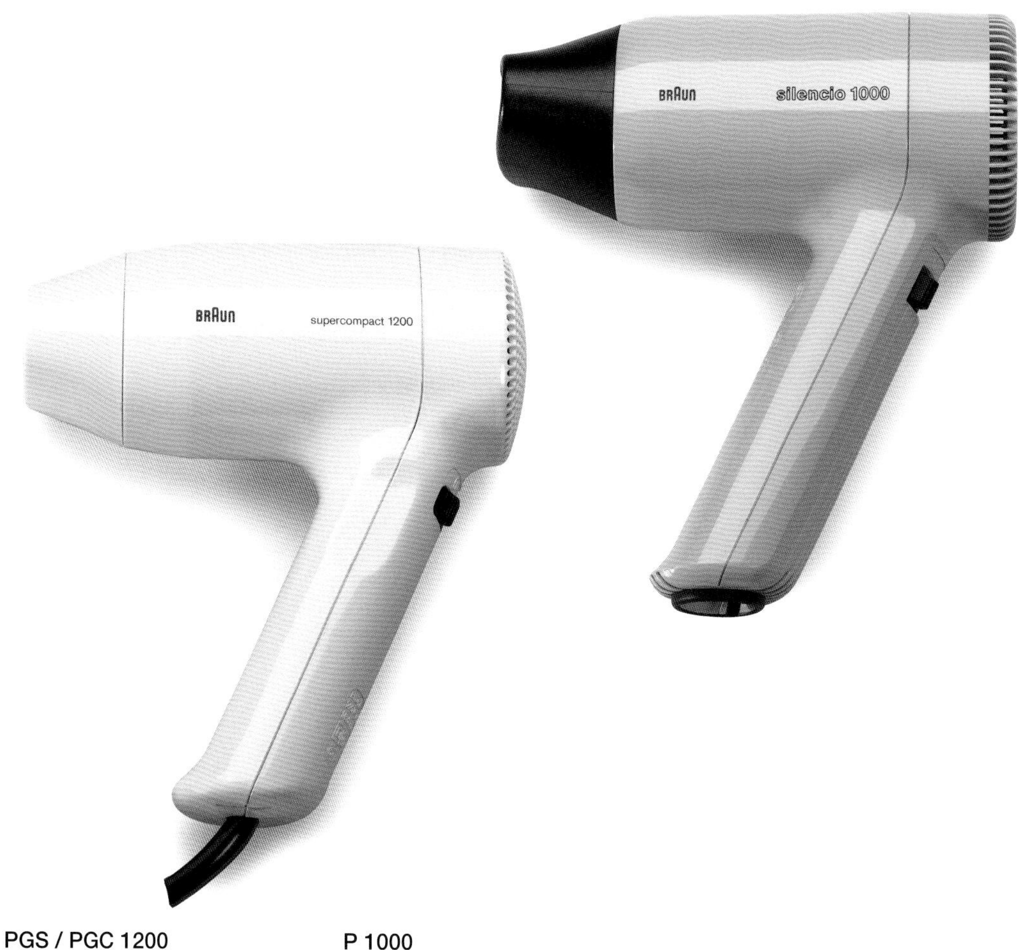

PGS / PGC 1200
1982 年 | 设计：海因茨 · 乌尔里克 · 哈泽
softstyler / super compact | No. 4457
白色，绿色

P 1000
1988 年 | 设计：罗伯特 · 奥伯黑姆
silencio 1000 | No. 4588
灰色，蓝色，紫罗兰色

吹风机
1982—1988 年

倾斜手柄具有人体工程学上的优势。*PGS / PGC 1200* 紧凑的结构形成了一种新的吹风机类型。通过新科技的应用，让博朗可以重新设计组件的结构，同时突出了标识。

BP 1000

1983 年 | 设计：罗伯特 · 奥伯黑姆

mobil mini / international mini / compact 1000 | No. 4578

棕色，紫红色，蓝色，白色

PC 1250

1988 年 | 设计：罗伯特 · 奥伯黑姆

silencio 1200 / 1250 | No. 4549

蓝色

可折叠的手柄，同时也是收纳电线的地方，这令产品更加小巧，使它可以装在任何旅行包里。

C 1500 E / P

1992 年 | 设计：罗伯特 · 奥伯黑姆
Professional power Salon Master | No. 3503
白色

HL 1800

1991 年 | 设计：罗伯特 · 奥伯黑姆 / 朱里根 · 格罗贝尔
Control 1800 high-line | No. 4493
白色 / 黑色

吹风机

1991—2002 年

通过细节上的创新，进一步的变化出现了：例如导风部分的外壳前端逐渐变细。手柄上的圆环使产品可以悬挂，电线长短也变得灵活，这些都是使用户便捷的重要细节。

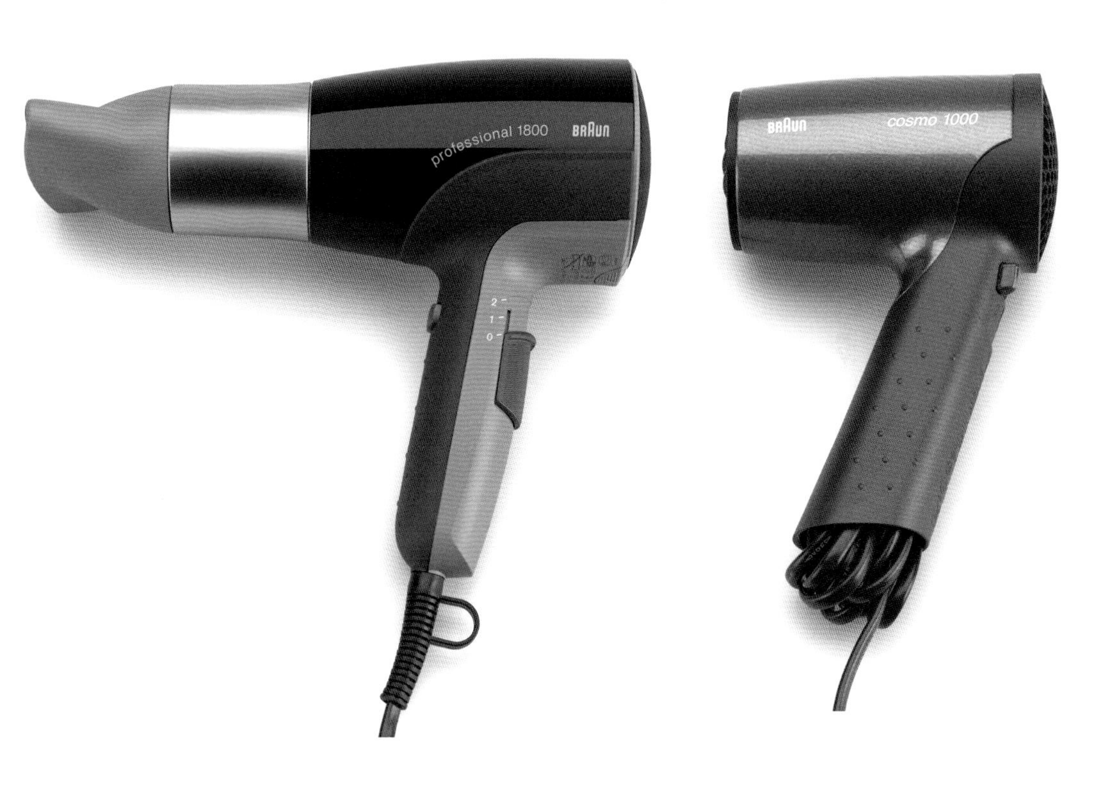

PRSC 1800

1998 年 | 设计：比约恩 · 克林 / 朱里根 · 格罗贝尔
professional 1800 | No. 3522
黑色 / 灰色 / 铬黄色

A 1000

1999 / 2002 年 | 设计：朱里根 · 格罗贝尔 / 科妮莉亚 · 塞弗特 / 蒂尔 · 温克勒
cosmo 1000 | No. 3533
1999 年 : 浅绿色 | 2002 年 : 金属银色

更高的功率意味着更大的外观和新型的复合材料的应用。手柄上的脊或凸点使用户更易握持，这也是一项新功能。

BC 1400

2000 年 | 设计： 蒂尔 · 温克勒
swing cool | No. 3519
金属色

吹风机

2000—2001 年

这两个外壳之间的接合处呈现平缓的 S 形曲线。将基于人体工程学设计的向上翘起的拱形手柄与功能性鼓风机管道分离，并分别以光滑与粗糙的表面对比来进行强调和区分。

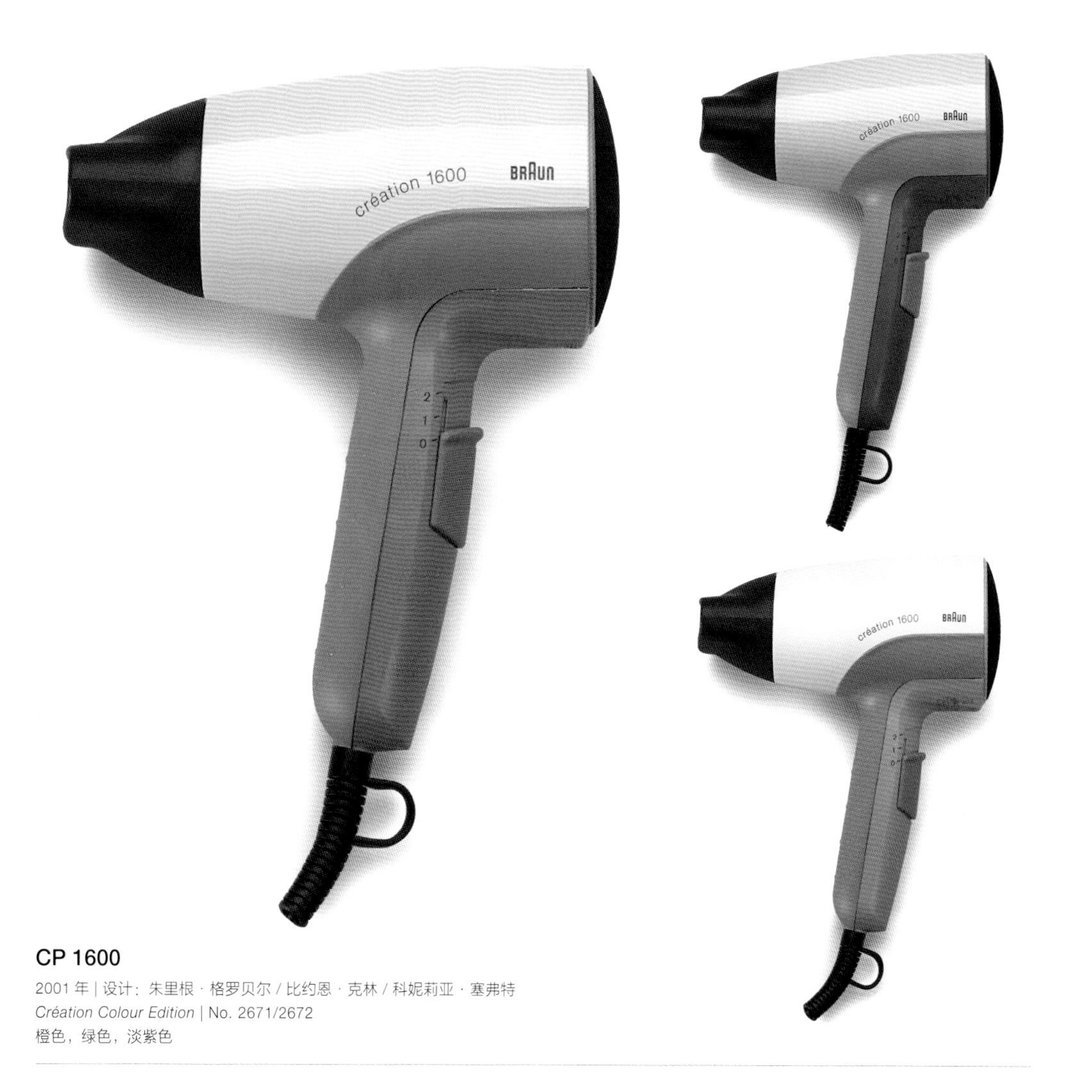

CP 1600

2001 年 | 设计：朱里根 · 格罗贝尔 / 比约恩 · 克林 / 科妮莉亚 · 塞弗特
Création Colour Edition | No. 2671/2672
橙色，绿色，淡紫色

这款吹风机系列采用对比色的手柄后沿，并延续到吹风机管的后部。整个产品被分为三个颜色区域，并且设计成符合人体工程学的柔和线条，给人带来很好的视觉体验。一个新的绒毛屏幕可以简单地刷掉灰尘。

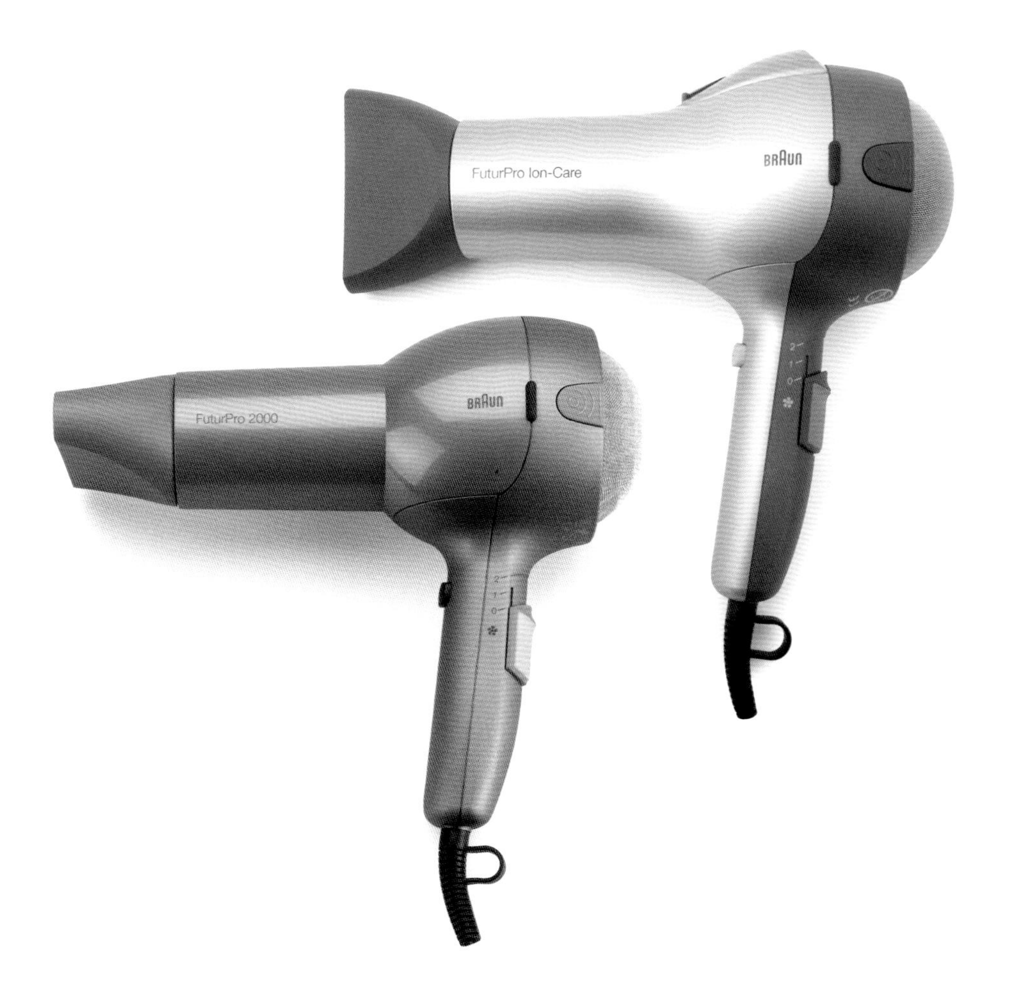

Pro 2000

2002 年 | 设计：迪特里希 · 卢布斯
FuturPro 2000 solo | No. 3537
金属感的珠光色

Pro 2000 Ion DF

2004 年 | 设计：Duy Phong Vu / 迪特里希 · 卢布斯
FuturPro Ion-Care diffusor | No. 3539
海洋色

吹风机

2002—2005 年

产品的外形和比例也间接体现出它们的性能。*Pro 2000* 拥有一个球形的电源中心。看起来很强大的“管”式机身和更优雅的手柄之间形成了强烈的对比。

C 1800 Ion DF

2005 年 | 设计：Duy Phong Vu

creation$_2$ IonCare C 1800 DF | No. 3542

银蓝色

大胆的色彩和对立线条的平衡赋予了 *IonCare* 活力。这个开关像攀爬在茎上的一片叶子向外微微翘起，有一种徒手设计的复杂结构感。

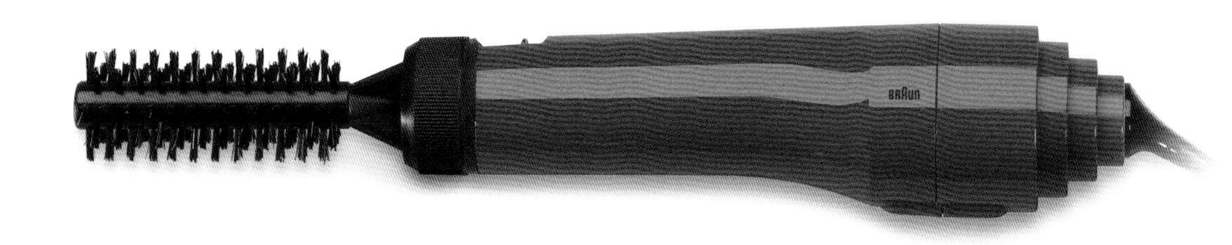

RS 60 / 65

1977 年 | 设计：海因茨 · 乌尔里克 · 哈泽
卷发器 | No. 4429
橙色（上图）

RS 68

1978 年 | 设计：海因茨 · 乌尔里克 · 哈泽
卷发器套装 | No. 4449
红色（下图）

卷发器

1977—1991 年

20 世纪 70 年代中期，当吹风机被纳入产品目录中时，用于造型的棒状卷发器也被推出。与附带刷子的组合使这两种功能合为一体。

RSK 1005 / 1003

1982 / 1991 年 | 设计：罗伯特 · 奥伯黑姆
cool curl 卷发器套装 | No. 4522
白色，黑色

这款卷发器具有用来保护皮肤的传感器技术。它有一个冷却挡，还有 5 件套的配件（全部存储在实用的便携箱中）。这款产品是系统化理念的又一次实践应用。

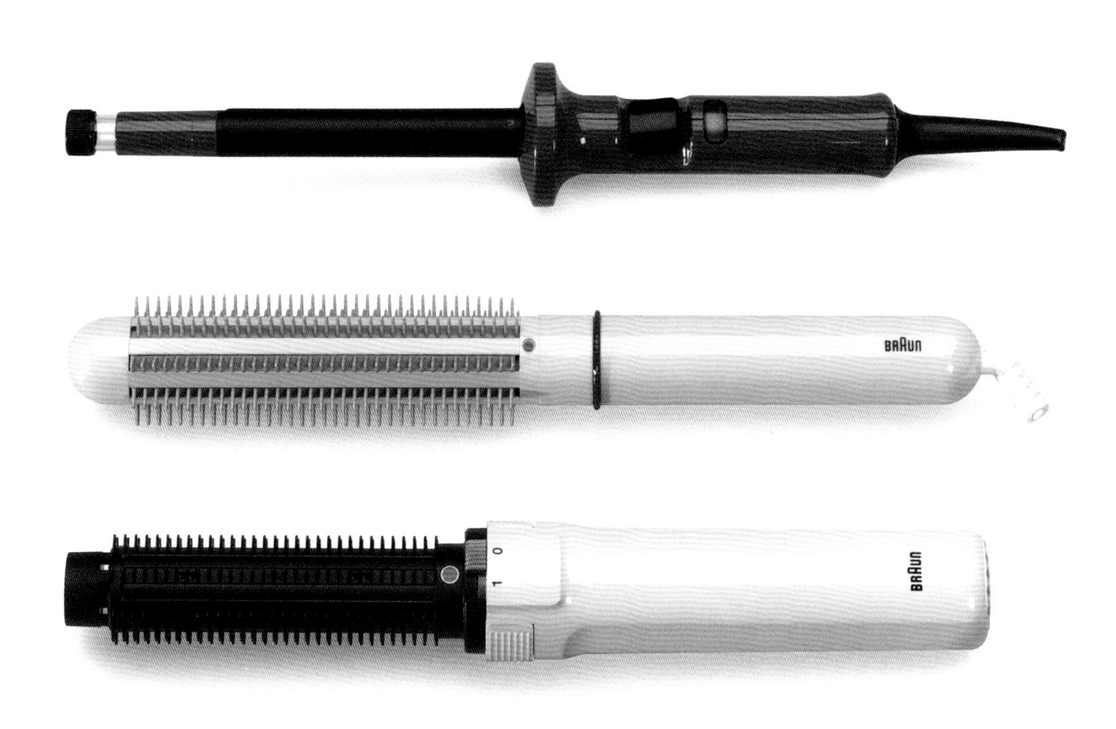

DLS 10
1975 年 | 设计：海因茨 · 乌尔里克 · 哈泽
Quick curl 卷发器 | No. 4441
橙色（上图）

LS 35
1979 年 | 设计：M. S. 卡曾斯（M. S. Cousins）
quick style 卷发器 | No. 4504
白色（中图）

GC 2
1982 年 | 设计：罗伯特 · 奥伯黑姆
independant style 造型器 | No. 4506
白色（下图）

空气造型卷发器

1975—1995 年

独立造型器是一款由蓄电池供电的空气造型器，适用于高发量、波浪式的发型。它配备了一个自动温度调节器。

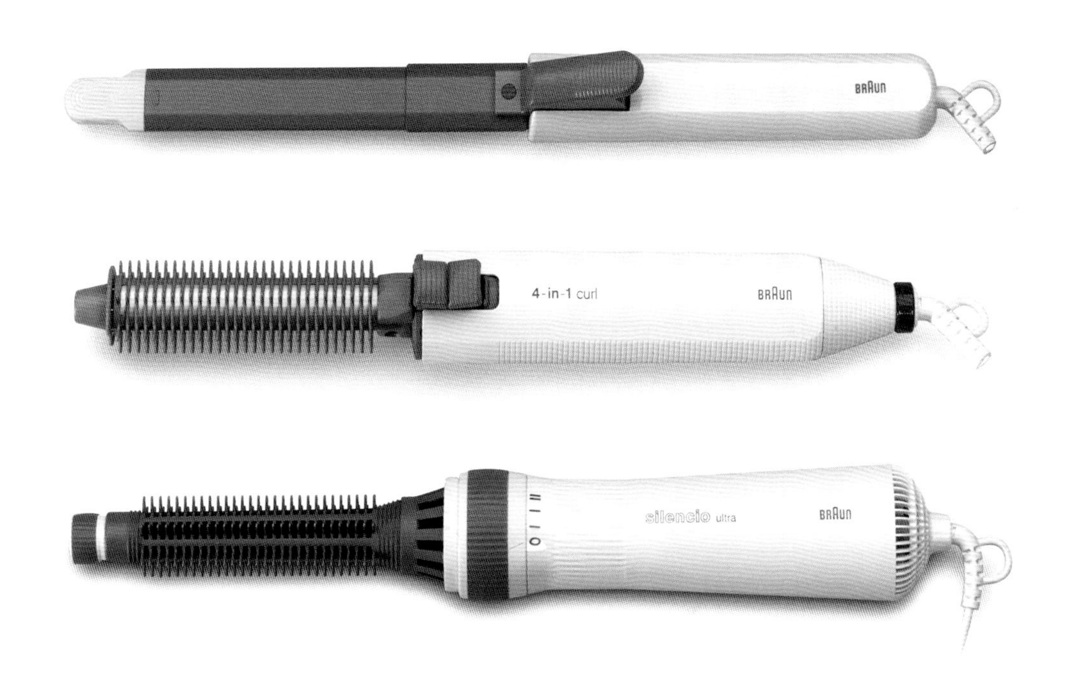

FZ 10
1990 年 | 设计：罗伯特 · 奥伯黑姆
ZZ-look | No. 4495
白色 / 灰色（上图）

TCC 40 / A
1992 年 | 设计：罗伯特 · 奥伯黑姆
4-in-1-curl | No. 3563
白色 / 灰色（中图）

AS 400 / R
1992 / 1995 年 | 设计：罗伯特 · 奥伯黑姆
silencio ultra | No. 4485
白色 / 灰色（下图）

silencio 用温暖的气流使头发湿润或干燥，并保持很好的静音效果。由于采用了带凸环的自动卷曲释放装置，使用户可以在不拉扯的情况下将卷发器从头发上取下来。

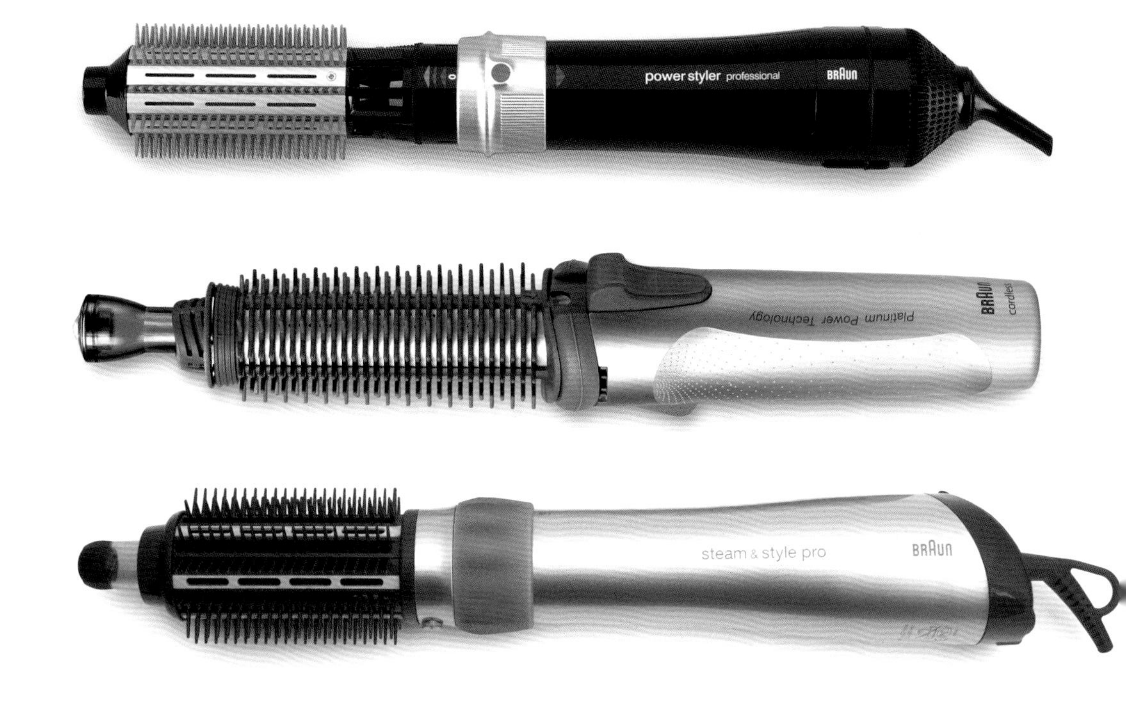

AS 1000

2000 年 | 设计：罗伯特 · 奥伯黑姆 / 科妮莉亚 · 塞弗特
power styler professional | No. 4522
黑色 / 铬合金（上图）

C Pro S

2004 年 | 设计：蒂尔 · 温克勒
Cordless Steam Styler | No. 3589
银色（中图）

ASS 1000 Pro

2003 年 | 设计：路德维希 · 利特曼
Steam & Style pro | No. 3536
银色 / 紫罗兰色（下图）

空气造型卷发器

1998—2005 年

在材料使用上，通过新的、不同材料的结合，尤其是新的颜色和软硬材料结合技术的进一步加强，这些设备呈现出全新的、更加豪华的外观。

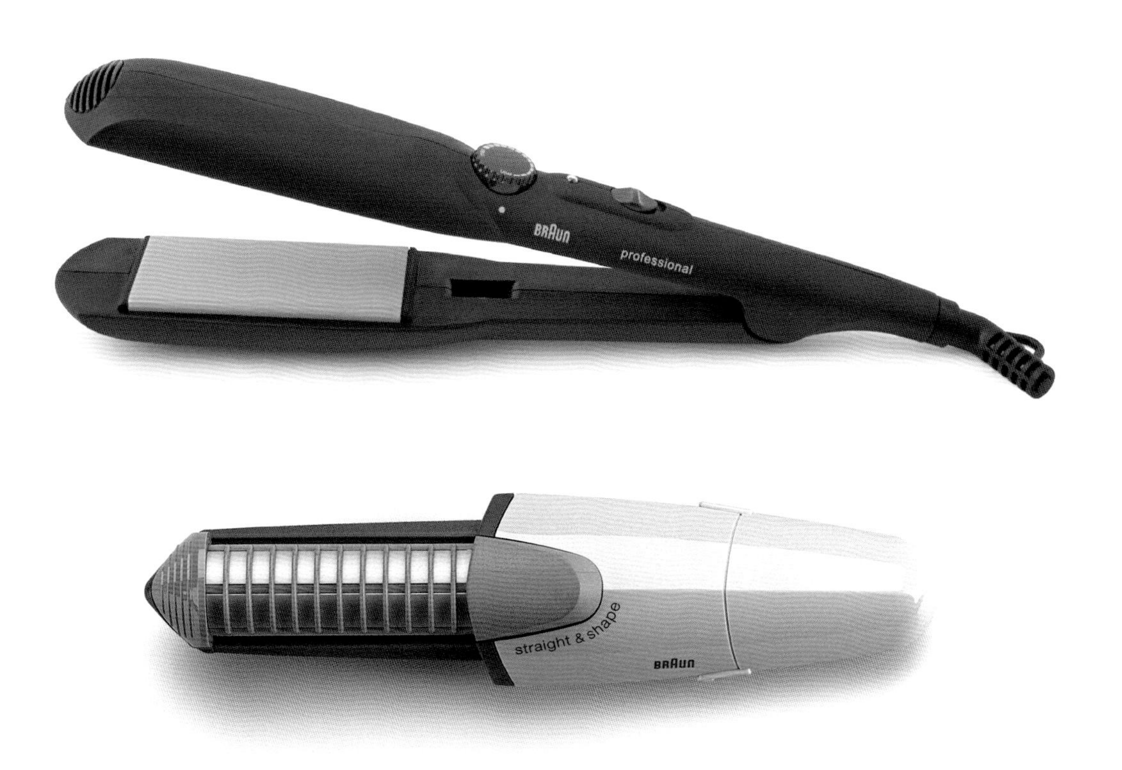

ES 1

2005 年 | 设计：Duy Phong Vu
专业级陶瓷直发器
No. 3543 | 黑色（上图）

BS 1

1998 年 | 设计： 科妮莉亚 · 塞弗特
Straight & Shape | No. 3588
淡紫色（下图）

自 20 世纪 80 年代以来，针对女士的适合旅行且蓄电池供电的空气造型卷发器就已面世。与此同时，它们也被赋予了女性化的配色。*ES 1* 呈开口式的造型是基于陶瓷功能。

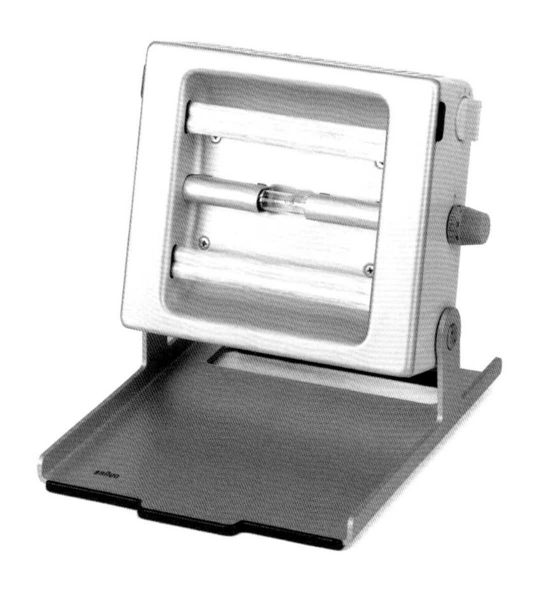

HUV 1

1964 年 | 设计：迪特 · 拉姆斯 / 莱因霍尔德 · 韦斯 / 迪特里希 · 卢布斯
Cosmolux 照射装置 | No. 4395
白色 / 着色铝

HW 1

1968 年 | 设计：迪特 · 拉姆斯
浴室秤 | No. 4960
着色铝 / 黑色

身体护理设备

1964—1968 年

在 20 世纪 60 年代实验中引入的两个新项目：照射装置和浴室秤。标识清晰的浴室秤是有条理、精细化设计作品的典范。

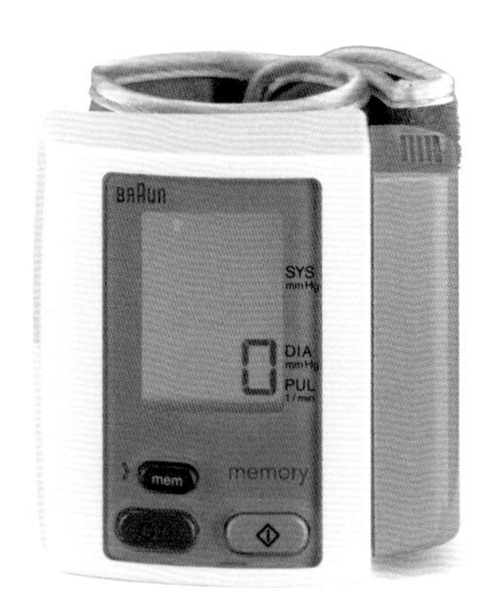

BP 1500
1998 年 | 设计：比约恩 · 克林 / 迪特里希 · 卢布斯 | *VitalScan Plus*
No. 6052 | 白色 / 黑色（左上图）

BP 2510
2000 年 | 设计：迪特里希 · 卢布斯
PrecisionSensor
No. 6954 | 白色（右上图）

BP 1650
2002 年 | 设计：彼得 · 哈特维恩
VitalScan Plus
No. 6057 | 炭黑色（左下图）

BP 3560 Pharmacy
2005 年 | 设计：彼得 · 哈特维恩
SensorControl EasyClick
No. 6085 | 银色（右下图）

血压监测仪

1998—2005 年

博朗的血压监测仪配有易于使用的按钮、大型显示屏、易于读取的数字和图标以及一系列附加功能，比如一个简短的测量过程和可存储不超过 60 个读取数据等。

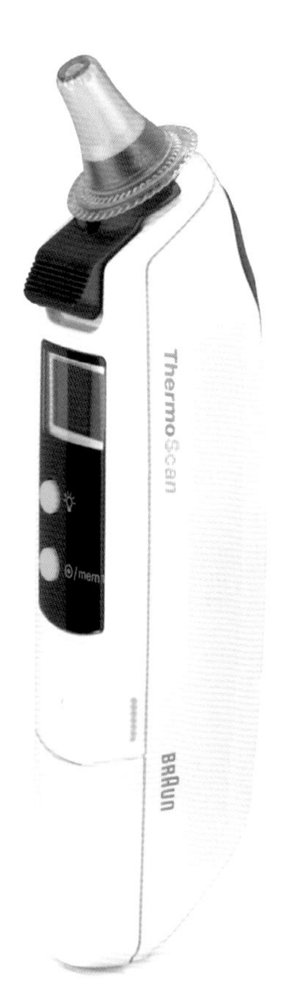

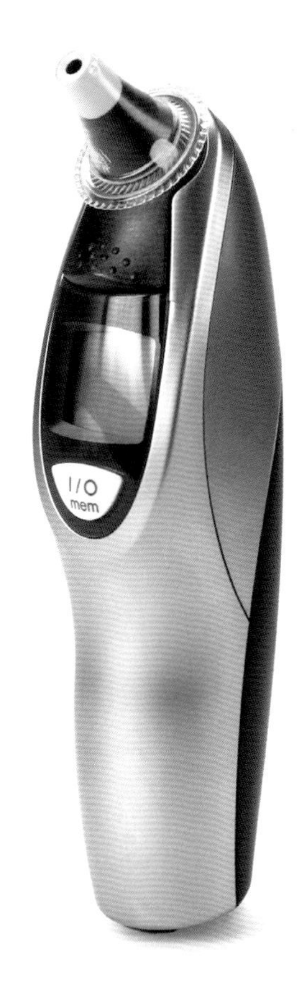

IRT Pro 3000

1999 年 | 设计：比约恩 · 克林 / 迪特里希 · 卢布斯 / 蒂尔 · 温克勒 | *Braun ThermoScan Pro 3000*
No. 6014 | 金属银 / 灰色

IRT 3520

1998 年 | 设计：比约恩 · 克林 / 迪特里希 · 卢布斯 / 蒂尔 · 温克勒 | *Braun ThermoScan plus IRT 3520* | No. 6013 | 白色

IRT Pro 4000

2004 年 | 设计：朱里根 · 格罗贝尔 / 路德维希 · 利特曼 | *Braun ThermoScan*
No. 6021 | 银色

红外线耳温计

1998—2004 年

20 世纪 90 年代，博朗推出的耳温计就是一个很好的例子，它见证了产品设计的逐步变化，走向更易用、更友好、更符合用户习惯的形式。

口腔护理电器

344 简介

346 里程碑

358 电动牙刷和牙科中心

368 牙刷

简介：口腔护理电器

1963 *mayadent* 电动牙刷

1979 *md 1* 口腔冲洗器

1984 *md 3 / 30* 口腔冲洗器
OC 3 牙科中心

1987 *Oral-B Plus* 牙刷

1991 *OC 5545* 牙科中心

1996 *Oral-B Cross Action* 牙刷

1999 *OC 15.525* 牙科中心

2000 *D 10.51* 儿童牙刷

2001 *17.525* 电动牙刷

2002 *Oral-B New Indicator* 牙刷

2003 *Oral-B Cross Action Power* 蓄电池驱动牙刷

电动牙刷首次纳入产品范围是早在 20 世纪 60 年代的实验中，但直到 20 世纪 80 年代才开始推动系统性的研发，其中博朗在电动牙刷的普及过程中起到了非常重要的作用。[1] 这款设备融合了两个主要元素：牙刷和带有电机驱动的手柄。电动牙刷的可变部分不过是形状、成分和刷毛的灵活性。为了在狭窄的口腔内兼顾易用和有效，电动牙刷必须尽可能轻巧，并且容易握持，它的机身同时也充当了手柄。[2] 然而，博朗早期的电动牙刷 *mayadent* 看起来像苏打水瓶，直到 20 世纪 90 年代，彼得・哈特维恩在电动牙刷上装配了 *Plak Control* 技术，才使机身的轮廓变得苗条起来。[3] 全新的软硬结合技术也在这款产品上有所体现。在一些型号较新的产品中，软性材料部分有的被镶嵌在控制按钮的后边，有的被用于握持区域，占据手柄的绝大部分面积。[4]

在牙科领域，卫生最为关键，经典的白色最为流行。这种集权式美学的高峰是 *OC 3* 产品，通过牙刷与口腔冲洗器的结合，展示出它是如何把浴室瞬间变成牙科保健医生的办公室。事实上，设计师手中掌握更先进、更复杂的工具，也能为儿童电动牙刷展示出鲜艳的色彩和超凡的触觉感受。普通牙刷[5] 的外形在不久之前还像洗碗刷一样，如今却演变成如艺术品一样精致。尤其是通过软硬材料结合技术，把常规牙刷变得好像易握的、多彩的雕塑品一样。彼得・施耐德和朱里根・格罗贝尔设计的 *Cross Action* 模型在体量的突破上具备丰富的实践经验。

1 如今，电动牙刷与普通牙刷的比例约为 50：50。

2 剃须刀、咖啡机、手电筒、打火机和手持搅拌机也是如此。

3 这条流畅的线条主要是由一种新设计的驱动来实现。

4 例如，在比约恩・克林和 Duy Phong Vu 设计的牙刷上。

5 这些产品是为吉列的子公司 *Oral-B* 设计的，而不再以博朗品牌的名义销售。

图示：*D 10.511* 儿童电动牙刷；细节

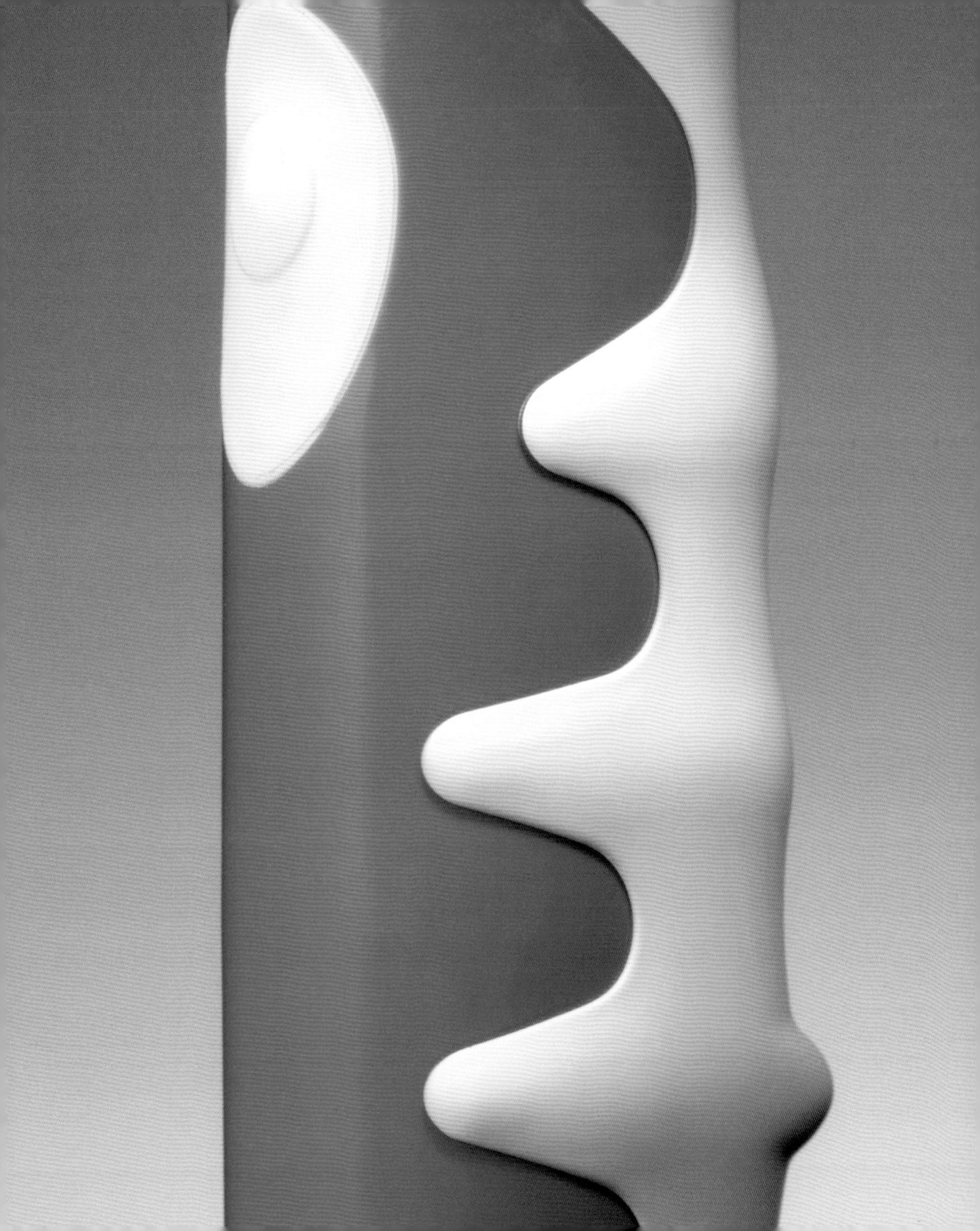

mayadent

电动牙刷

1963 年
设计：威利 · 齐默尔曼
白色

1 这个时代也取得了一些成就，例如引进了 *T 1000* 短波收音机、hi-fi 系统和 *sextant* 电动剃须刀。

2 最大直径是 4 厘米。

3 参见 *D 7022 Plak Control* 电动牙刷的介绍。

这是一款十分具有开创性的产品，但是在 20 世纪 60 年代早期[1]那个令人兴奋的、富有成就的阶段，这款产品看起来更像是一个小插曲而被忽略了，并没有被当成主角推出。事后，证明这是完全错误的。在其他业务领域萎靡不振时，把牙刷与电动马达相结合的想法，就像星星之火一样引燃了这个细分市场，时至今日这个市场仍在蓬勃发展。事后看来，威利・齐默尔曼（Willi Zimmermann）的设计看起来极其简约，甚至带着几分挑衅的赤裸感，整个 *mayadent* 看上去似乎是对电动牙刷的材料和形式有了粗略的概念。

这个高 16 厘米的原型由三个可分离的功能模块组成：圆柱形的电池底座，在中间的锥形电动机外壳，两束独立的刷毛平滑地接入震动刷头。总体而言，外形拥有倾斜的“肩膀”，或许是与国际象棋的棋子外形相似的立体主义设计。易握持的外壳[2]装有可以单指操控的脊形滑动开关，这符合当时博朗确立的人体工程学的标准。*mayadent* 是更全面的产品设计方案的经典诠释，名副其实，它远远超出了简单的外观设计。齐默尔曼不仅创造了 *mayadent* 这个产品类型，而且改变了人们的生活习惯，并引领了必然会带来一系列令人惊艳的产品的研发。[3]自从电动牙刷成为我们日常生活的一部分之后，它就被载入西方文明成果的目录之中。

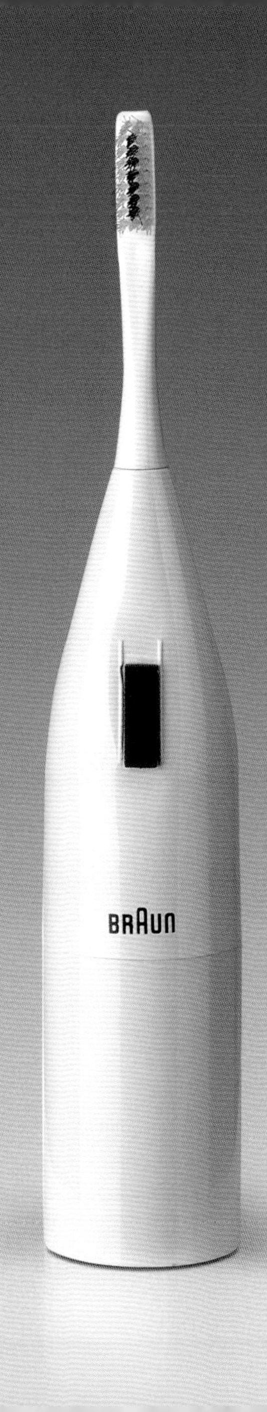
BRAUN

OC 3

牙科中心

1984 年
设计：彼得 · 哈特维恩
Dental Center / Timer，
牙刷和口腔冲洗器
No. 4803
白色

系统性思考、追求完美、创新。如果说这些所谓的德国品质闪耀在博朗产品设计的各个环节，那么，它就在这里。由彼得・哈特维恩设计的 *OC 3 Dental Center* 在紧凑的设备中融入了丰富的创新。这些细节，例如，巧妙构思的在背部暗藏存储电源线的空间，使它可以如附件般完美地与墙壁融合在一起，这让那些非常在意浴室设计品位的用户眼前一亮。这仅仅是 4 种不同附件解决方案中的一种，除此之外，牙刷被设计成可以嵌套在一个圆环中，[1] 口腔冲洗器通过磁力的作用稳稳地保持直立状态，而中间的水箱由带橡胶垫圈的插头连接。

OC 3 是第一个完整的口腔保健套装。这套冲洗站具有与典型牙科诊室同样的实验室美学特征，由一排冲洗喷嘴和直立的刷头组成。可拆卸的环形磁力控制装置是一个小的设计亮点，它易清洁且十分自然，单手拇指即可轻松完成操作，这与博朗的设计原则一脉相承。*OC 3* 并没有被整合到一个机身内，成为一个独立的工具，相反，它由 4 个主要部分组成：牙刷、口腔冲洗器、杯子和供电装置，各部分独立且具备不同的几何美学。从图像上看，两侧微型立柱构成了一个类似加油站的形象，[2] 堪称一个小型的 24 小时口腔护理中心。

1 这款牙刷配有两个触点，并在就位时自动充电。指示灯显示充电状态。

2 有趣的一点是，高速公路沿线的休息站——这种全方位的服务是德国人发明的。

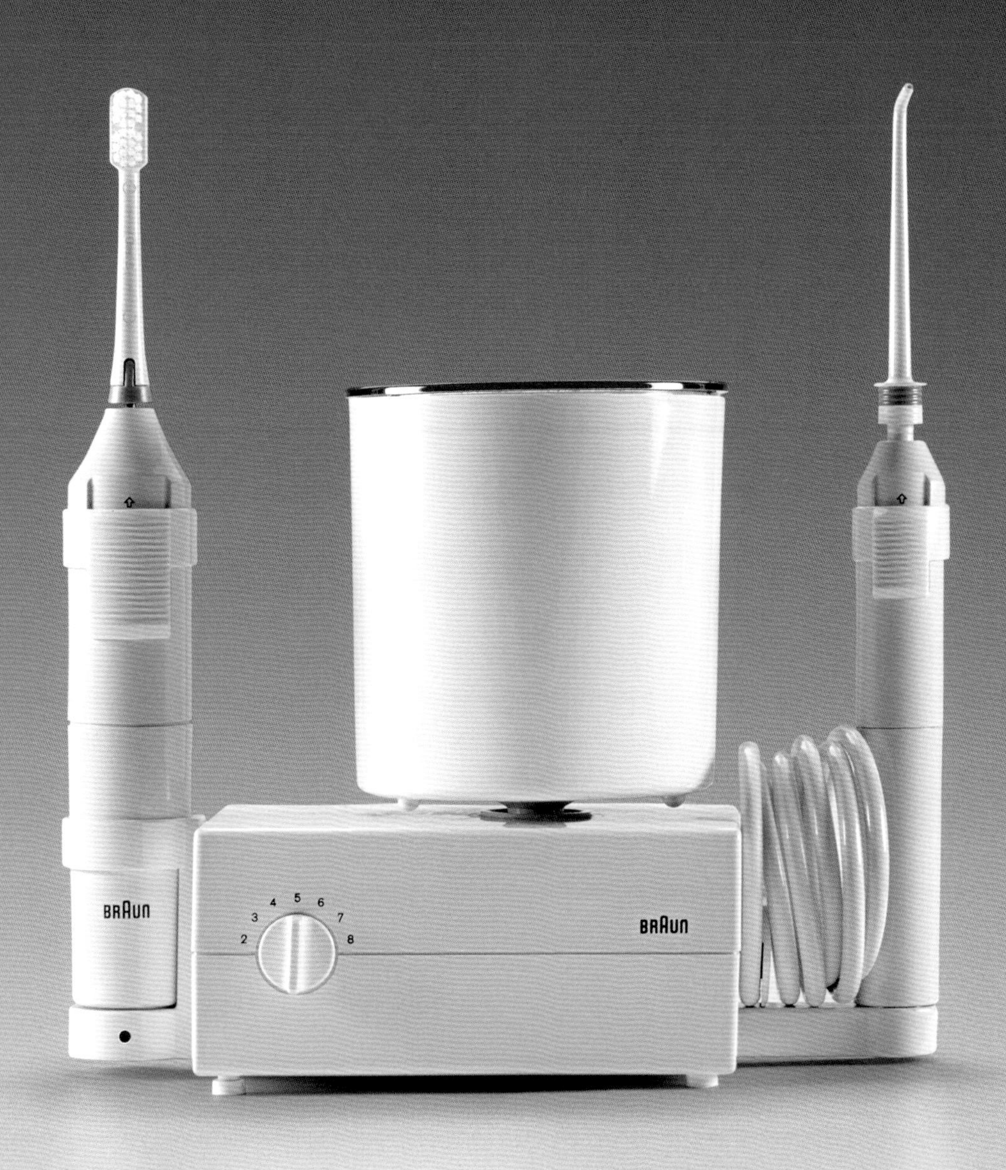

BRAUN
2
3
4
5
6
7
8
BRAUN

Oral-B Plus

牙刷

1987 年

设计：彼得 · 施耐德 / 朱里根 · 格罗贝尔

不久以前，所有的牙刷看起来都一样——外形平庸且操作没有新意。直到 20 世纪 80 年代，手动的小型口腔清洁工具还没有成为设计工作的重点。当博朗开始探寻新的发展领域，[1] 并在企业内部发现牙刷制造商 *Oral-B* 时，情况才发生转变。负责对外合作项目的彼得・施耐德与加州姊妹公司取得联系，开创了牙刷设计领域的新篇章。首先，它成功建立了产品设计业务板块，并使之顺利运行，当时这些设计工作还没有移交至 *Oral-B* 来完成，因此在共同进行设计工作时保持有效的沟通非常必要，尤其是在两家企业文化融合的过程中。[2] 其次，它也引入了计算机虚拟建模技术。

朱里根・格罗贝尔和彼得・施耐德设计的 *Oral-B Plus* 是第一款经过专业设计的牙刷，同时也是整个产品系列的原型。它依然是平直的牙刷手柄，但是也显示出一些不同的特征，如纤细的颈部，[3] 肩部横向的肋条使其易握持，[4] 直到今天的 *Oral-B* 牙刷依然是类似的造型。*Plus* 有多种颜色，也有尺寸小一些的旅行版，并采用半透明的材料，呈现出了显著的变化。它的销量超过 10 亿支，这是有史以来最畅销的牙刷。[5]

1 这是为了弥补电影和摄影部门的损失而选择的策略。

2 尤其是在工程和设计之间建立平等的沟通方式。这不过是在重复以前博朗处理过的问题。彼得 · 施耐德曾是博朗与著名的相机制造商 Niezoldi & Kramer 公司的对接人，他在这方面相当有经验。

3 细窄的颈部不得不承受一些制造上的阻力（细窄的颈部更容易折断）。

4 对博朗早期设计作品的探讨，参见汉斯 · 古杰洛特在收音机里的交叉缝设计。

5 现在，这款产品仍在许可范围内生产。

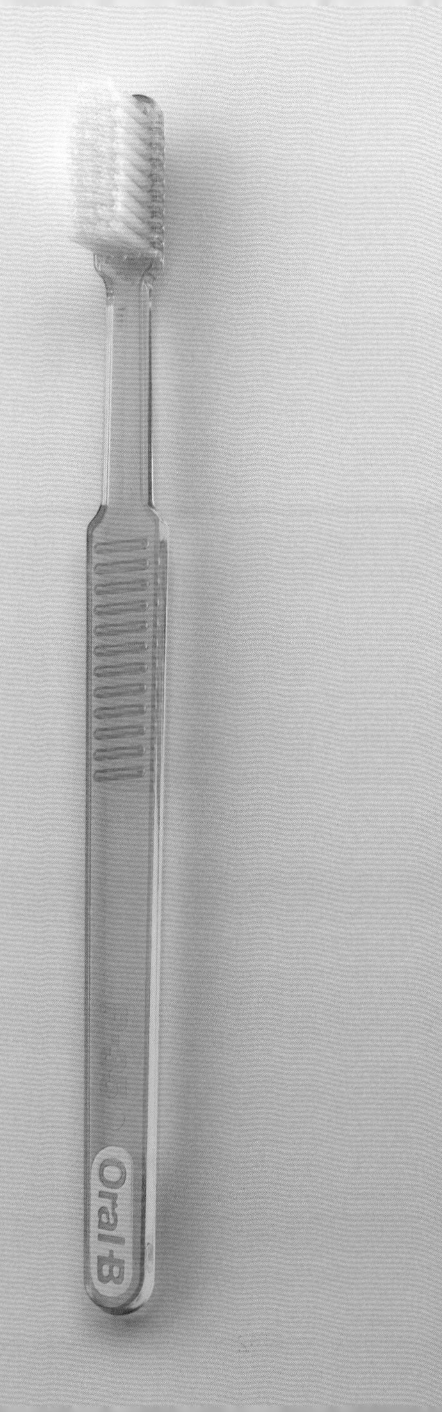
Oral-B

D 7022

电动牙刷

1994 年
设计：彼得 · 哈特维恩
Plak Control / duo timer
No. 4727
白色 / 蓝色

这款牙刷更细长，工作效率极高，而且有一个非常显著的圆形刷头。20 世纪 90 年代早期，博朗的设计师开发了一种清洁牙齿的新技术，[1] 他们称之为 *Plak Control*，彼得・哈特维恩根据这项技术设计了新款牙刷。与以前的牙刷最明显的不同之处在于，握持电机的手柄与薄而向上逐渐变细的“颈部”之间，那段明显向前倾斜的凸出部分，它与普通牙刷的比例大致相同，进而更易于在口腔中移动。[2]

哈特维恩利用第二次技术革新——硬软体结合技术，为新工具创造出标志性的外观。牙刷正面是隐藏在软质材料下面的开关键，[3] 带有简单易于辨识的环状和点状标志。[4] 这个焦点由两条垂直平行线框住边缘。这两条毫米级薄度的纵向条纹同样由软质材料制成，即使是在睡梦中也能用手指感觉到，该设计不仅延长了手柄的光洁度，而且达到了非常实用的目的。根据科学研究显示，每刷一下，牙刷会产生约 30 次振动，这样的频率更易于握持和移动。不寻常的、触感优化后的外壳形状也有助于握持，在横截面形成一个规则的带圆角的三角形，即有轻微的边缘。[5] 在底部，这种形式转变为一个圆柱体，从而使稳定性更强。哈特维恩用另一个技巧强调了手柄的细长线条：把牙刷设置在充电站的前面，将充电站完美地隐藏在背后。这款牙刷是对抗牙菌斑的名义领袖。

1 这个概念是基于一种观点：清洁过程在刷毛变换方向的时候最有效。刷毛在更大的压力下，必须深入牙齿之间的缝隙中。为了从这个原理中获取最大的收益，*Plak Control* 的刷头以最快的速度和最小的旋转角度来回摆动，每分钟的方向变化多达 3 600 个。*Plak Control* 还在一个用户不可见的地方做了改进：刷毛末端变为圆形，这一变化使刷毛在触碰牙龈时变得更加温和。

2 115g，21 厘米。

3 这种新的开关概念是一种最优的解决方案，因为材料和组件结合在一起，而创造出一个密封性极佳的开关部件。

4 一个圆圈代表“on”，一个圆点代表“off”。

5 *Wankel* 发动机的一种熟知的形式。

Oral-B
timer
BRAUN

Oral-B Cross Action

牙刷
1996 年
设计：彼得 · 施耐德 / 朱里根 · 格罗贝尔
2– 复合材料

1 德国每年大约售出 2 亿欧元。仅在美国，销售额就达数十亿美元。

2 Oral-B。

3 在背部的一个点变平了。

在过去的 20 年里，这个小物件所经历的蜕变，人们已有目共睹，或许正是因为我们每天都将它握在手中。牙刷是一种被低估的产品，就像路人一样被忽视。但事实上，这是一个经典的设计案例，因为这类清洁工具几乎不包含任何技术和电子元件。这也是为什么在经典非电动牙刷中，外观设计是核心因素。牙刷设计是一项艰苦的工作。同时，牙刷也是一种需要对生产技术进行大额投资的大众市场消费品。[1]

使牙刷朝向高科技新形象迈出一大步的是彼得・施耐德和朱里根・格罗贝尔合作设计的。它代表了设计范式的改变：远不是刷毛层与笔直的手柄相结合那样简单，它正朝着当时尽可能达到的复杂的、三维的方向去尝试和改变。*Cross Action* 的外观经过精心的设计，它贴合在手中，触感十分舒适。两种不同的塑料复合使用，为达到这样的效果起到了重要的作用。从侧面看，硬质的、半透明的材料形成了一条曲线，向刷头延伸并逐渐变细。“这是未来产品设计的关键”。硬质部分贴合在手柄的软质缓冲层上，这样的设计提供了牢固的握持感和良好的触感。[2] 这款牙刷赋予了立体的雕塑般的质感，展现出一个扩展的功能性的概念。清晰、简约、和谐固然重要，同时还加入了更多维度的思考，比如空间感的渗透、感官吸引力和优化人体工程学。例如，经过无数次的测试证实，经过重新排列的刷毛使刷牙更加有效。通过 *Cross Action*，设计师们不但在区域的形式和位置上冒险进入人体工程学领域，还在处理可见和可触及的问题上获得了优势。如此复杂的产品设计方案需要一些当代的技术支持，例如 3D 设计软件，这些技术可以进一步扩展设计的边界。作为幕后设计工作室努力创造出的产品，我们看到它由多个部分[3]、多种颜色和形状组成。在这里，*Cross Action* 也是具有开创性的，通过硬质和软质材料的组合，巧妙地呈现出品牌名称，这在过去是不可思议的。

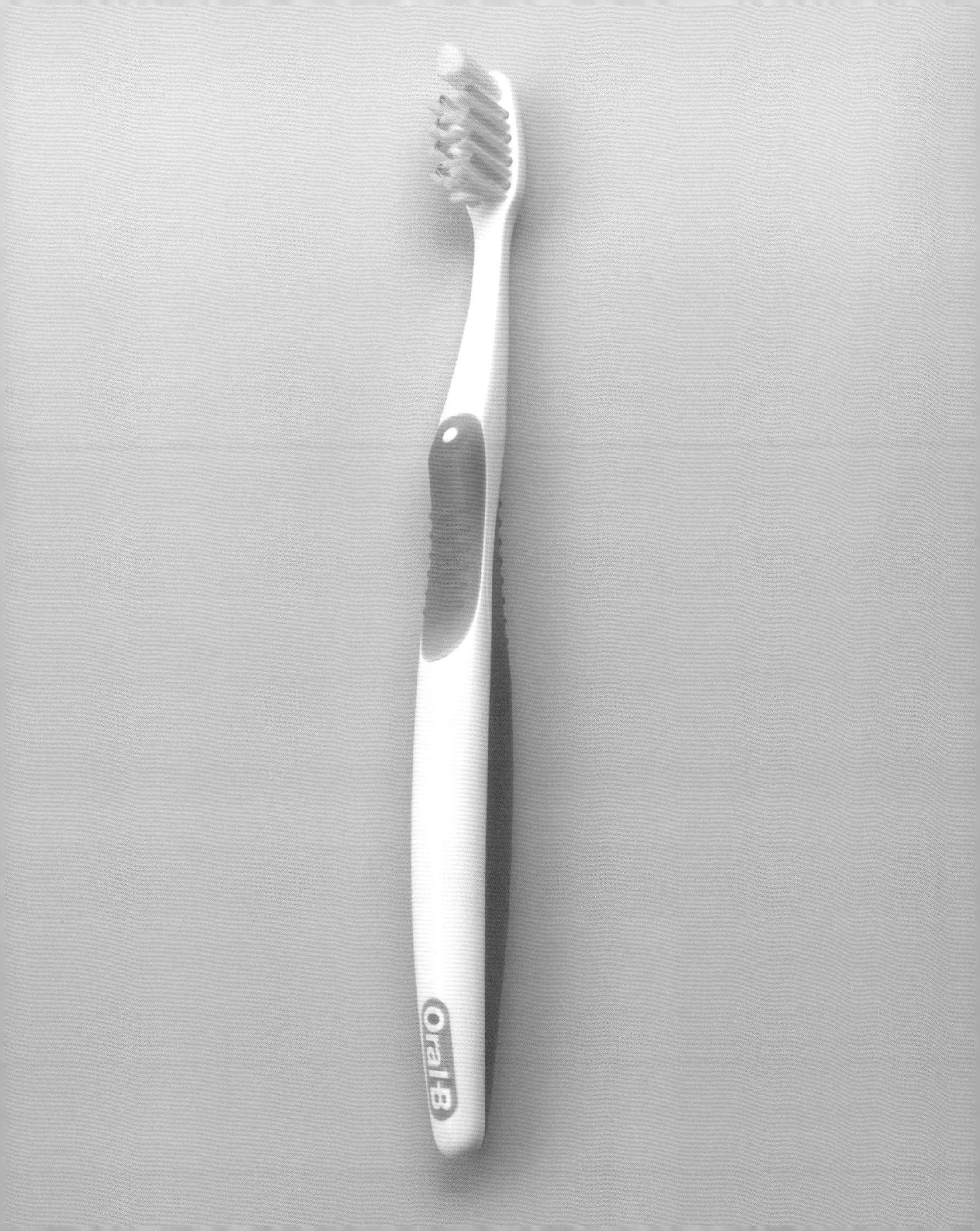
Oral-B

博朗设计重新定义了牙刷，因而也重新定义了这一领域的市场规则。消费者非常欣赏这一进步，并且或许是无意识地接触到更复杂的产品。如今的消费者所期待的，是拥有最优的综合技术、精妙的美学设计及高度实用性的牙刷产品。当然，所有这些都要基于一个可接受的价格水平上。牙刷不仅是一款历经蜕变、破茧重生的产品案例，而且也反映出消费者在螺旋式上升的产品需求。

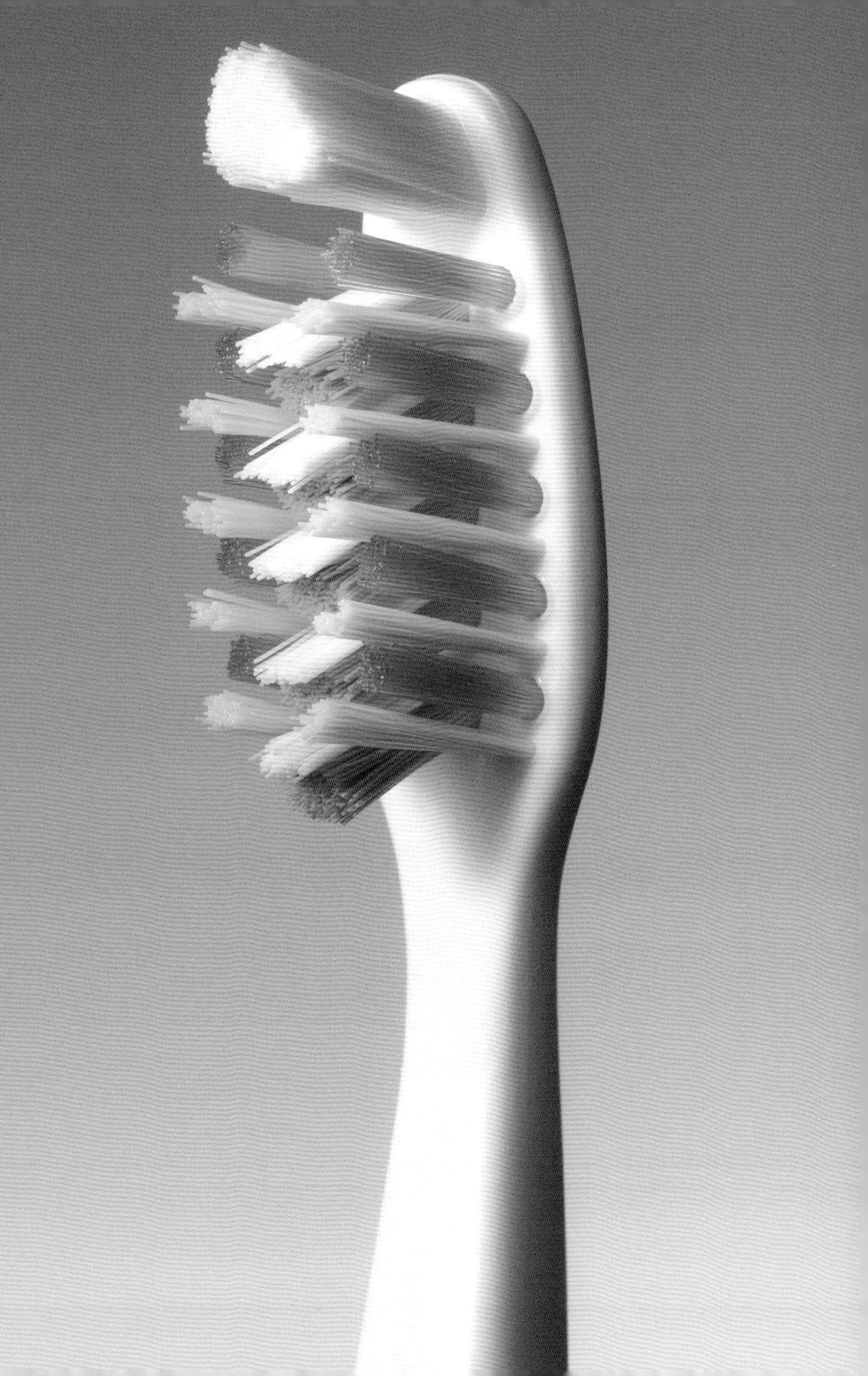

mayadent
1963 年 | 设计师：威利 · 齐默尔曼
白色

md 1
1979 年 | 设计师：罗伯特 · 奥伯黑姆
dental 口腔冲洗器 | No. 4802
白色，黑色

电动牙刷和牙科中心

1963—1980 年

电动牙刷的原型可以追溯到 20 世纪 60 年代，那是博朗研发一系列新品的时代。具有同样开创性的口腔冲洗器则可以追溯至电动牙刷出现的 10 年后。

zb 1t / d 1t

1980 年 | 设计师：罗伯特 · 奥伯黑姆
带可充电电池的旅行套装
电动牙刷 | No. 4801 | 黑色

md 2

1980 年 | 设计师：罗伯特 · 奥伯黑姆
aquaplus 口腔冲洗器 | No. 4946
白色

zb1 比其上一代产品 *mayadent* 更纤细，开关则变得更大。与 *md 2* 口腔冲洗器类似的曲线手柄设计也可以在奥伯黑姆的闪光装置中看到。

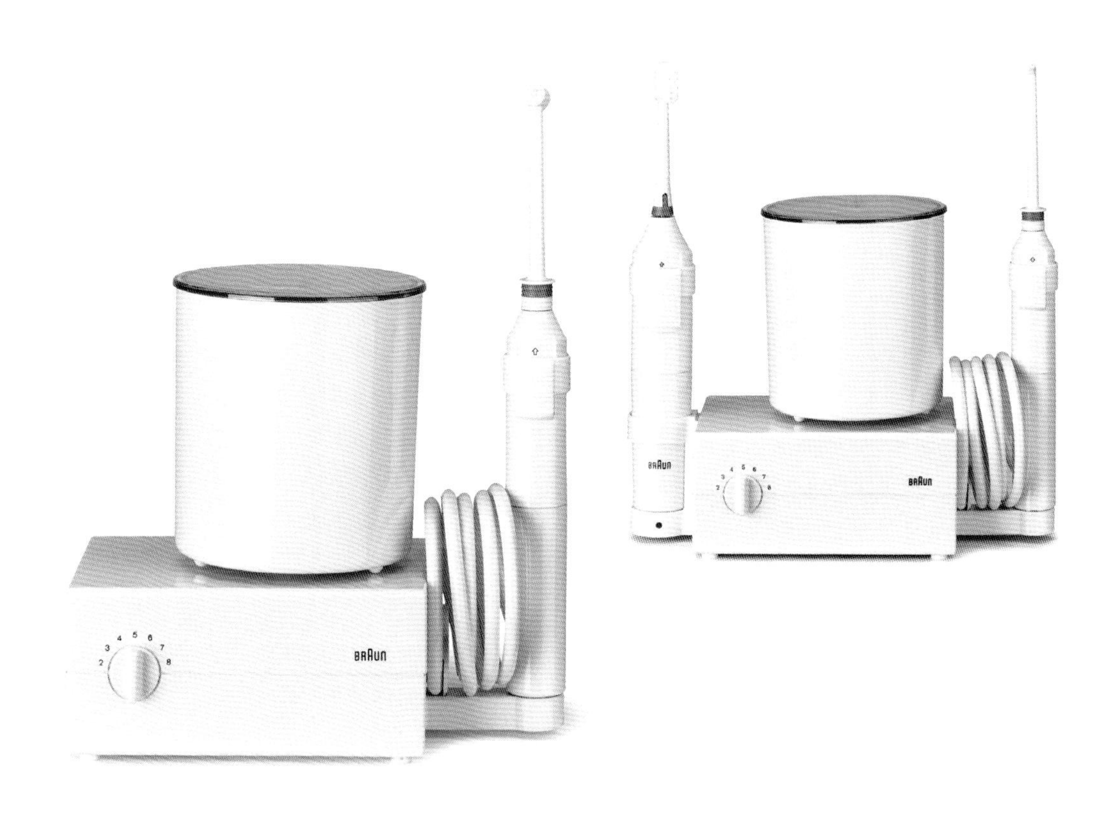

md 30
1984 年 | 设计师：彼得 · 哈特维恩
Dental 牙科口腔冲洗器 | No. 4803
白色

OC 30
1984 年 | 设计师：彼得 · 哈特维恩
Dental Center / Timer | 牙刷和口腔冲洗器 | No. 4803
白色

电动牙刷和牙科中心

1984—1991 年

博朗针对大众市场的口腔卫生站是全球首创，也是系统级设计的典型案例。这些实验室美学显示出博朗深入思考的每一个细节，以及医疗级的竞争力。

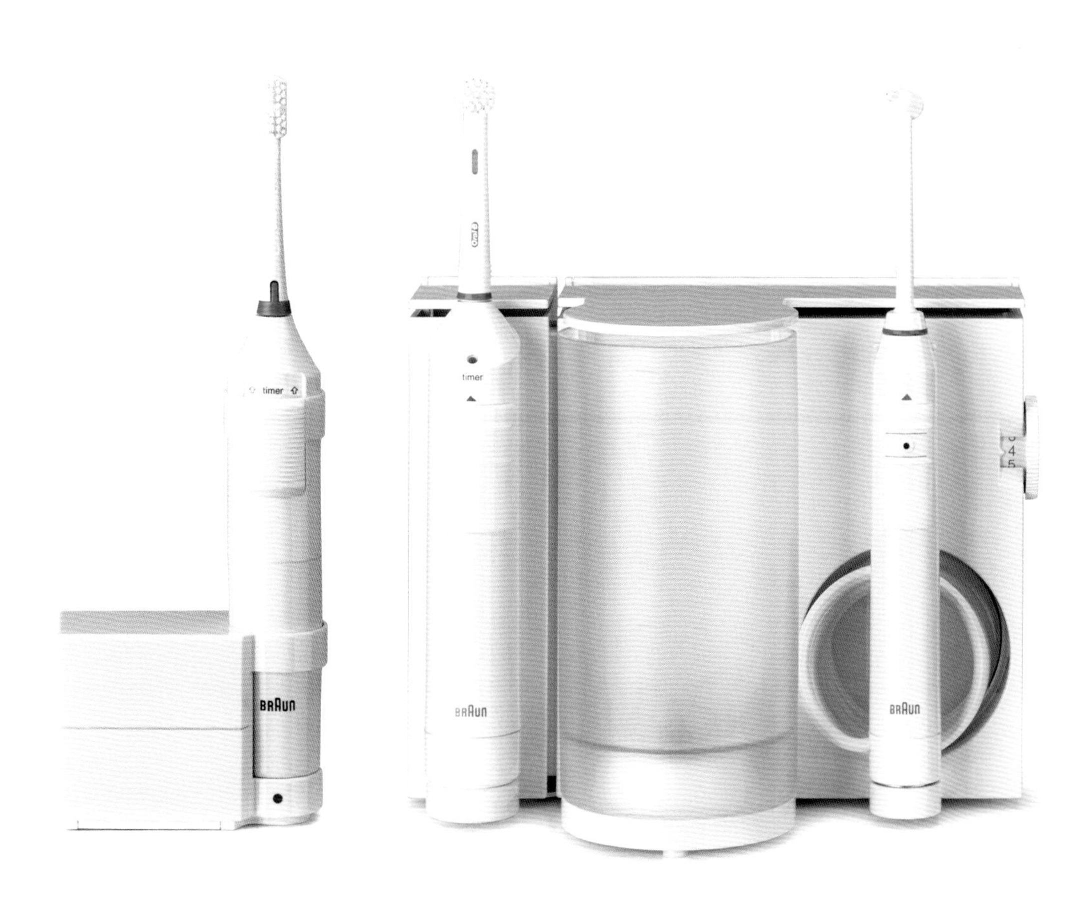

d 31

1984 年 | 设计师：彼得 · 哈特维恩
Dental / Timer | 牙刷和旅行套装 | NO.4804
白色

OC 5545

1991 年 | 设计师：彼得 · 哈特维恩
Plak Control Center 控制中心 | No.4723
白色

Plak Control 使口腔卫生更加有效，并赋予牙刷和口腔冲洗器更完整的外观形式。现在，冲洗液的水位可以通过半透明的水箱看到，这是一个全新的概念。

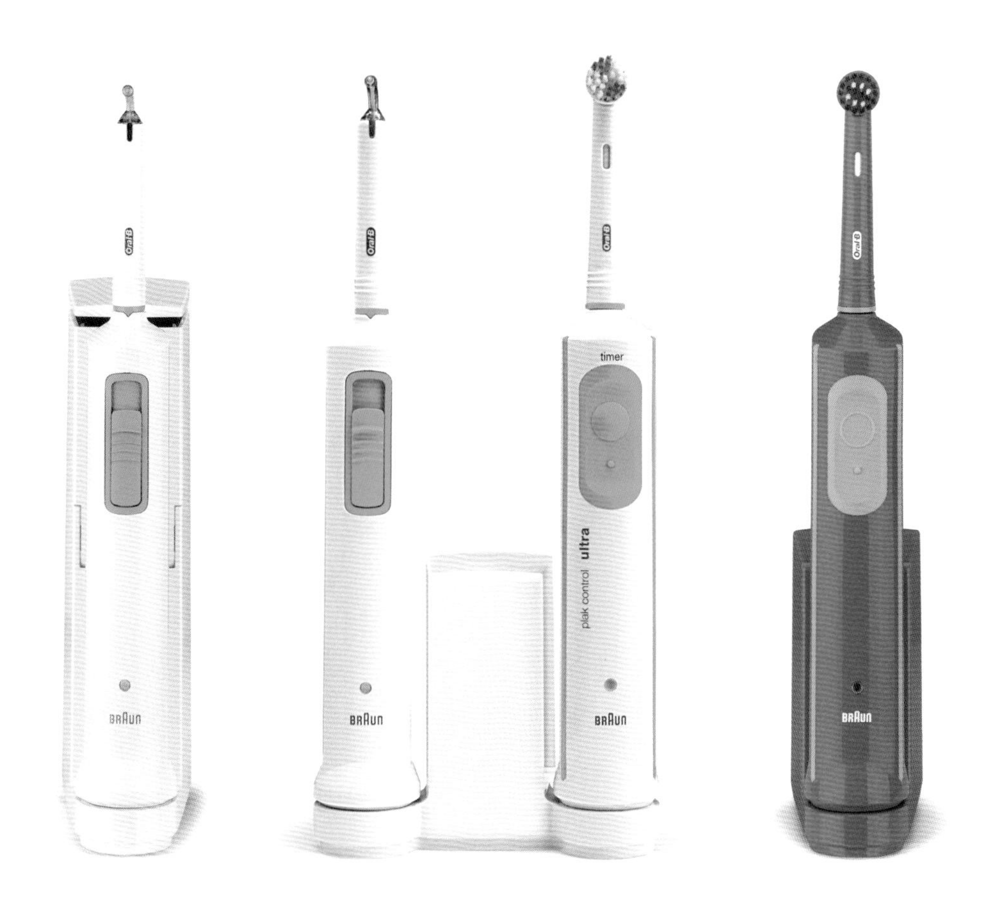

ID 2025
1996 年 | 设计师：彼得 · 哈特维恩
Interclean Tower 清洁塔 | No. 3725
白色 / 薄荷绿

ID 2522
1996 年 | 设计师：彼得 · 哈特维恩
Interclean Ultra Systen 清洁系统 | No. 3725
白色 / 薄荷绿

D 7521 K
1995 年 | 设计师：彼得 · 哈特维恩
Plack Contrel Kids 儿童控制中心 | No. 4728
蓝色 / 青色

电动牙刷和牙科中心

1995—1996 年

ID 齿间清洁套装可以去除牙齿之间缝隙中的牙菌斑。软硬结合技术为口腔护理器具提供了全新外观的可能性，并提供更好的握持感和更高的安全性。

MD 31

1996 年 | 设计：彼得 · 哈特维恩
采水器 | No. 4803
白色 / 绿色

OC 9525

1996 年 | 设计：彼得 · 哈特维恩
Plak Control Ultra Center Timer 控制中心 | No. 4714
白色 / 薄荷绿

在 *OC 9525* 中，零部件被重新排列，电机块设置在设备末端，使得上面的空间可以存放喷嘴和刷子。在安装了转子之后，口腔冲洗喷嘴就像高压清洗机一样工作。

OC 15.525

1999 年 | 设计 : 彼得 · 哈特维恩
OxyJet 3D Center | No. 4715
白色 / 银灰色 / 蓝绿色

电动牙刷和牙科中心

1999—2001 年

新型产品运用了刷头的震动运动和新型气泡技术（用于对抗牙菌斑），外观具有优雅的曲线和柔和的过渡。

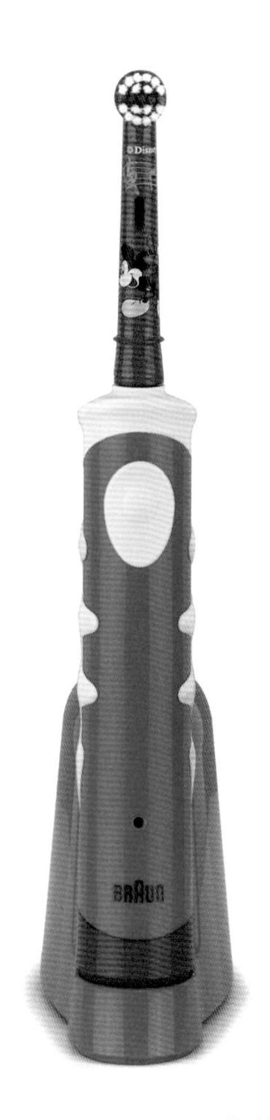

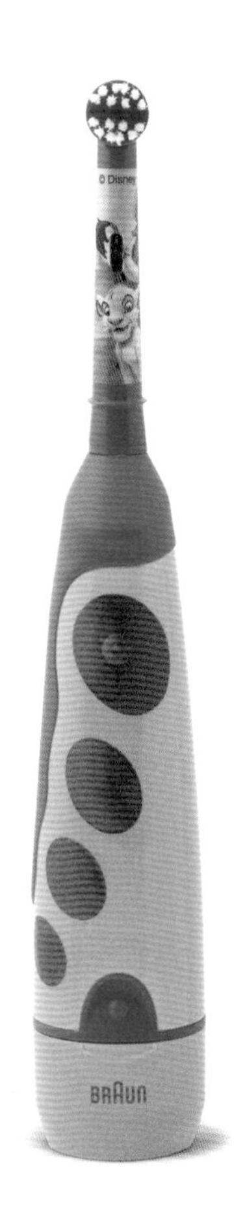

D 10.511

2000 年 | 设计：彼得 · 哈特维恩 / 蒂尔 · 温克勒
Kinderzahnbürste | No. 4733
深紫色 / 浅紫色，蓝色 / 黄色

D 2010

2001 年 | 设计：比约恩 · 克林
AdvancePowerTM Kids | No. 4721
浅蓝色 / 橘色 / 红色

D 10.511 采用四组分注塑模具以获得更多颜色（乐高色）。在设计儿童牙刷时，设计师采用鲜艳的配色方案和动物化、充满想象的外形。

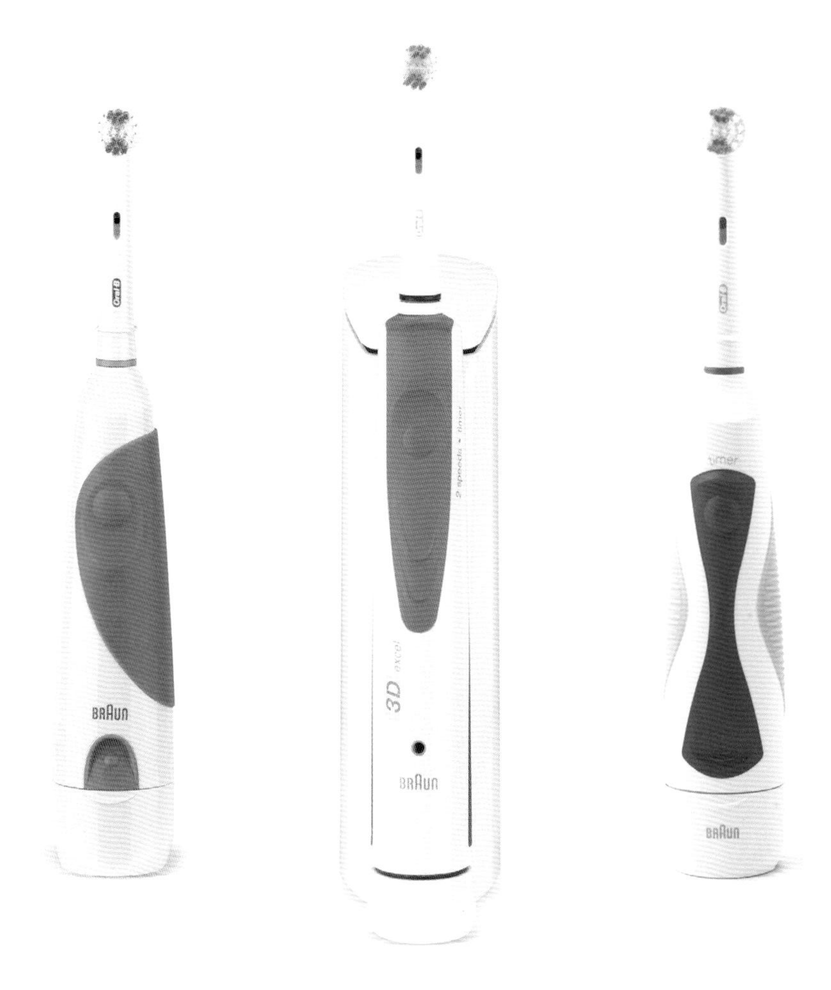

D 4010
2001 年 | 设计：比约恩 · 克林 / Duy Phong Vu
Plak Control 蓄电池供电牙刷
No. 4739 | 白色 / 绿色

D 17.525
2001 年 | 设计：比约恩 · 克林 / Duy Phong Vu
3D Excel standard | No. 4736
白色 / 蓝色

D 4510
2002 年 | 设计：Duy Phong Vu
Advanced Power 4510 | No. 4740
白色 / 蓝色

电动牙刷和牙科中心

2001—2004 年

电动牙刷和牙科中心 2001—2004 年产品差异化日益重要。软质材料被用来实现最佳的人体工程学的质量，并强化视觉效果。

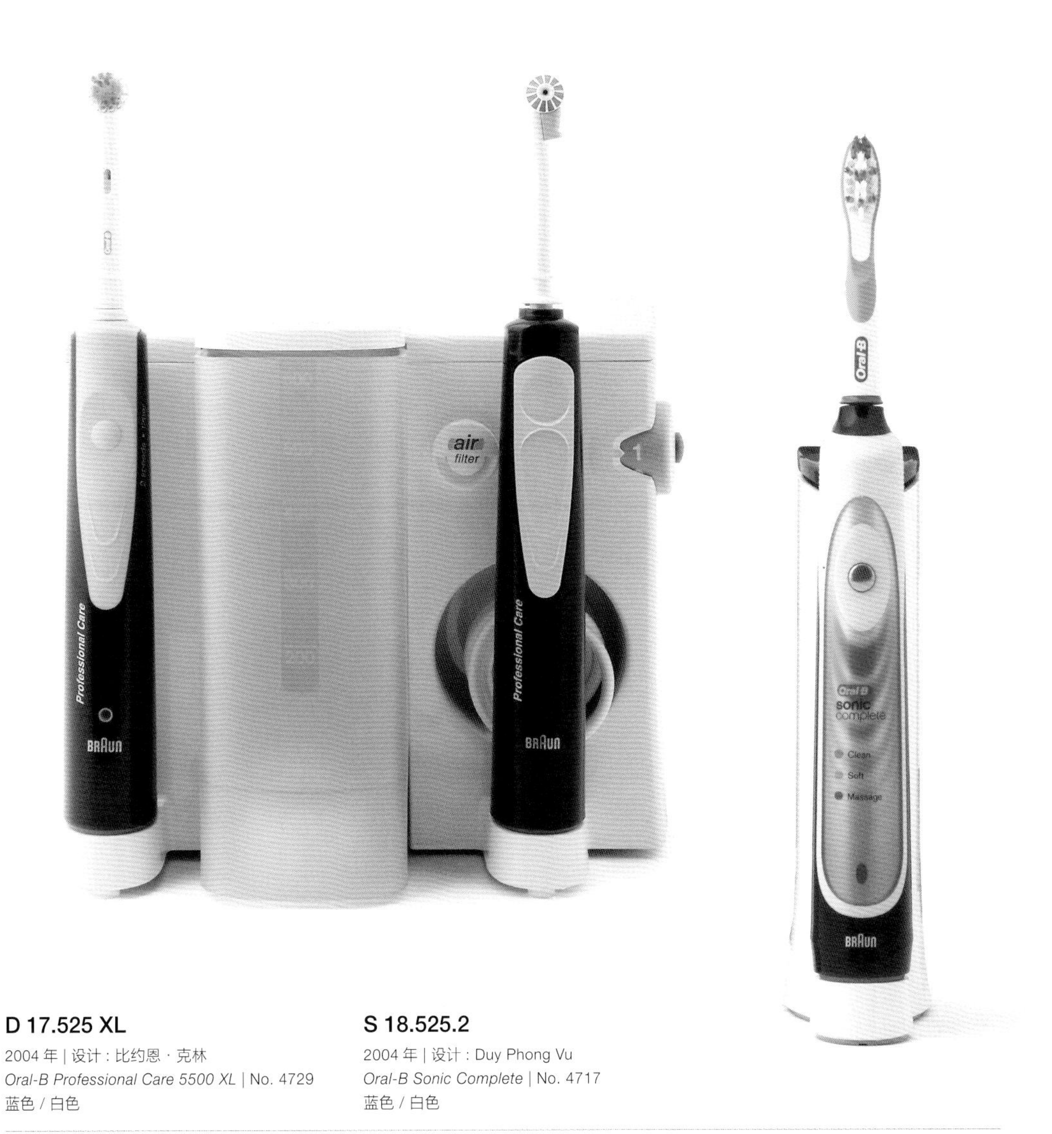

D 17.525 XL

2004 年 | 设计：比约恩 · 克林
Oral-B Professional Care 5500 XL | No. 4729
蓝色 / 白色

S 18.525.2

2004 年 | 设计：Duy Phong Vu
Oral-B Sonic Complete | No. 4717
蓝色 / 白色

声波系列的牙刷体现了刷头技术的进步，并新增了其他功能，有多种颜色和外观上的改进。它们橡胶材质的背部可以最大限度地减少振动。

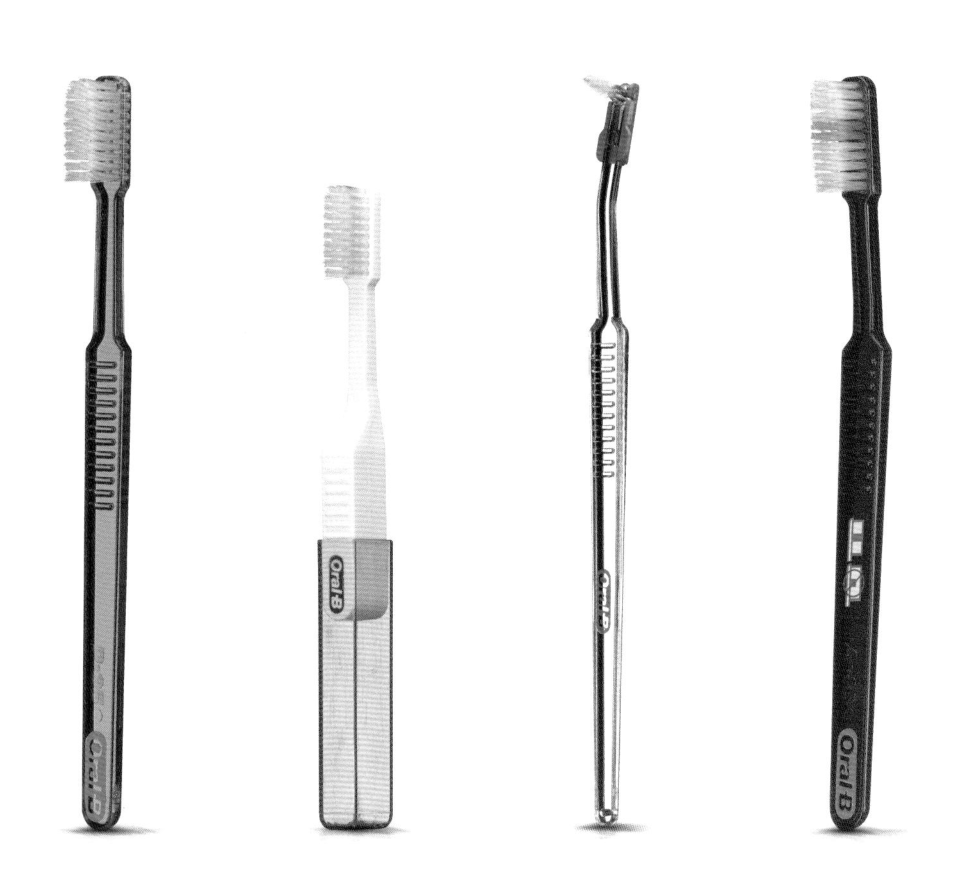

Oral-B Plus
1987 年 I 设计：彼得 · 施耐德 / 朱里根 · 格罗贝尔
牙刷

Oral-B Travel
1990 年 | 设计：彼得 · 施耐德 / 朱里根 · 格罗贝尔
旅行装牙刷

Oral-B Interdental
1987 年 I 设计：彼得 · 施耐德 / 朱里根 · 格罗贝尔
齿间清洁器
透明

Oral-B Angular Indicator
1989 年 I 设计：彼得 · 施耐德 / 朱里根 · 格罗贝尔
带提示刷毛的牙刷
1– 复合材料

牙刷

1987—2003 年

Oral-B Plus 让牙刷成为专业设计的产品被推出。这款产品有各种不同的版型：透明塑料、弯曲的刷头和带帽的小型旅行牙刷。

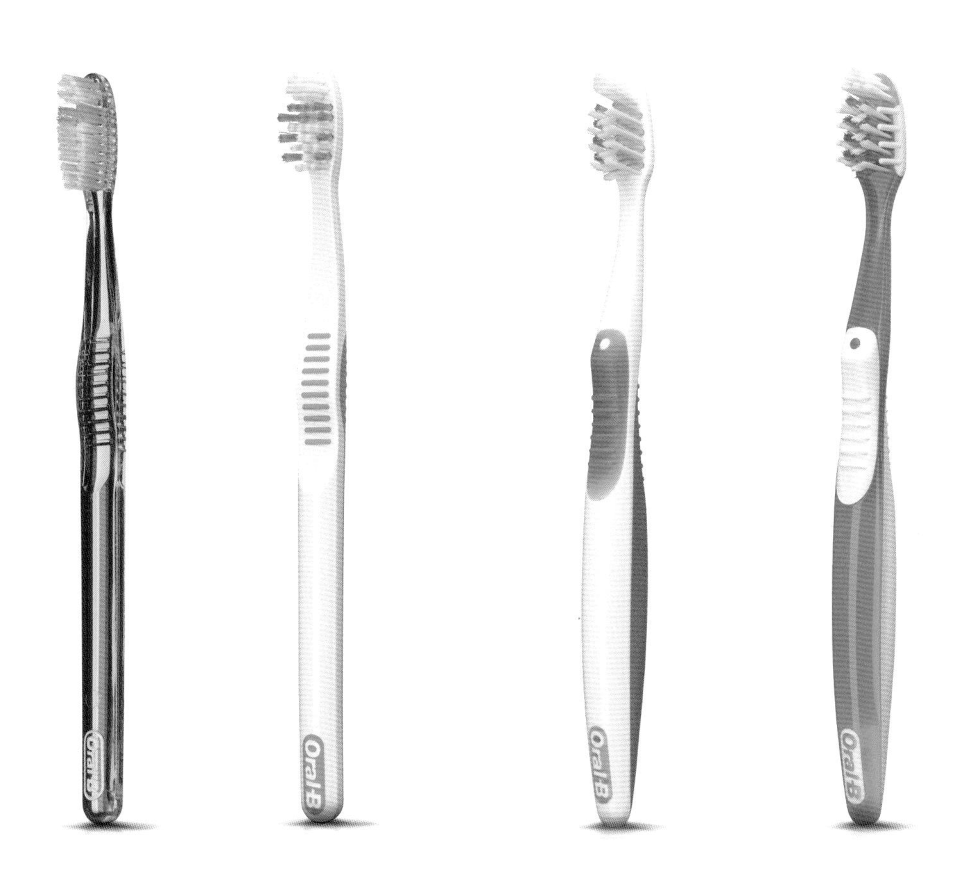

Oral-B Advantage
1991 年 | 设计：彼得 · 施耐德 / 朱里根 · 格罗贝尔
1- 复合材料

Oral-B Advantage
1994 年 | 设计：彼得 · 施耐德 / 朱里根 · 格罗贝尔
2- 复合材料

Oral-B Cross Action
1996 年 | 设计：彼得 · 施耐德 / 朱里根 · 格罗贝尔
2- 复合材料

Oral-B Cross Action Vitalizer
2003 年 | 设计：彼得 · 施耐德 / 朱里根 · 格罗贝尔 / 蒂尔 · 温克勒
3- 复合材料

尽管 *Oral-B Plus* 仍然是棒状的外形，但 *Cross Action* 有一个更为复杂的外形，它由不同形状的部件组成，这一点只能通过电脑才能清楚显示，因为软硬材料是交织在一起的，这是一种新的自由形式。

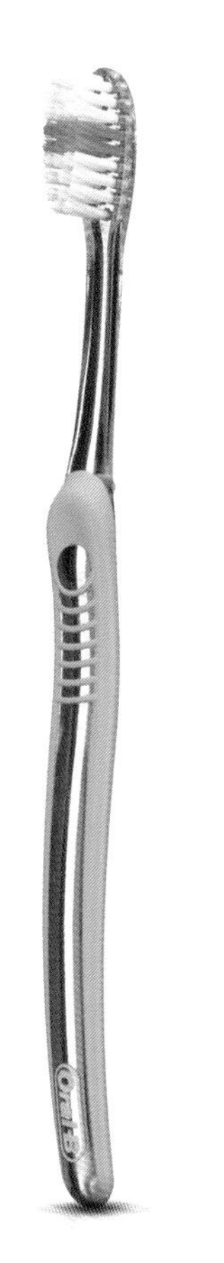

Oral-B New Indicator
2002 年 | 设计：蒂尔 · 温克勒 / Duy Phong Vu
牙刷
2- 复合材料

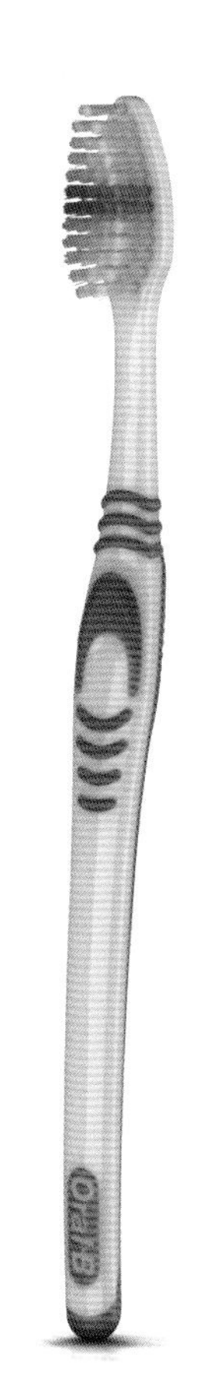

Oral-B New Classic
2003 年 | 设计：比约恩 · 克林
牙刷
2- 复合材料

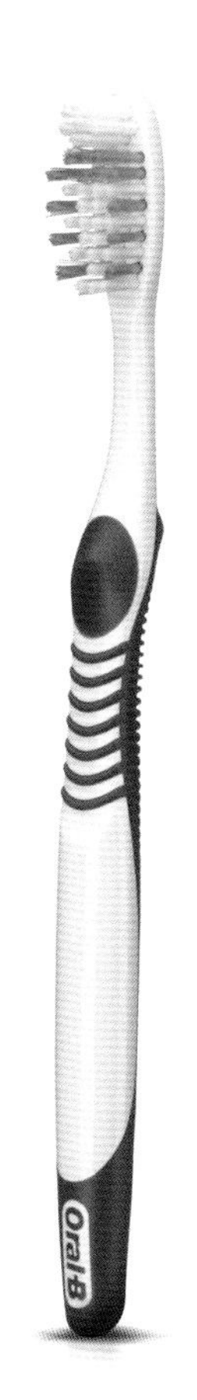

Oral-B Advantage Next Generation
2003 年 | 设计：比约恩 · 克林
牙刷
2- 复合材料

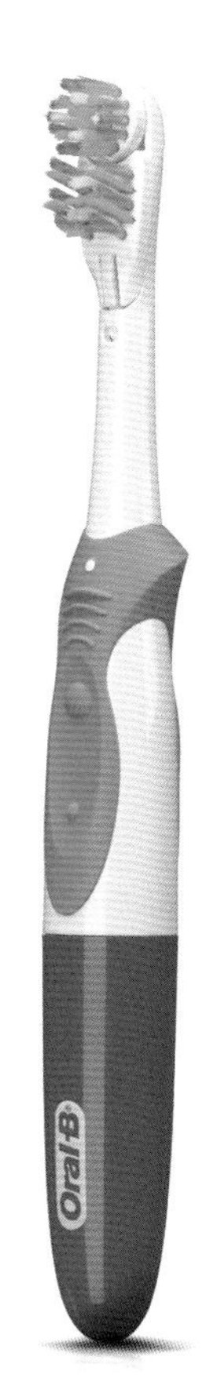

Oral-B Cross Action Power
2003 年 | 设计：蒂尔 · 温克勒
蓄电池动力电动牙刷
2- 复合材料

牙刷

2002—2003 年

蓄电池供电的 *Cross Action* 是体形最小的电动牙刷之一。这款 *Indicator* 模型是由三维空间塑造的典型代表。它轻盈的外观也是由于使用了透明材料。

家用电器

372 简介

376 里程碑

402 厨房用具

410 手持搅拌机

416 榨汁机

421 烤箱

422 电煎锅，电炉

423 烤面包机

426 通用切片机

428 电动刀，蒸锅

429 台式洗碗机

430 衣物烘干机

431 冰箱

432 电暖气

436 台式鼓风机

437 空气过滤器

438 蒸汽熨斗

442 电热水壶

444 浓缩咖啡机

446 咖啡研磨机

450 咖啡机

简介：家用电器

这一切都始于一台博朗创始人马克斯·布劳恩亲手打造的厨房机器。后来这台机器演变成了一套全系列的家用工具。[1] 今天，家用电器仍然是博朗产品列表中最大的产品线之一。其重点始终放在小家电上。[2] 这些电动“助手”是美国第一批私人使用的电器设备。[3] 但在 20 世纪早期的欧洲设计革命中，它们却被忽略了。工场运动和“新建筑”运动都没有使用这些设备。[4] 因此，20 世纪 50 年代的家用电器往往模仿美国的流线形风格。[5] 这就是格尔德·艾尔弗雷德·马勒的 *KM 3* 食品加工机，之所以能引起巨大轰动，是因为这是第一台外观极度美好的设备。人们可以从触摸中感受它的曲线造型，马勒把他的思想投入设备的功能性和比例中，使得这台厨房设备成为质量无与伦比的明星产品。博朗是第一个给家用电器戴上光环的制造商。*KM 3* 最终演变成一个小工厂，生产碎纸机、压榨机、绞肉机和咖啡研磨机。

这种通过手动方式来呈现的多功能解决方案沿用至今，例如手持搅拌机。大部分家用电器，例如搅拌机、榨汁机、电热水壶、烤面包机和咖啡机都用于准备食物。因为在大多数情况下，它是处理一种或多种食物的方式，食物放入机器的方式自然体现了产品设计的要义。设计的另一个核心要素是切割、旋转或压制，以及操作和调节所必需的机械装置。食物的多样性反映在这些任务的多样性上，而这些功能在不同设备中也有相应的变化。由于这些设备通常会给设计师很大的施展空间，因此它们经常代表具有挑战性的设计任务。博朗设计团队的重要贡献在于重新思考这些机器的逻辑——这个几乎完全由男性组成的设计团队，设计的却是通常由女性使用的机器。他们考虑每一处细节，并提出一个个独特而实用的设计。*KM 3* 食品加工机就是这个过程的完美体现，就像现在的 *Multipress* 榨汁机一样。涉及食物的设备，似乎象征卫生、干净的白色是合乎逻辑的颜

1957	*KM3* 食品加工机
	MP 3 榨汁机
1959	*H 1 / 11* 电暖气
1960	*M1 / 11* 手持搅拌机
1961	*HL 1 / 1* 台式电暖气
1963	*HT 2* 烤面包机
1964	*HTK 5* 冰箱
1965	*MPZ 1* 榨汁机
	KSM 1 / 11 咖啡研磨机
1967	*H 7* 电暖气
1972	*TT 10* 电炉 *KF 20* 咖啡机
1973	*US 10* 通用切片机
1982	*KGZ 3 / 31* 绞肉机
1984	*KF 40* 咖啡机
	PV 4 蒸汽熨斗
	KM 20 食品加工机

1 即 *Multimix* 食品加工机（1950 年）。

2 如冰箱、洗衣机和吸尘器等大型家用电器没有投入生产。

3 1893 年，芝加哥已经有了电动厨房的模型。

4 虽然都包含在厨房革命中，但以“法兰克福厨房”最为著名。

5 这同样被应用到第一代 *Multimix* 中。

图示：*KSM 1 / 11* 咖啡研磨机；细节

BRAUN

色——这一规则至今仍然适用。在接下来的几十年里，我们看到了一系列开创性的设计：无论是 *HT 2* 烤面包机还是 *KSM 1 / 11* [6] 咖啡研磨机，从 *KF 20* 和 *KF 40* 咖啡机，到 *MR 500* 手持搅拌机和 *FreeStyle* 蒸汽熨斗，这些产品都是由博朗家用电器最早的负责人路德维希・利特曼设计。从 20 世纪 60 年代开始，一系列新的应用领域开始出现。博朗也进行了许多尝试，但是后来都被舍弃。谁还记得那些带着大“A”商标的烘干机、洗碗机、干衣机、冰柜和咖啡机吗?

随着市场竞争越来越激烈，[7] 家电市场因技术创新而出现转变。数据辅助设计和软硬件技术（处理高温和液体时所需的技术）进步带来了范例式的发展。*MR 5000* 手持搅拌机等产品展现出优化的操作和复杂的功能，使它们不仅更加安全，而且具有不同的外观吸引力，并提供了新的感官体验。[8]

1991 *HT 80 / 85* 烤面包机

1994 *M 800* 手持搅拌机
MPZ 22 榨汁机
KF 140 咖啡机
E 300 浓缩咖啡机
KMM 30 咖啡研磨机

1995 *MR 500* 手持搅拌机

1996 *FS 10* 蒸锅

1998 *KF 140* 咖啡机

2000 *K 3000* 食品加工机
SI 6510 FreeStyle 蒸汽熨斗

2001 *MR 5000* 手持搅拌机

2002 *WK 210* 电热水壶

2004 *KF 600* 咖啡机
WK 600 电热水壶

2005 *HT 450* 烤面包机

6 均由莱因霍尔德・韦斯设计。

7 加工食品正在减少厨房用具的需求，而来自欧洲和国外产品的竞争压力也在攀升。在曾经引领市场的德国家电制造商中，只有博朗能够站稳脚跟。

8 几乎是完全密封的。

图示：*KSM 1 / 11* 咖啡研磨机；细节

KM 3

食物加工机

1957 年
设计：格尔德 · 艾尔弗雷德 · 马勒
No. 4203 / 4206
白色 / 蓝色

这不是真正的“惊天动地的传奇”，[1] 公司谦虚地宣称。事实上，电动搅拌和切碎食品的技术最初来自美国。[2] 但是，格尔德・艾尔弗雷德・马勒的 *KM 3* 产品模型引起了极大的关注是有原因的。这不仅仅是因为这台食品加工机 [3] 首次体现了博朗的新设计理念，除此之外，之前只能适用于收音机的，也可以应用到其他产品中。这台白色的设备 [4] 朴实无华，像 *SK 4* 无线电唱机组合一样光滑，是另一种形式的文化冲击。[5] 这两台设备实则完全不同。这两款博朗最早期的经典产品是不一样的，甚至是相互矛盾的。*SK 4* 宣扬的是新建筑运动的理性主义，而 *KM 3* 呈现的是斯堪的纳维亚色彩的自然元素。[6]

博朗的食品加工机，突然之间让所有以前的产品都显得笨拙。[7] 之前从未有过这样的设计，它把所有部件集成在一个自成体系的产品中，同时还能够清晰地展示其本身。马勒选择了堆叠原则。平行接缝将机身的各个部件（即电动机、驱动装置和附件）分隔为明显可识别的“层级”。严格的配置和轻巧的细节之间的微妙关系，正是这台该设备有吸引力的原因——艺术品也不过如此。整体设计美学背后的秘诀在于，碗和机身（机身的两个主要部件）中完美的平衡比例。它们上部的边缘形成了一条延伸线。机身拥抱着碗，两者相互融合，形成了一个整体。[8] 机身宽阔的表面传递着整体的稳定性。圆锥形的机身似乎聚集着发动机的力量 [9]，工作时的响声是 *KM 3* 的一个众所周知的特征。在其外壳上只有两个控制按钮，其无瑕的表面体现了机器是 *abwaschbar*，这是德国的一个信号词，意思是表面可以用湿布擦干净。毕竟，大多数女性客户主要对这件奇迹般的家用电器的实际功能感兴趣：旋转的搅拌碗，容易拆卸的搅拌臂（在其他制造商的搅拌器中，手臂需要通过铰链从碗中提出），精心的设计和简单的

1 1957 年 产品目录。

2 第一台搅拌机于 1920 年上市，这个产品类型在 20 世纪 30 年代主要来自 Sumbeam 的 *Mixmaster* 推广。

3 美国的搅拌机术语强调生产方面：“食品加工机”。相比之下，德国的“厨房机器”体现了技术进入家庭的热情。同样地，德国的 Tanksäulen（“加油站柱”）在美国被简单地称为“泵”。

4 机器本身的材质用的是硬质塑料，而碗则第一次采用了耐磨损的塑料。

5 *SK 4* 是在一年前发布的。

6 最著名的代表就是丹麦的芬恩 · 阿尔托（Finn Alvar Aalto）和阿恩 · 雅各布森。

7 包括博朗自己的 *Multimix* 自 20 世纪 50 年代以来就已经投入生产。该设备可以看作 *Multimix* 的组合设备，增加了一个底板、混合附件、支架和碗，已经显示出“食物搅拌机”的标准样式（参见 1955 年 10 月的产品目录）。

8 碗的右边缘和机器的左边缘（在碗的下方无缝连接）刻画了相同的抛物线——它们同样是平行线。较大的半径体现了和谐整体，同时强调了碗的曲钱造型。

9 值得一提的是，这种形状其实在更加古老的形式中也有所应用，如教堂的尖顶或起重机（混合臂略微倾斜）。

BRAUN

处理，包括它的清洁功能。[10]

KM 3 经历了微小的修改，持续生产了 30 多年，是史上寿命最长的工业产品之一，也是被复制最多的产品之一。有些人认为这归功于其不被时间淘汰的设计样式。但其圆润的形状也毫不费力地融入了 20 世纪 50 年代的风格。*KM 3* 是精简时代的典范，至少在厨房里，与那些开始环游世界的客机 [11] 有着相同的象征性价值。马勒在清醒的功能主义和传奇的机器之间发现了一条中间道路，创造了食品加工器中的玛丽莲・梦露。

10 电器只需几步即可拆卸，所有主要部件都可以自行拆卸。

11 美国的“飞行机器”，如道格拉斯 *DC 3*（1936 年）和波音 707（1954 年），不仅具有相似的光滑表面，而且形状和功能贯穿始终，成为现代主义的神物。

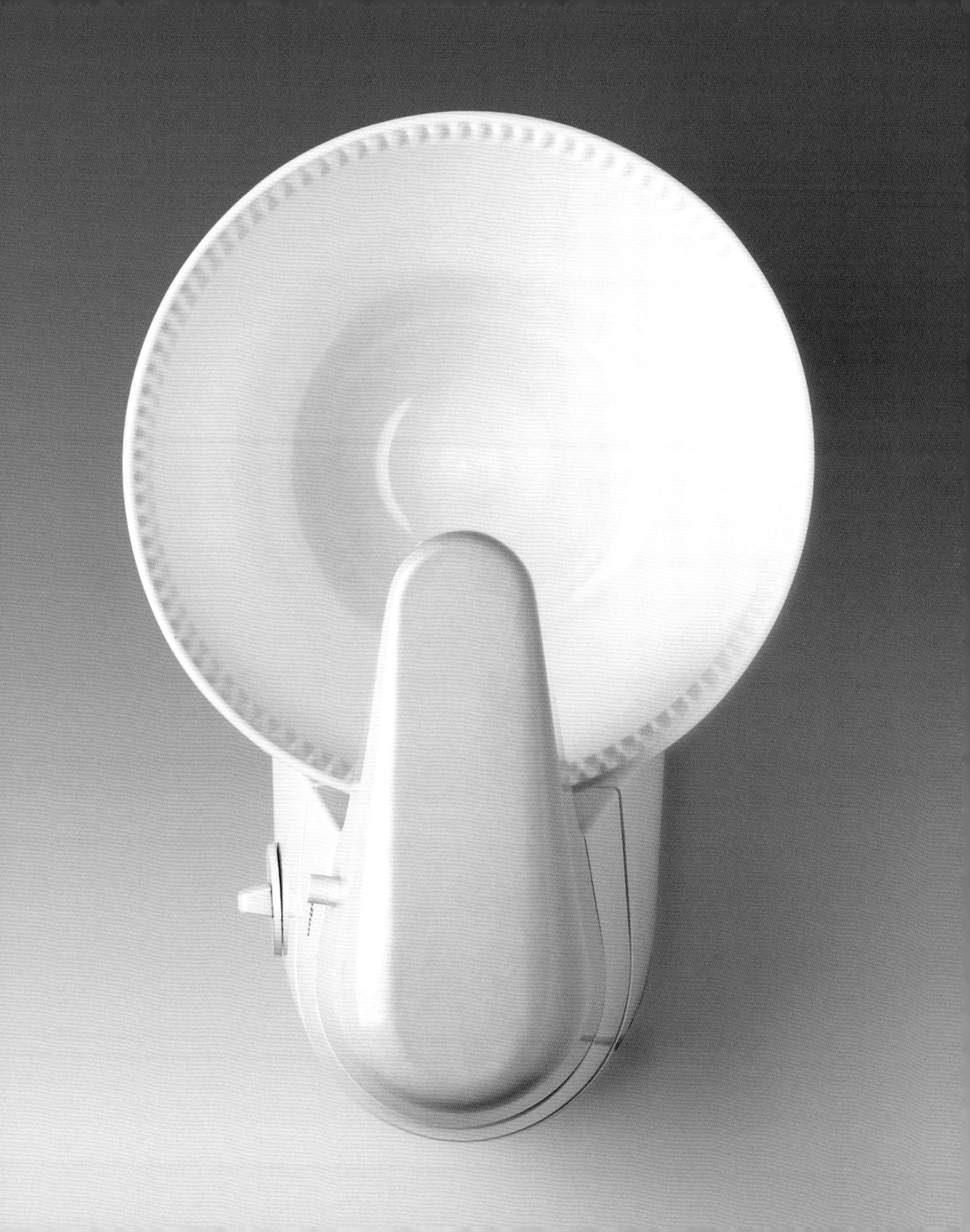

H 1 / 11

电暖气

1959 年
设计：迪特 · 拉姆斯
Thermolüfter
No. 4305
白色 / 灰色

这款产品被称为“砖块”。博朗的第一台电暖气是早期设计的设备之一，其非传统的形式激发出一个亲切的昵称。这个略带调侃的绰号直指问题的本质：由迪特·拉姆斯设计的 *H 1* 是当时市场上体积最小的电暖气，板型的形状和尺寸[1]确实非常像一个砖块。2 000W 的电暖气的体积要比它大得多。这款设备最初的销售并不尽如人意，因为人们根本不相信这么小的设备会有足够的效用。直到 *H 1* 的实际表现慢慢传播开来，销售量才开始提升。这款设备的有效性的秘诀是横流式鼓风机，这是一项技术创新，它带来了更大的加热范围和低噪音运行等附加优势。强大的机器配备了一个恒温器和一个可调节的底座来改变热量的方向。金属外壳呈灰白色，侧面由塑料制成，正面和顶部有金属条。他们强调基于 90° 角的极简的几何形状。这种平行通风槽是博朗在 20 世纪 50 年代后期企业形象的一部分。[2]

长方形的盒子[3]在古典现代主义，特别是在建筑学中起着重要的作用，它在这款产品中被拉姆斯赋予了新的意义。*H 1* 是德国建筑大师路德维希·密斯·凡德罗（Ludwig Mies Van der Rohe）风格的单层小屋。

1 26.5 厘米 ×8.5 厘米 ×13.5 厘米。

2 这个形象第一次展示是在汉斯 · 古杰洛特设计的收音机中。

3 *SK 4*（1956 年）以其菱形造型而备受瞩目。

BRAUN

KSM 1 / 11

咖啡研磨机
1967 年
设计：莱因霍尔德 · 韦斯
Aromatic
No. 4024 / 4026
白色，橘色，红色，黄色，绿色，铬合金 / 黑色

咖啡研磨机就像绞肉机或打蛋器一样，是早期常见的家用工具。[1] 当它们出现电动版本 [2] 时，在欧洲引起了很大的轰动，这一点对于任何曾经磨过咖啡的人来说都是容易理解的。这个“小工厂”为人们带来的喜悦，使它成为民众争相购买的产品之一，也许可以归因为其较小的尺寸。小尺寸的意思是使用者可以将设备握在手中，感受到电机像赛车的发动机那样震动。[3]

博朗在 20 世纪 60 年代中期 [4] 推出了 *KSM 1 / 11*，这款由莱因霍尔德・韦斯设计的圆筒就是最简单的产品，当时还没有博朗的标志。极简主义展现得最淋漓尽致的就是那颗孤独的红点，它是这台设备的控制按钮。[5] 仔细观察后发现，外壳由上而下逐渐变细。[6] 这样的设计可以使研磨机更容易被握在手中，并摆脱单纯的圆柱体的平庸特征。将略重于 1 磅咖啡的机身，紧贴在四根手指上，然后用拇指完成单指操作。*KSM 1 / 11* 最开始当然是白色的，后来又加入了 20 世纪 60 年代的流行色：红色、黄色、橘色、绿色，[7] 以及博朗独有的黑色和银色版本。[8] 双重颜色使分层结构清晰可见：黑色底座固定电机，白色机身裹住透明的玻璃碗，顶部的有机玻璃同时也可作为安全装置使用，令整个研磨过程可视化。[9]

1 由 Tietz 公司在 1900 年左右推出的一个邮购目录中包含 10 款产品，其中 3 款壁挂式磨粉机和 1 款“儿童咖啡研磨机”（MaribelKöniger，*Küchenget im 20*，*Jahrhundert*，*Munich 1994*，*p. 57*）。

2 1903 年第一台电动咖啡研磨机由芝加哥的 Hobart 公司生产。20 世纪 50 年代中期的电器（1955 年的西门子 *KSM 2*、1956 年的 *Moulinex* 和 1958 年的 *Onko D4*）都具有相对简单的基本外观。

3 人们在电动装置上的感官体验与洗衣机视觉上的愉悦相媲美，对人们来说非常有吸引力。

4 两年前，*KMM 1 / 121*（1965 年）已经开发了一款常规版本。

5 这种孤立的按钮也在 *H 1* 电视（1958 年）和后来的 *Aromaster KF 20* 咖啡机（1972 年）中出现。

6 周长在 25.5 厘米（玻璃盖子和底部）到 26.6 厘米（按钮处周长）之间浮动。

7 在 *Stab B 2* 剃须刀（1966 年）中第一次实现了类似的色系，后来在 *cassett*（1970 年）中也曾经出现。

8 5 年前推出的 *sixtant* 电动剃须刀（1962 年）使黑色和银色的搭配广为流行。

9 这是有机玻璃的新用途。此之前从来没有实现过 5 毫米的壁厚和区分开的内部结构在。

BRAUN

Multipress MPZ 22

榨汁机
1972 年，1994 年重新设计
设计：迪特 · 拉姆斯 / 朱里根 · 格罗贝尔
citromatic / de luxe
No. 4979
白色

1 1957—1994 年，一共推出了 4 代产品。

2 1957 年由格尔德 · 艾尔弗雷德 · 马勒设计；它被认为是使用起来较为复杂的产品。

3 设计于 1970 年。

4 这使它们更加轻便且便于清洁。

5 参见咖啡研磨机和电动剃须刀。

当我们看到这台榨汁机时，不可避免地会想到“好设计”或“德国精工”这样的词汇，这些曾经常用的说法具有完全肯定的意思，今天却只能加上引号使用。与这些词汇相关的表现，例如，技术的完善和使用的便捷，在 *MPZ 22* 中得以完全体现。这也是一款始终在定期更新迭代的产品。像大众的高尔夫汽车一样，这款厨房电器一直在进行稳定持续的改进，而圆柱形的外观则始终保持不变。

博朗的第一台电动榨汁机 *MP 3* 有一个金属支架，而且这款产品的设计已经非常简洁了。下一代榨汁机 *MP 502* 是由朱里根・格罗贝尔重新设计的，它以超大的半径而著名。这台机器的前端有一个凹槽，来容纳盛果汁的容器。同样由格罗贝尔设计的 *MPZ 22* 带来了进一步的简化：榨汁机的两个主要部分——榨汁容器和电机壳体之间只有一条水平接缝。榨汁容器由三块非常轻盈的嵌套型塑料部件组成，这些塑料部件并不是固定的。因为电机是由向下按压机器启动的，因此这款设备无需开关。在压榨的过程中，人们可以感受到并听到电机的功率。小型 *MPZ 22* 运转的声音，听起来就像是一辆德国的中型汽车。

BRAUN
citromatic

KF 20

咖啡机
1972 年
设计：弗洛里安 · 塞弗特
Aromaster
No. 4050
白色，黄色，橘色，红色，深红色，橄榄色

1 1908 年的 *Ford Model T* 被认为是完美技术的缩影，其结构决定了车型的形式，而且显而易见。

2 基本版本是 8 杯容量，*KF 21* 是 12 杯容量。

3 像费希尔和韦斯这样的老员工已经退休，被哈特维恩、卡尔克、施耐德、厄尔曼和塞弗特等一大批新人所取代。

4 这种趋势是由于普遍的工资上涨，以及咖啡和电价下跌而引起的。

5 作为基本款电动咖啡研磨机，其基本形式与其他制造商的产品完全相同。

6 对基于德国产过滤器的咖啡机而言。

曾几何时，咖啡机很少出现在厨房和办公室中。尽管自动咖啡机的历史悠久，但是博朗历时很长时间才生产出了“*Model-T stage*”，[1] 把电动咖啡机变成了一个通用设备。由弗洛里安・塞弗特设计的 *KF 20*，[2] 从一开始就被认为是某段时期内定义整个产品类型的经典产品之一。而在新产品实施之前的沟通过程也是非常辛苦的。这涉及设计部的策划人员与技术人员之间反复的讨论和质疑。20 世纪 60 年代之后，这种讨论和质疑进一步加剧，博朗的新一代设计师需要不断地发挥自己的创造力。[3] 技术上还存在一些障碍，比如开发一种带有喷嘴的玻璃咖啡壶对于玻璃制造商和博朗来说都是一个全新的挑战。

喝咖啡这种原本只能在节日中才能实现的事情，慢慢变成日常生活的一部分。[4] 而这种生活方式和购买习惯的必然结果是咖啡机的产生。一种用于自动冲泡咖啡豆的设备，在布局上留下了相对较大的发挥空间。[5] 可以想象许多不同的可能性。弗洛里安・塞弗特的产品是基于液体总是向下流动的基本概念。这就是他选择围绕水的流动建立的原则：顶部是水箱，中间是通过三个标记点（它从下面悬挂在外壳中）卡入的过滤器，底部是一个放在盘子上的玻璃罐，作为盛放咖啡的容器。

盛咖啡的容器和过滤器采用圆柱形是必然的。[6] 以这个为基础设计了高约 40 厘米的圆柱体。尽管这台设备的外形设计相对简单，但在颜色的选择上，它却选择了霓虹色而非低调的颜色。底部和“浮”在咖啡罐上方的主体部分通过一根弯曲的金属管连接起来，这个引人注目的细节使设备的外观十分优雅。

BRAUN

KF 20

7 主体加热元件的电线也在其中导通。

这种材料（管状钢材）具有如此丰富的设计历史，它强调了咖啡制造过程的机械特性。然而，导管也是需要的，因为这台设备需要两个加热元件：一个用于加热水，另一个用于加热咖啡。[7] 这一双重作用掩饰了一个结构上的弱点，这绝不会减弱设计师的粉丝对这件伟大设计作品的激情。在实际工作中，*KF 20* 大大简化了咖啡的制作过程，特别是因为独立的摇臂开关，可以从前方进行极其简单的操作。同时，一盏清晰可见的开关灯避免用户遗忘。

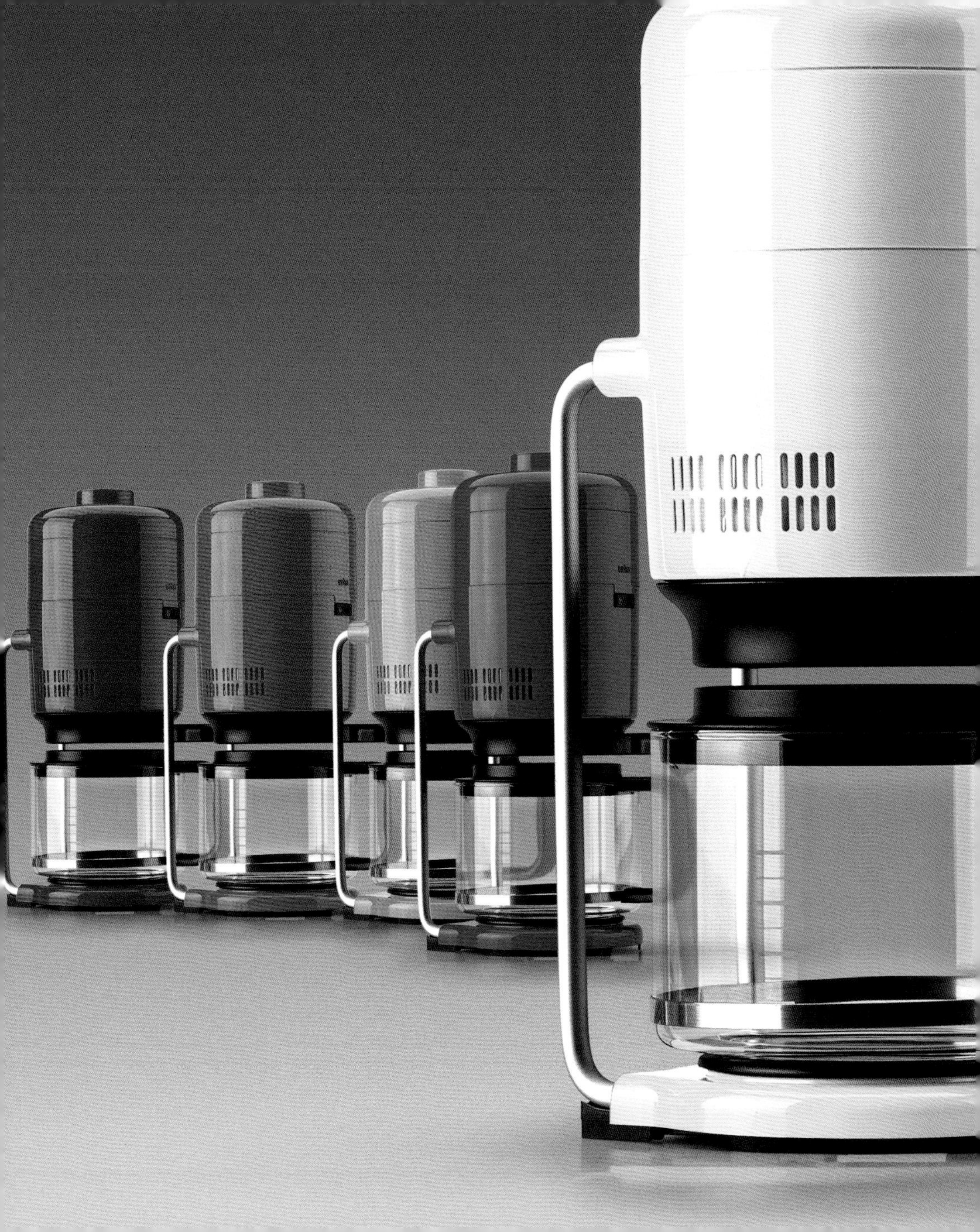

KF 40

咖啡机

1984 年
设计：哈特维希 · 卡尔克
Aromaster 10 / *plus*, 10 / 12 / *plus*, 12
No. 4057 / 63
白色，红色 / 灰色，红色 / 黑色，黑色

基于过滤系统的自动咖啡机，其最合理、最容易生产的布局就是 C 形[1]：顶部为过滤器，旁边有一个独立的容器。然而，这种配置并不是很正式，而且通常看起来不太好看。在20世纪80年代初期，当哈特维希·卡尔克接过消除这个缺点的任务时，他想到了一个巧妙而简单的解决方案，可能正是因为它如此明显，才难以被想到。*KF 40* 型号是设计中从另一个角度解决问题的最好的例子。卡尔克把两者融为一体：他没有偏离之前认为正确的布局，而是简单地将两个独立的元素通过伸缩的圆柱体整合成一个装置。

从上面看，独立存在的容器拥抱着过滤器和主体部分。从侧面看，这个结构看起来像一个“C”或是镰刀。*KF 40* 不仅意味着调整，更是一种实质性的优化，它通过两个铰链机制来实现：轻盈的盖子在容器和旋转式过滤器之上，两者都可以单指完成操作，使得每日的咖啡制作更加快捷。前面的摇臂开关也是如此。主体的凹陷处掩藏在水箱背后，不易被看到，因此可以使用相对低价的材料以节约成本。*KF 40* 是一款消费者和设计收藏者都喜欢的经济实惠的产品。[2]

1 这款产品也被认为是 L 形，即忽略了过滤器部分。

2 外壳下部的自由空间用于收纳电线。

BRAUN

KGZ 3 / 31

绞肉机

1982 年
设计：哈特维希 · 卡尔克
No. 4242
白色

早在 19 世纪，绞肉机就是厨房的基本设备之一。然而，让这个最基本的家用工具摆脱之前粗犷的工业外观，找到一个经过精心设计的经典外观，却历时一个世纪的时间。*KGZ 3 / 31* 的历史可以追溯到 20 世纪 80 年代初期，由哈特维希・卡尔克设计，之后在外观上的设计改动并不是很大。

这台设备有一个靠背，这是博朗产品中的经典设计，它带来的实用之处是：放置碗的搁板可以在使用后被移走、翻转和搁置。[1] 设计师经常会忽略存放的问题，而这台设备却考虑到了。另一个细节是设备的两边各有一个凹槽，可以稳稳地固定住碗，这一点一定会令用户满意。在处理脂肪和肉类的时候，卫生问题至关重要。*KGZ 3 / 31* 易于拆卸，因此也便于清洁，这正是其优雅而光滑的纯白色表面所传达出的信息。[2] 整体设计清晰展现。这台设备看上去仍然像一台机器，虽然它极富表现力。底座和颈部一般的管道使 *KGZ 3 / 31* 看起来非常拟人化。

1 采用不同的配件，*KGM 3 / 31*（1986 年）也可以当作谷物研磨机。

2 不幸的是，这款设备后来被改成了黄色。

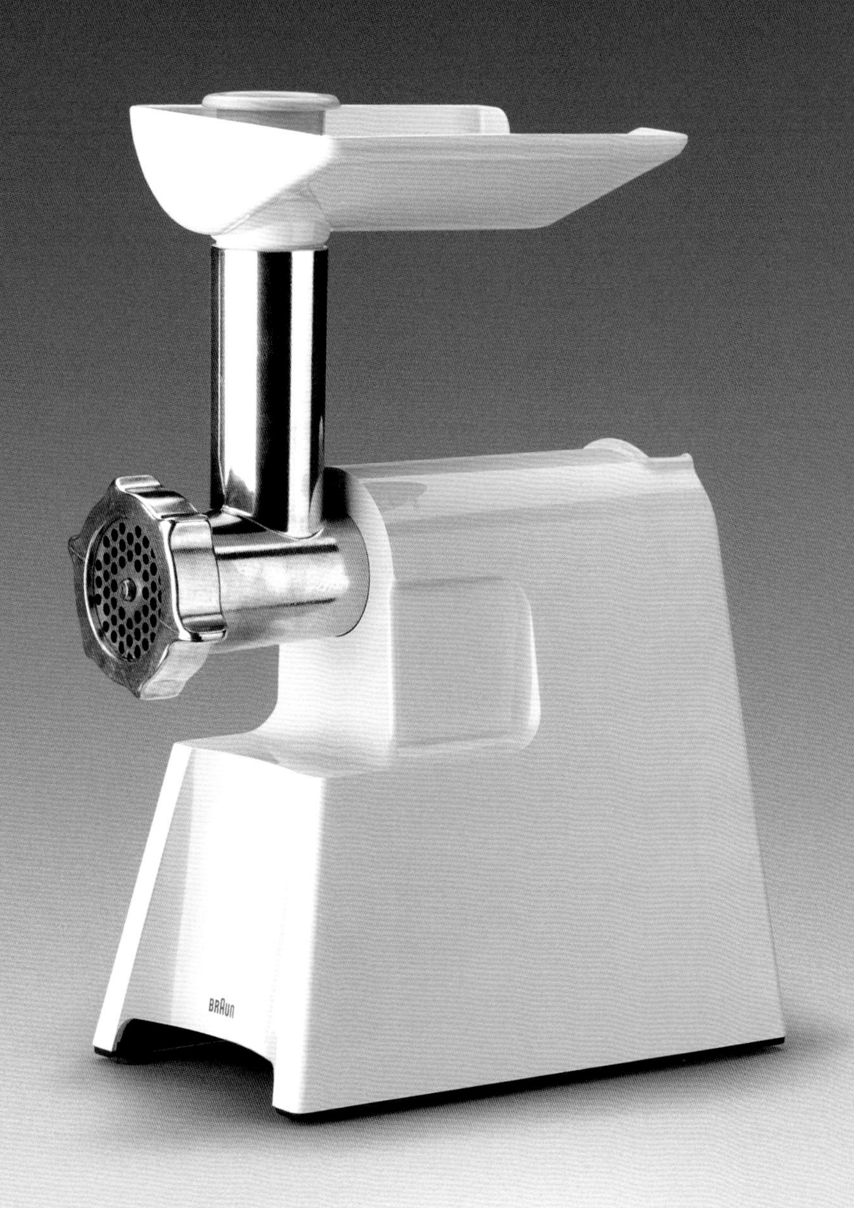
BRAUN

MR 500

手持搅拌机

1995 年
设计：路德维希·利特曼
Multiquick control plus
No. 4187
白色 / 炭黑色

近年来，博朗大大加快了搅拌机设备的改进。这一变化并非博朗特有的发展。[1] 虽然这个设备装了一只脚，但仍然无法自立。这件产品和手持搅拌机以及食品搅拌机一起，代表了 20 世纪 50 年代在欧洲推出的重要产品，这些产品在应用上有较大重叠，尤其是这些手持式产品在功能上非常相似。[2] 20 世纪 80 年代初，带有博朗标志的第一台手持搅拌机进入市场，与后来的所有机型一样，它也是由路德维希·利特曼设计的。[3]

手持搅拌机必须用手握住才能使用，但是它没有单独的手柄，事实上它本身就是手柄。它的德国名字 *Stabmixer* 具有双重含义，指的是技术原理（通过旋转的刺刀或棒实现的功效）以及细长的外观。有趣的是，两者的融合正是这款产品起源的一部分，这款产品试图去掩饰其中的二元性。[4] 多年以来，这款产品设计一直在调整，除了样式略有变化以外，还加上了半圆形的保护帽，[5] 以及引入了由单一模具铸造成的塑料外壳。[6] 在包裹着电机的上半部分和混合棒之间有一个软的、漏斗状的过渡，使得整个产品看起来和谐统一。*MR 500* 作为手持搅拌机的第一款概念性产品，是设计中技术和创新相互作用的典型案例。与以前的型号相比，利特曼将基于软硬件技术的应用提高到一个新的水平。不仅表面和控制被改变，甚至还包括产品本身。*MR 500* 最显著的特征是开关按钮隐藏在黑色软质塑料条中，就像把技术隐藏在“盾牌”之下。[7]“隐形开关”的概念是由一个圆形的凹槽标记，在软塑料下面是不受潮湿影响的，它利用了软质材料的优势：有更好的密封性、新的解锁按钮，以及与安装在内部的电机相连接。电机“漂浮”在一个橡胶支架上，防止它发出“咯吱咯吱”的响声。因此，几个功能可以被一个注塑工艺所涵盖。[8]

1 第一款绞肉机由瑞士公司 Esge 的 *Zauberstab* (Magic Wand) 的问世为标志。

2 例如博朗现在的多功能搅拌机配备一个手持搅拌机的配件。

3 *Model MR 6* (1981 年), *MR 30* (1982 年), *MR 7* (1985 年) 和 *MR 300* (1987 年)。

4 参照 *MR 5000* 手持搅拌机 (2001 年)。

5 这个保护帽可以防止食物飞溅和人身的意外伤害。

6 然而，从 *MR 30* 开始，这些现有的产品型号仍然有金属搅拌棒。

7 在正式场合，这会让人联想到 *micron plus*（1980 年）。

8 注塑成型工艺的优化，是设计、工程和生产之间紧密合作的例证。

control plus
BRAUN

MR 500

这个手持设备的复杂设计，在处理和制造上都极具优势，堪称工业设计的教科书。第一款手持搅拌机在接缝处用对比的材料和颜色将各个模块分开。就颜色而言，*MR 500* 体现了博朗的经典配色。

control plus

SI 6510 FreeStyle

蒸汽熨斗

2000 年
设计：路德维希 · 利特曼 / 朱里根 · 格罗贝尔
FreeStyle
No. 4696
白色 / 淡紫色

模仿是恭维的最真诚的表现。当 *FreeStyle* 上市时，这是第一款带有开口手柄的蒸汽熨斗。过了很久以后，竞争者们纷纷效仿。毕竟，开放式手柄在生产方面并不简单，[1] 但是它的确使操作更加便捷。此外，它使 *FreeStyle* 的动态轮廓更加明确，介于手机和豪华游艇之间，即大家都明白的意思：高科技和节奏。

这种流线形的形式，充分体现了蒸汽熨斗是小家电中技术要求相当高的产品，它使在电力、热力装置和水在紧凑的空间内进行有效组合。蒸汽熨斗采用了不同的材质，使得外观十分优美。从表面上看，如果要把 *FreeStyle* 和旧式熨斗进行比较，就像在拿 20 世纪 60 年代的保时捷 *911* 和当前那些经历电脑反复设计后的跑车相比较一样。[2] 利特曼和格罗贝尔运用多元技术将两种不同的塑料混合在一起 [3]：软质、硬质和半透明材料以各种方式交织在一起。柔软的部分提高了抓地力和稳定性，并给按钮提供了更好的密封作用。而这种自 20 世纪 90 年代以来我们习以为常的透明表面的使用，则不仅仅是为了美观，还可以让用户直观地看到水位。[4] 之前常见的功能在这里有了更加新颖的体现。[5]

1 电子元件可以容纳在手柄的后部。

2 因此，面对这种复杂性，线路流程的细节设计值得商榷。

3 蒸汽熨斗以其高难度设计获得了当年的年度塑料行业最佳设计奖。

4 类似于 *Dyson* 的真空吸尘器可以看到灰尘的量。

5 一些博朗的纯粹主义者不认为公司的品牌形象在开创时期经历了改变。

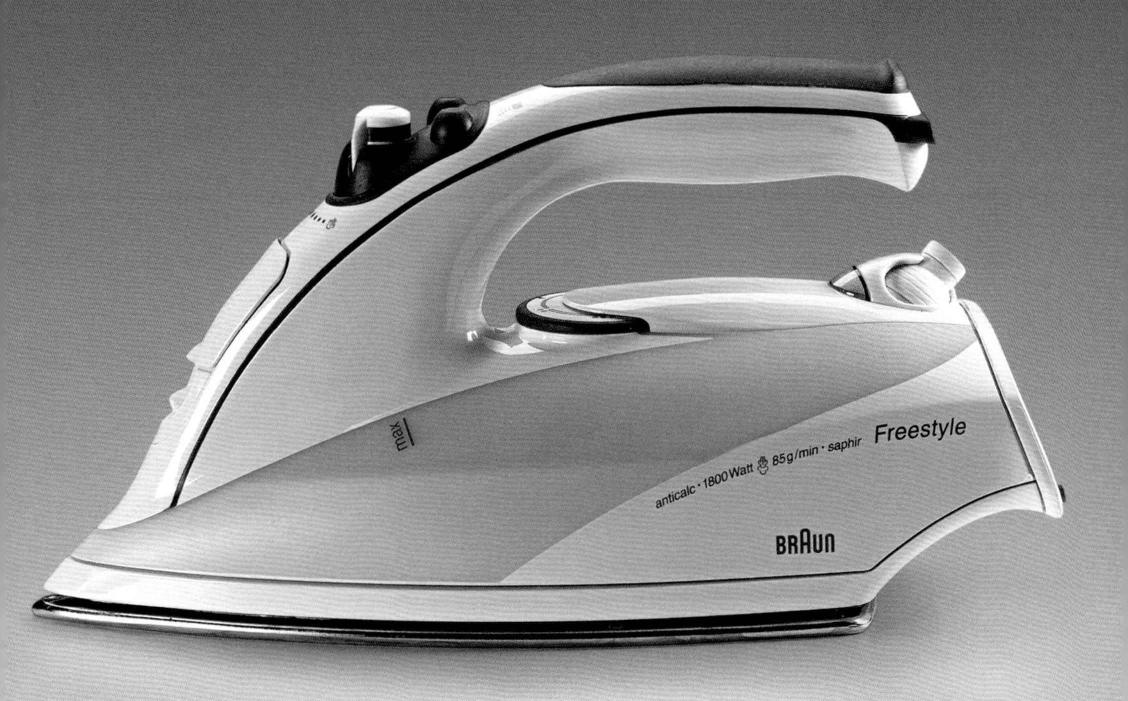
max
Freestyle
anticalc · 1800 Watt 85g/min · saphir
BRAUN

MR 5000

手持搅拌机

2001 年
设计：路德维希 · 利特曼
Multiquick / Minipimer professional
No. 4191
白色 / 灰色

几十年来，手持搅拌机的外观并没有发生改变。但是，随着科技的进步，到了 20 世纪 90 年代，路德维希 · 利特曼设计的 *MR 5000* 对手持搅拌机进行了一定的改进，尤其是在手持部位和外观上。[1] 一个明显的变化是电机外壳和搅拌棒融合为一体。与高度整合的整体设计相反的是，一些细节之处仍然会体现不同。例如，借助软硬技术制成的整体形象。[2] 产品主体由流线形的曲面组成，在一些弯曲的地方形成过渡，[3] 这使表面保持了微妙的平衡：这是一种有机的语言，完美体现了人体美学和人体工程学，而不是规则的几何形状。*MR 5000* 就像美人鱼一样性感，不仅有臀部和背部的曲线，还有一条尾巴。[4]

这个拟人化的产品拥有经典的博朗色，即灰色和白色，使得它看起来更加典雅尊贵，展现了高水平的工艺。然而，由于个人偏好上的差异，并不是所有人都喜欢 *MR 5000*。有些人认为这款产品太过纠结于造型，[5] 但它也许就是一只破茧而出的蝴蝶，更美丽也更实用。[6]

1 参照 *MR 500* 手持搅拌机（1995 年）。

2 基于每个零部件所做的最好的组合。

3 这样的设计是为了实现特定的目的，例如，弯曲的“裙褶” 使设备的上下两部分更容易咬合。

4 脚上的斜槽可以旋转运动。在操作过程中，底部的开放式设计使设备更容易搅拌。

5 一些博朗的传统拥趸者认为，这失去了博朗从前的简约之美。

6 如果配上所有的部件，这款手持搅拌机可以成为一个完整的食物搅拌机。

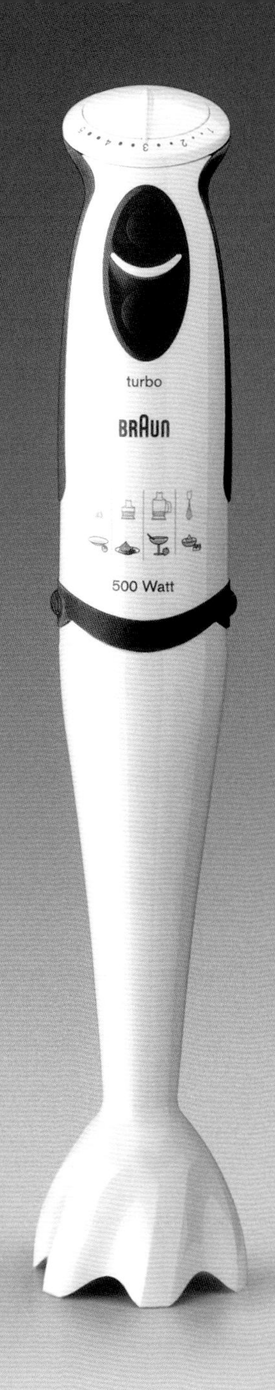
turbo
BRAUN
500 Watt

KM 3 / 31

1957 年 | 设计：格尔德 · 艾尔弗雷德 · 马勒
食品加工机 | No. 4203
白色 / 蓝色

MX 32

1962 年 | 设计：格尔德 · 艾尔弗雷德 · 马勒 / 罗伯特 · 奥伯黑姆
Multimix | No. 4142
白色 / 绿色

厨房用具

1957—1965 年

这是食品加工机的鼻祖，看起来还是很美。配有可拆卸的搅拌臂和各种附件，是一个产品系统的完美例子。

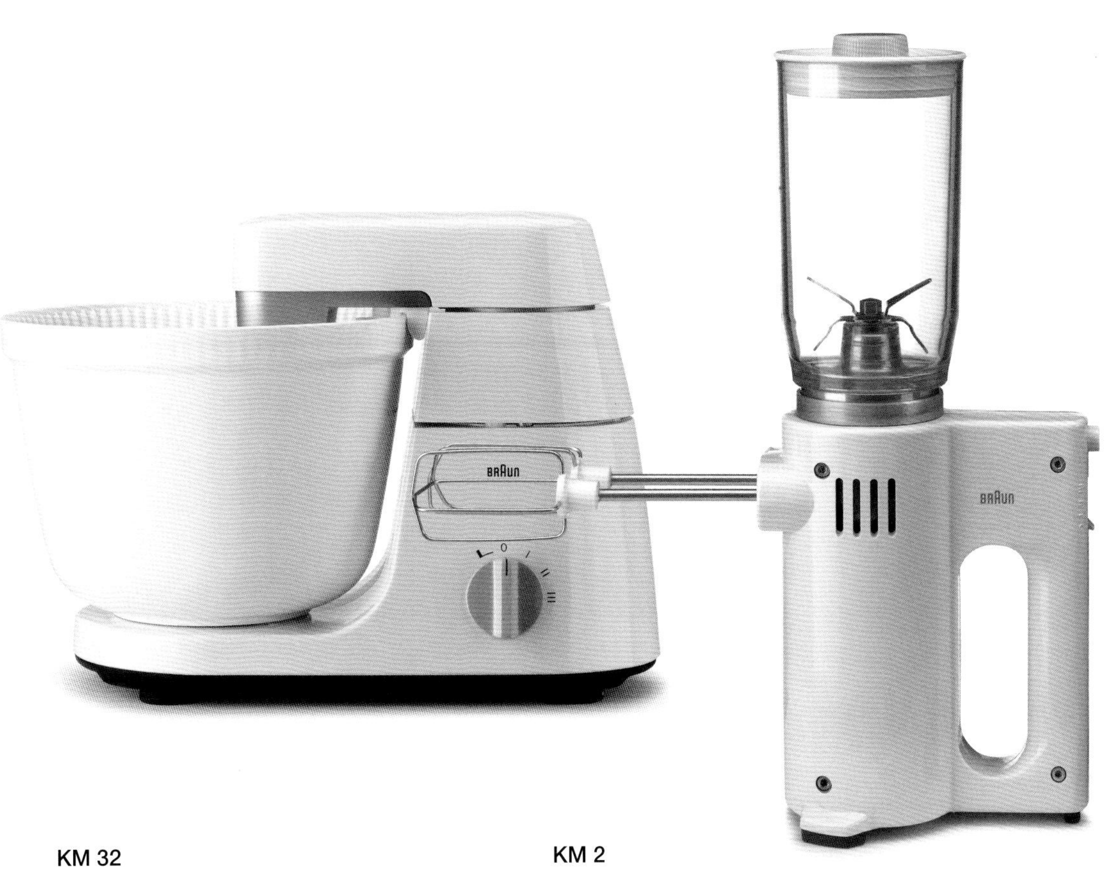

KM 32

1964 年 | 设计：格尔德 · 艾尔弗雷德 · 马勒 / 罗伯特 · 奥伯黑姆
食品加工机 | No. 4122 / 4123
白色 / 绿色

KM 2

1965 年 | 设计：迪特 · 拉姆斯 / 理查德 · 费希尔
Multiwerk | No. 4130
白色

Multimix 也适配 *KM 3* 及其后来的改良版。*KM 2* 是一款基于手持搅拌机的多功能食品搅拌机。

ZK 1

1979 年 | 设计：哈特维希 · 卡尔克
Multiquick 系列 | Nr. 4249-4250
白色

MC 1/2

1983 年 | 设计：哈特维希 · 卡尔克
Multiquick compact / electronic | No. 4171
白色

厨房用具

1979—1984 年

Multiquick 是一款市场上已经存在的产品，只是被赋予了新的功能。它的显著特点是一个弯曲的开关。

KM 210

1984 年 | 设计：哈特维希 · 卡尔克
Multipractic electronic 系列 I No. 4261 / 4262
白色

UKW 1

1984 | 设计：哈特维希 · 卡尔克
厨房秤 No. 4243 to UK | No. 4261 / 4262
白色

这是博朗的第一台食品加工机，由法国厨师研发而成，与 *ZK 1* 有通用的电机，造型紧凑且价格合理。

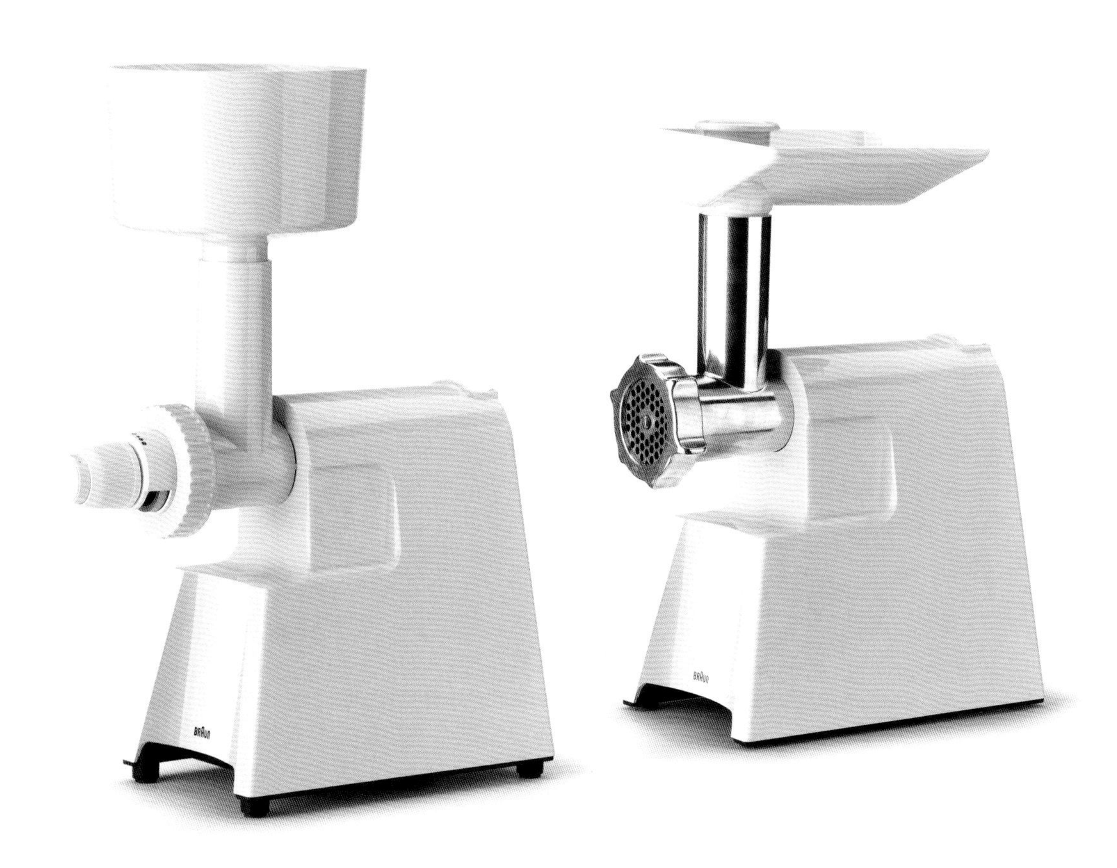

KGM 3 / 31
1986 年 | 设计：哈特维希 · 卡尔克
谷物研磨机 | No. 4239
白色

KGZ 3 / 31
1982 年 | 设计：哈特维希 · 卡尔克
绞肉机 | No. 4242
白色

厨房用具

1982—1993 年

光滑连续的表面使这台设备拥有优雅的外观，便于清洁。后来，这台设备有了新的版本，因为尽管西欧家庭已经不经常使用绞肉机了，但在其他国家仍然被广泛使用。

K 1000

1993 年 | 设计：路德维希 · 利特曼

Multisystem 1 bis 3 | No. 3210

白色

这是一台传统食品加工机的改良版本，使得这台设备再次火爆起来。经过声学实验室的测试，这款设备的运作时的噪音很小。

K 650

1996 年 | 设计：路德维希 · 利特曼

CombiMax | No. 3205

白色

MX 2050

2001 年 | 设计：路德维希 · 利特曼 / 米赛 · 夏伊巴（Misae Shiba）

PowerBlend MX 2050 | No. 4184

白色

厨房用具

1996—2001 年

这款配有 1.5 升玻璃壶的新型立式搅拌机，主要面向墨西哥和美国等大型市场。塑料离合器将噪音最小化。

K 3000

2000 年 | 设计：科妮莉亚 · 塞弗特 / 路德维希 · 利特曼

Multisystem 3-in-1 | No. 3210

白色 / 银色

这台进阶版食品加工机有三个功能：揉搓、剁碎、混合搅拌。这些多功能应用使它成为最畅销的产品。

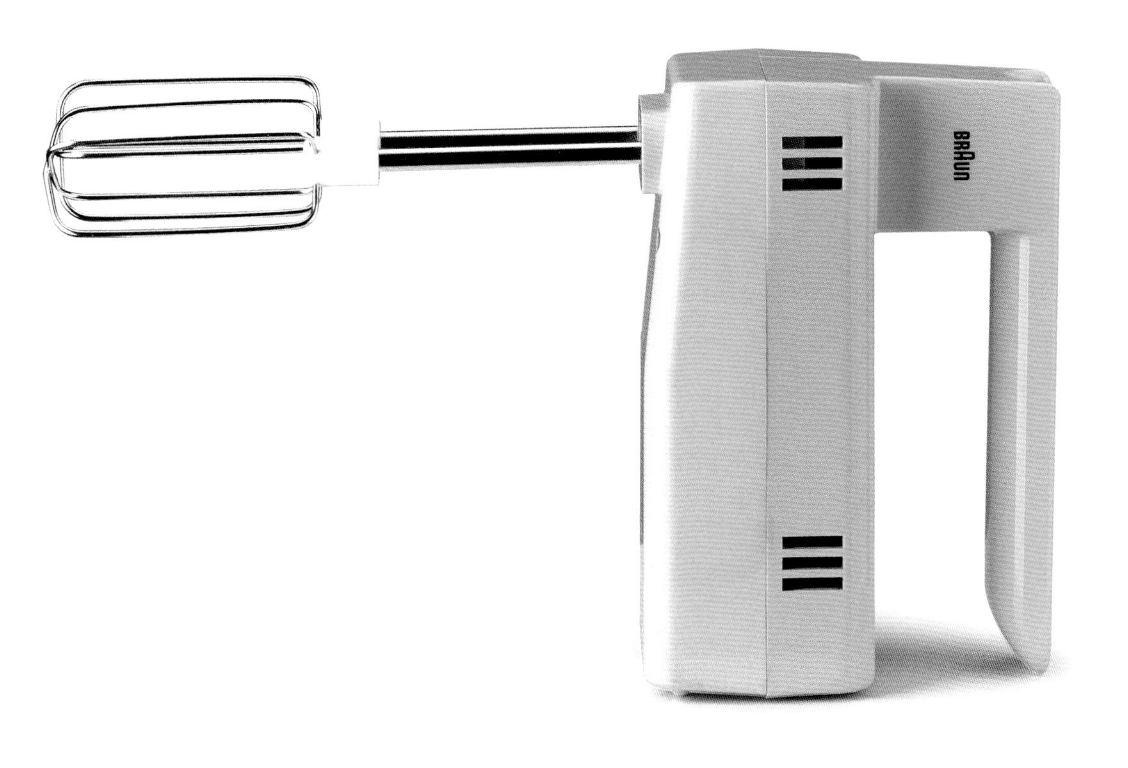

M 1 / 11

1960 年 | 设计：格尔德 · 艾尔弗雷德 · 马勒
Multiquirl | No. 4220 / 4221
浅灰色

手持搅拌机

1960—1968 年

博朗的第一台手持搅拌机，与许多其他厨房电器一起，都是来自美国理念，它们都拥有简约的外观、狭窄的开口手柄和平行的通风口。

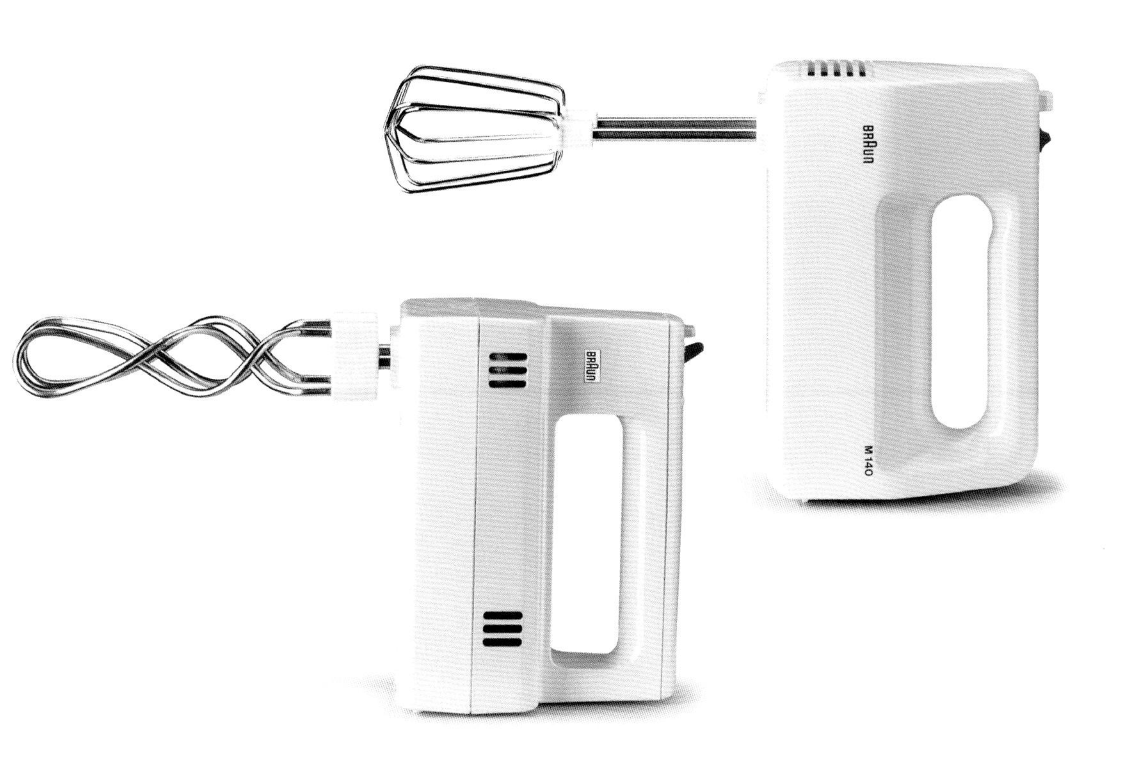

M 12

1963 年 | 设计：格尔德 · 艾尔弗雷德 · 马勒 / 莱因霍尔德 · 韦斯

Multiquirl | No. 4112

白色

M 140

1968 年 | 设计：莱因霍尔德 · 韦斯

Multiquir | No. 4115

白色

20 世纪 60 年代以后的，手持搅拌机有一个封闭而稳定的手柄。*M 140* 还有一个附加的凹槽，以便更安全地握持。

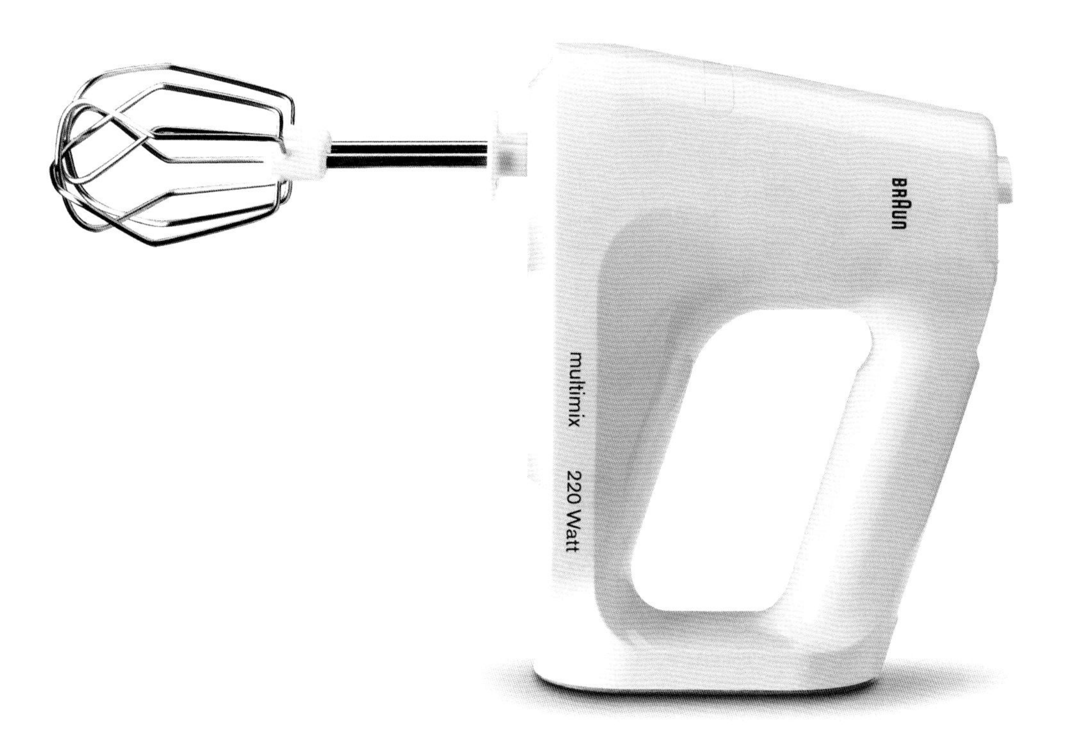

M 800

1994 年 | 设计：路德维希 · 利特曼

Multimix duo / trio / quatro | No. 4262

白色

手持搅拌机

1994 年

这台 *M 800* 的创新在于直接将电机安置在搅拌棒的上方，这可以提升搅拌效率。在相同的功率下，电机可以做得更小更轻。

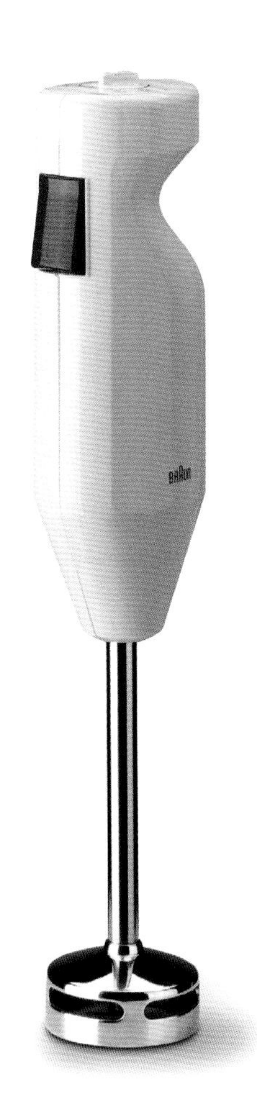

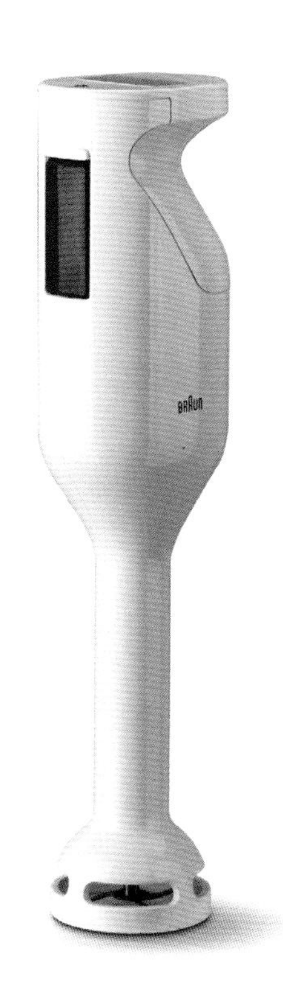

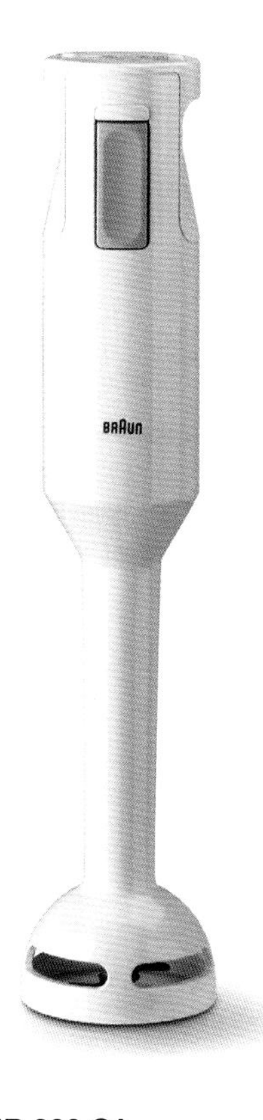

MR 6

1981 年 | 设计：路德维希 · 利特曼
vario 手持搅拌机 | No. 4972
白色 / 红色

MR 30

1982 年 | 设计：路德维希 · 利特曼
Stabmixer junior | No. 4172
白色

MR 300 CA

1987 / 1993 年 | 设计：路德维希 · 利特曼
compact 手持搅拌机 / *Multiquick 300-Serie*
No. 4169 | 白色

手持搅拌机

1981—1993 年

在手持搅拌机的改进历史中，一项被称为“pimer”的瑞士发明，运用更小、更有马力的电机是至关重要的。这台设备的一个创新是：机器向下延伸直至包裹住搅拌棒。

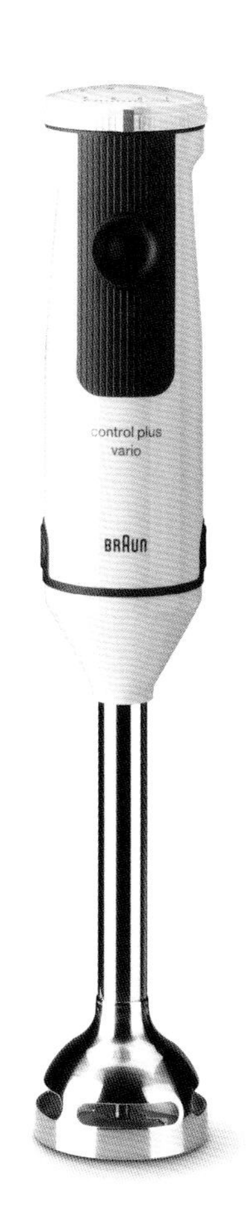

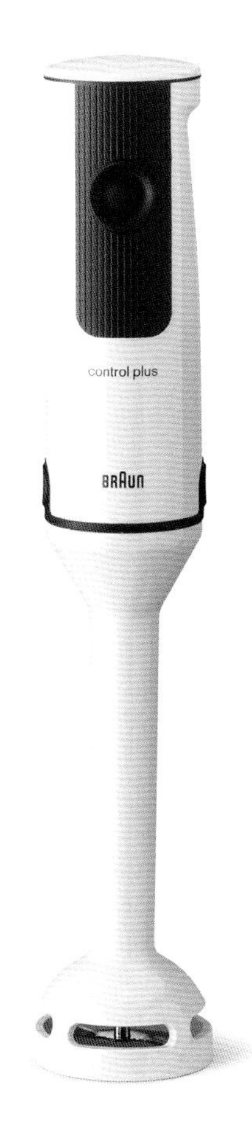

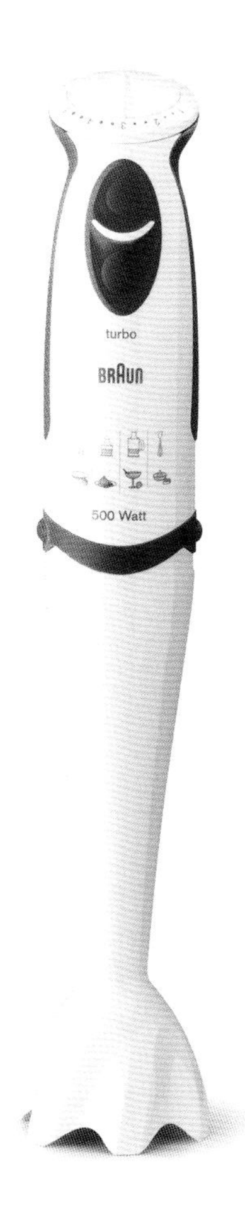

MR 555 MCA

1995 年 | 设计：路德维希 · 利特曼

Multiquick control plus vario | No. 4189

白色 / 黑色

MR 500 HC

1995 年 | 设计：路德维希 · 利特曼

Multiquick control plus | No. 4187

白色 / 炭黑色

MR 5550

2001 年 | 设计：路德维希 · 利特曼

Multiquick / Minipimer professional | No. 4191

白色 / 灰色

手持搅拌机

1995—2003 年

运用软硬材料结合的技术形成更加稳定的组合，更便于握持，密封性更强，这也体现了美学的转变：生物化和图形化。

MR 4000

2003 年 | 设计：路德维希 · 利特曼

Multiquick Advantage | No. 4193

白色 / 蓝绿色

MR 5550 MCA-V

2003 年 | 设计：路德维希 · 利特曼

Multiquick Fresh System | No. 4191

白色 / 蓝色

这款设备包括一个不锈钢打奶器和切丁机。由于采用真空泵系统，储存在真空容器中的食物可以持续保鲜。

MP 32

1965 年 | 设计：格尔德 · 艾尔弗雷德 · 马勒
Multipress | No. 4152
白色

MP 50

1970 年 | 设计：朱里根 · 格罗贝尔
Multipress | No. 4154
白色

榨汁机

1965—1994 年

博朗的榨汁机同样推崇实用性，白色的机身衬托出博朗的标志。消费者可以用这台榨汁机榨出更多果汁。

MPZ 1

1965 年 | 设计：罗伯特 · 奥伯黑姆 / 莱因霍尔德 · 韦斯
Citruspresse | No. 4153
白色

MPZ 22

1994 年 | 设计：迪特 · 拉姆斯 / 朱里根 · 格罗贝尔
citromatic de luxe | No. 4979
白色

按压机身上方开启榨汁模式，很难想象出比这更加便捷的操作。可以闭合的果汁出口下方设计了一个特殊凹槽，可以放置玻璃杯。

MPZ 4

1982 年 | 设计：路德维希 · 利特曼
citromatic 2 | No. 4173
白色

MPZ 7

1992 年 | 设计：路德维希 · 利特曼
citromatic 7 vario | No. 4161
白色

榨汁机

1982—2003 年

MPZ 4 榨汁机采用双手柄设计，上半部分机身可以被取起来，便于把果汁倒进杯中。电线可以缠绕在底座上。

MPZ 9

2003 年 | 设计：路德维希 · 利特曼 / 斯文 · 伍蒂格 / 英戈 · 海恩（Ingo Heyn）
citromatic MPZ 9 | No. 4161
白色

MPZ 9 榨汁机将透明容器的优点与弯曲、富有情感、符合人体工程学的流线造型相结合。手柄呈水滴状，分为两段。

MP 80

1988 年 | 设计：哈特维希 · 卡尔克

Multipress Plus automatic | No. 4290

白色

MP 75

1990 年 | 设计：路德维希 · 利特曼

Multipress compact | No. 4235

白色

榨汁机

1988—1990 年

这台经久耐用的榨汁机外观也非常美观。在美国，这类设备的安全性能要求很高。*MP 75* 把底座和盖子牢牢地锁在一起。

HG 1

1962 年 | 设计：莱因霍尔德 · 韦斯
组合烤架
铬合金 / 黑色

这是博朗第一台同样广受好评的烤箱。它的前后均为玻璃设计，在结构上和 *HT 1* 烤面包机类似。盖子可以折叠，使烤箱变为烧烤架。

烤箱

1962 年

HMT 1

1964 年 | 设计：莱因霍尔德 · 韦斯 / 迪特里希 · 卢布斯
Multitherm | No. 4921
铬合金 / 黑色（上图）

TT 10

1972 年 | 设计：弗洛里安 · 塞弗特
保温盘 | No. 4005
铝合金 / 黑色（下图）

电煎锅，电炉

1964—1972 年

这台电炉的基本设计理念就是把基座和手柄作为一个铸模。底座的设计可以帮助隔热。其改良版的模型更为扁平，并有两个开放式手柄。

HT 2

1963 年 | 设计：莱因霍尔德 · 韦斯
Automatictoaster | No. 4011
铬合金 / 黑色（上图）

HT 6

1980 年 | 设计：哈特维希 · 卡尔克
烤面包机 | No. 4037
灰色 / 银色，棕色 / 银色（下图）

烤面包机

1963—1980 年

第二台烤面包机就像它的先驱者 *H 1* 一样，嵌套结构非常明显。*HT 6* 左右两边明显不对称，棱角圆滑。

HT 80 / 85
1991 年 | 设计：路德维希 · 利特曼
Multitoast electronic-sensor toaster | No. 4108
白色，红色，黑色（上图）

HT 450
2005 年 | 设计：路德维希 · 利特曼
Multitoast HT 450 | No. 4120
黑色，白色（下图）

烤面包机

1991—2005 年

在双格设计的 *HT 450*（以及单长格的 *HT 550*）中，外部结构的设计原理显而易见。值得注意的是，前端和后端都有一定延伸，稍稍超出两端，从两边至中间逐渐变粗，并且上下两端呈现两条平行的曲线。

HT 600

2004 年 | 设计：路德维希 · 利特曼
Impression HT 600 | No. 4118
合金色（上图）

HT 550

2004 年 | 设计：路德维希 · 利特曼
Multitoast HT 550 | No. 4119
黑色，白色，炭黑色（下图）

烤面包机 *Impression HT 600* 也展现了复杂的外观。这台设备的特点是圆边，塑料和不锈钢组合，其灰色和银色配色展现出高级质感。

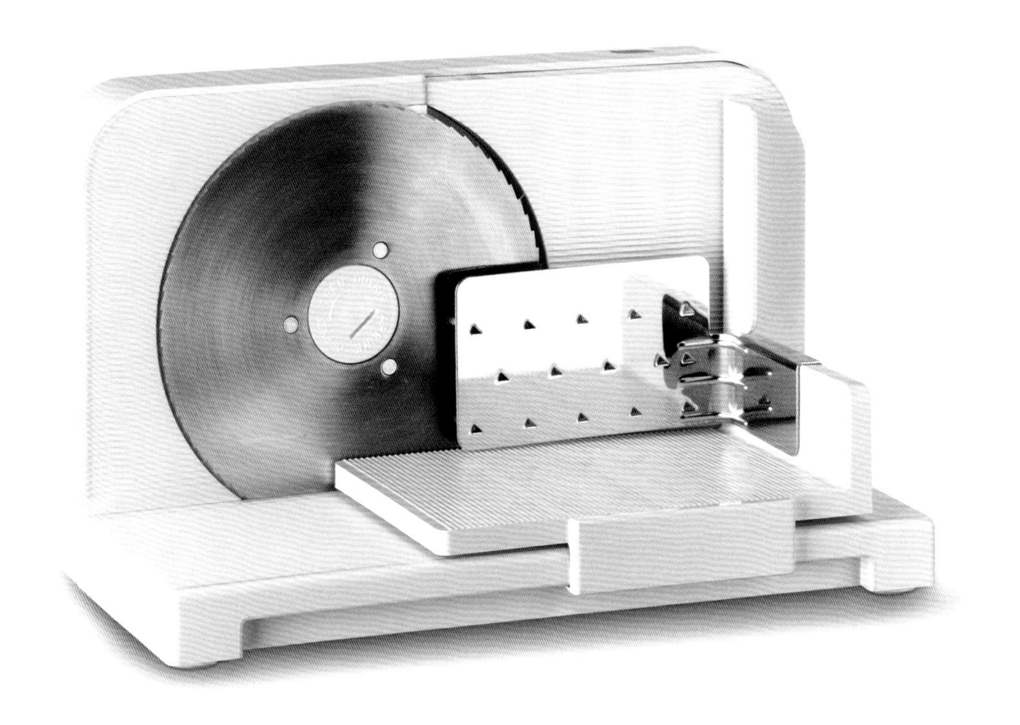

US 10

1973 年 | 设计：卡尔 · 迪泰特（Karl Dittert）
electric | No. 4933
白色

通用切片机

1973 年

这台设备以金属和白色塑料组合制成，拥有纯粹的机器质感。

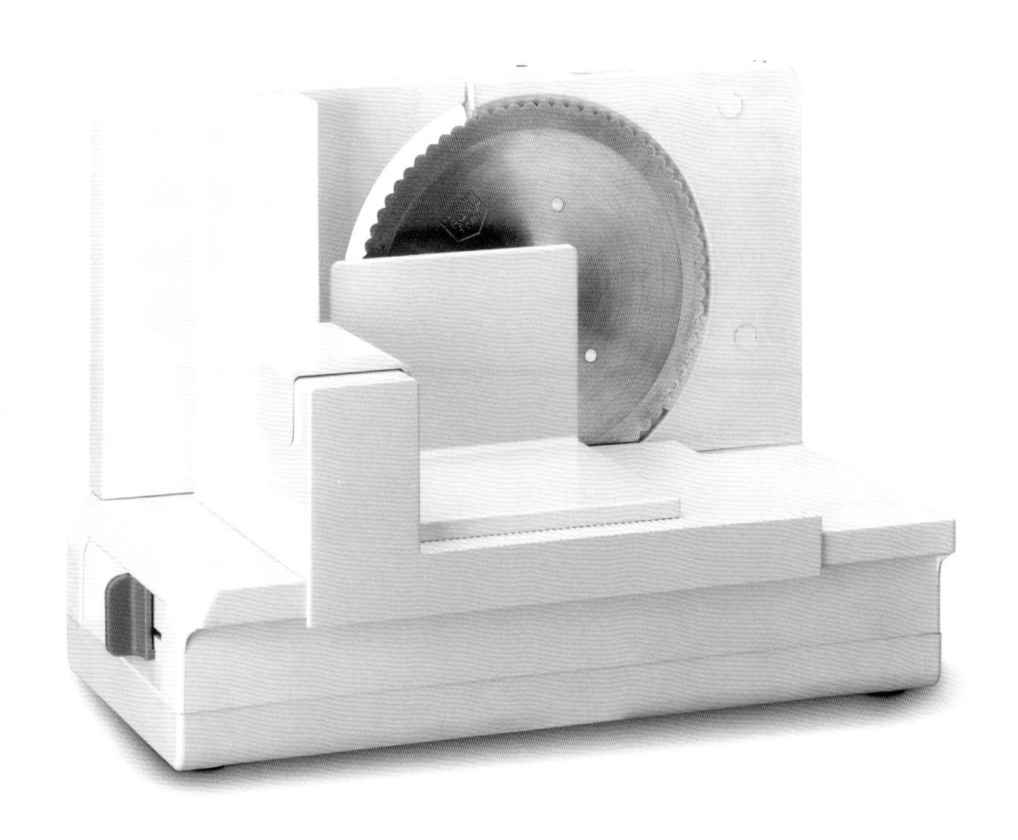

US 20

1973 年 | 设计：朱里根·格罗贝尔
electronic | No. 4926
白色

这台机器可以折叠，并且通过滑动控制器可以调节切片厚度。

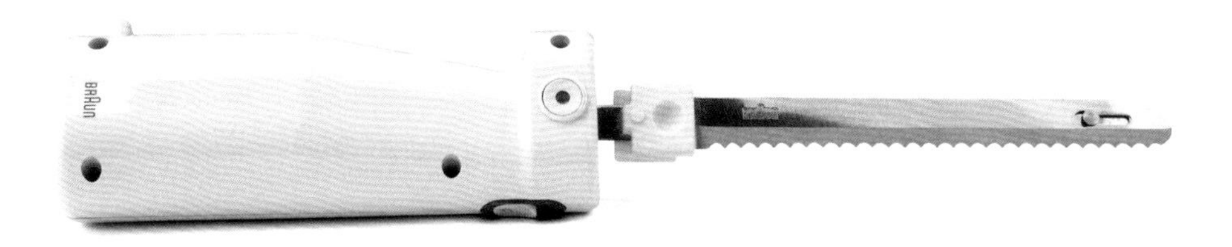

EK 1
1978 年 | 设计：路德维希 · 利特曼
电动刀
白色

FS 10 Multigourmet
1996 年 | 设计：路德维希 · 利特曼
No. 3216
白色

电动刀，蒸锅
1978—1996 年

这台易于操作的蒸锅有一个可以将食物分隔开的蒸笼（*FS 20* 有上下两个蒸笼）。

HGS 10 / 20

1961 年 | 美国制造
台式洗碗机
白色

这台非常紧凑的洗碗机配备了复杂的喷雾技术，可以通过前玻璃观察到。

台式洗碗机

1961 年

WT 10

1974 年 | 设计 : 朱里根 · 格罗贝尔
drymatic 衣物烘干机 | No. 4990
白色

衣物烘干机

1974 年

这台便携式设备可以挂在墙上或门上，这是当年推出的很多新产品都新增的一个功能，即使有些产品后来被证明没有成功。

HTK 5

1964 年 | 设计：迪特 · 拉姆斯
冰箱
白色

冰箱
1964 年

这台白色的电器做得尽可能小巧。平行通风口是博朗的经典设计元素。

H 3 / 31

1962 年 | 设计：迪特 · 拉姆斯
恒温电暖气 | No. 4513
白色 / 灰色

H 1 / 11

1959 年 | 设计：迪特 · 拉姆斯
恒温电暖气 | No. 4305
白色 / 灰色

电暖气

1959—1965 年

H 1 / 11 电暖气在发布时引起了巨大的反响，在结构上，它和 *HT 1* 烤面包机类似：两块塑料部件将金属部件夹在中间。

H 6

1965 年 | 设计：理查德 · 费希尔 / 迪特 · 拉姆斯
对流电暖气 | No. 4386
灰色

早期的电暖气展现出经典的现代主义的设计风格。

H 7

1967 年 | 设计：莱因霍尔德 · 韦斯 / 迪特 · 拉姆斯
电暖气 | No. 4517
灰色 / 棕色

H 5

1973 年 | 设计 : 朱里根 · 格罗贝尔
Novotherm | No. 4302
白色 / 黑色，橄榄绿 / 黑色，橘色 / 黑色

电暖气

1967—1992 年

H 7 配备了有效的鼓风机，通过圆柱形的后方进行加热。*H 5* 在结构和颜色上和同时期的 8° 系列类似。

H 200

1992 年 | 设计：路德维希 · 利特曼
电暖气
黑色 / 灰色

H 30

1989 年 | 设计：路德维希 · 利特曼
电暖气
黑色 / 灰色

由于矩形和同心圆的组合，这两台电暖气的结构非常简约，具有较强的图形冲击力。*H 200* 由两部分组成。

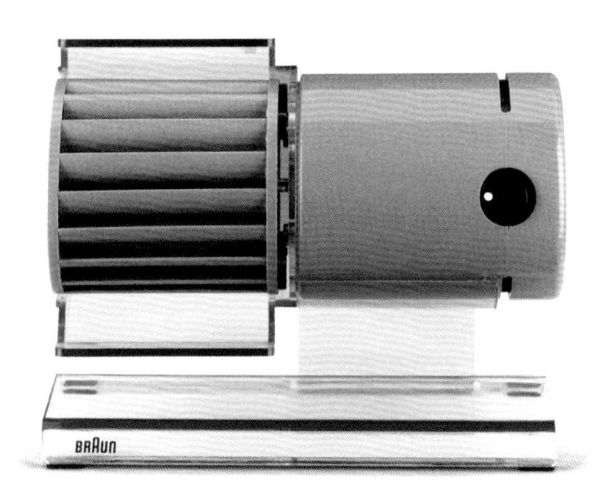

HL 1 / 11

1961 年 | 设计：莱因霍尔德 · 韦斯
Multiwind | No. 4530
浅灰，墨黑色

HL 70

1971 年 | 设计：莱因霍尔德 · 韦斯 / 朱里根 · 格罗贝尔
No. 4550 / 4551 / 4552
白色，棕色，黄色

台式鼓风机

1961—1971 年

HL 1 / 11 的带底座版是可以车载使用的。后来，这台富有创造力的鼓风机设计出一个改良版本，所以又再次被生产。

ELF 1

1973 年 | 设计：朱里根 · 格罗贝尔

Air Control | No. 4451

白色，黑色

空气过滤器

1973 年

ELF 1 电动空气过滤器是一台可以除烟、灰尘和有害气体的装置，它有一个平行条纹立面，受到三年前 *D 300* 幻灯机所带来的“黑色浪潮”的影响。

PV 4 vario 200

1984 年 | 设计：路德维希 · 利特曼

Nr. 4374

白色，绿色

蒸汽熨斗

1984—1989 年

博朗自行开发的第一款熨斗有几个独特的特征：外壳机身和底座之间设有空隙，底座上部设有平行开口，熨斗的前端呈夸张的尖状，可以在熨烫时控制纤维织物的拉力。

PV 3 3000

1989 年 | 设计 : 路德维希 · 利特曼
No. 4323 / 4324 / 4325 / 4347
白色 / 黑色

这款产品具有三个新的特征：透明水箱位于手柄下方（不易装配），外壳的耐热材料呈现对比色，电线通过滚珠进入设备。

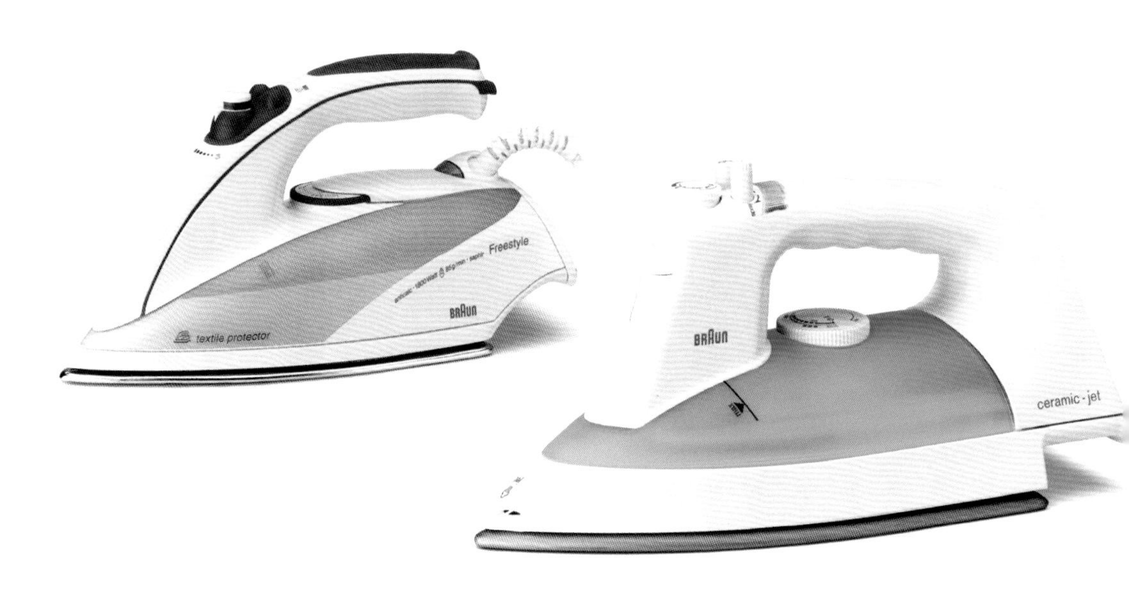

SI 6575

2001 年 | 设计 : 路德维希 · 利特曼
FreeStyle Saphir | No. 4694
金属银

PV 1205

1995 年 | 设计 : 朱里根 · 格罗贝尔 / 路德维希 · 利特曼
Ceramic-jet | No. 4394
白色 / 绿色

蒸汽熨斗

1995—2004 年

PV 1205 有一个更大的水箱。*FreeStyle* 的设计产生了概念上的飞跃，它的开放式手柄需要通过多元技术来实现。

SI 9500

2004 年 | 设计 : 路德维希 · 利特曼 / 马库斯 · 奥塞
FreeStyle Excel SI 9500 | No. 4677
蓝色

圆形蒸汽设备可以提供稳定的蒸汽供应。蒸汽在高压下穿透织物，显著提高了熨烫效果。

HE 1 / 12
1961 年 | 设计：莱因霍尔德 · 韦斯
No. 4911
铬合金 / 黑色

WK 210
1999 年 | 设计：路德维希 · 利特曼 / 朱里根 · 格罗贝尔
AquaExpress | No. 3217
浅绿，渐变色，香草色，白色

电热水壶

1961—2004 年

作为博朗的第一台电热水壶，其形状非常简约。后来的新款呈现不同的形态，并有了更加有效的壶嘴设计。这样斑驳的表面是为了避免不必要的“变形流线”。

WK 300

1999 年 | 设计：路德维希 · 利特曼 / 朱里根 · 格罗贝尔
AquaExpress | No. 3219
钛合金 / 黑色

WK 600

2004 年 | 设计：路德维希 · 利特曼
Impression WK 600 | No. 3214
金属色

这台新型电热水壶更富有情感色彩，与其独特的表面相结合。它还有黑色和银色这种经典配色，彰显它的品质和与其他产品的差异化。

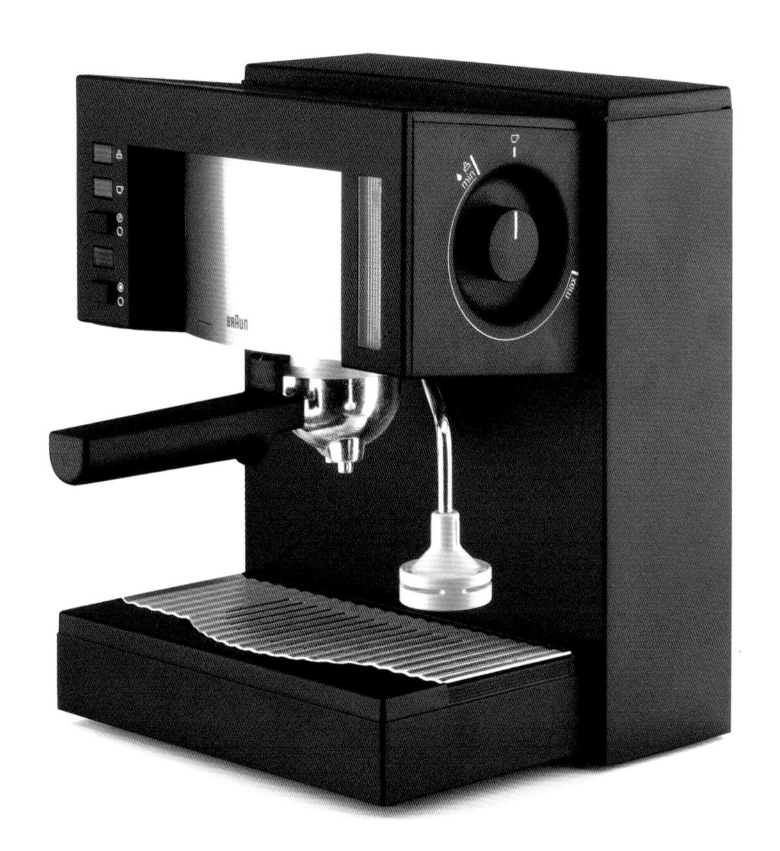

E 400 T

1991 年 | 设计：路德维希 · 利特曼
Espresso Master professional | No. 3060
黑色 / 铬合金

浓缩咖啡机
1991—1995 年

第一代浓缩咖啡机被称为“OEM projects”，也就是与外部制造商进行合作的项目。这款产品的一个个方块是最后组装而成的。

E 20

1994 年 | 设计：路德维希 · 利特曼
Espresso Master | No. 3058
黑色

KFE 300

1995 年 | 设计：路德维希 · 利特曼
Caféquattro | No. 3064
黑色

这台优雅的 *KFE 300* 拥有恰到好处的外观。这台窄而低矮的设备拥有一个有纹理的机身，由 *ABS* 塑料制成，上面有可以放置杯子的空间。

KMM 1 / 121

1965 年 | 设计：莱因霍尔德 · 韦斯
Aromatic stone-mill 系统咖啡研磨机
system | No. 4398 | 白色 / 红色，白色 / 绿色

KMM 10

1975 年 | 设计：莱因霍尔德 · 韦斯 / 哈特维希 · 卡尔克
Aromatic stone-mill 系统咖啡研磨机
system | No.4036 | 白色，黄色

咖啡研磨机

1965—1975 年

采用 stone-mill 系统（使用更加协调）的咖啡研磨机有一个清晰的结构。后来的机型配备了计时器，并且容量更大。

KSM 1 / 11

1967 年 | 设计：莱因霍尔德 · 韦斯
Aromatic 咖啡研磨机 | No. 4024 / 4026
白色，橘色，红色，黄色，绿色，铬合金 / 黑色

KSM 1 / 11 的盖子开启了博朗的塑料材料史上新的篇章。其开关脊用于冷却研磨。这款型号展现了正统的完美搭配新颖明快的色彩。

KMM 2

1969 年 | 设计：迪特 · 拉姆斯
Aromatic stone-mill 系统咖啡研磨机 | No. 4023
白色，红色，黄色

咖啡研磨机

1969—1994 年

第一台配有 stone-mill 系统的博朗研磨机有一个透明窗口，可以看到里面的东西还剩多少。它的机身有三种颜色，机身中间有明显的曲线。

KSM 2

1979 年 | 设计：哈特维希 · 卡尔克
Aromatic 咖啡研磨机
No.4041 | 白色，黄色

KMM 30

1994 年 | 设计：路德维希 · 利特曼 / 朱里根 · 格罗贝尔
CaféSelect 咖啡研磨机 | No. 3045
白色，黑色

第二台咖啡研磨机呈倒锥形，开关是一个可按压的旋钮，按压旋钮就能没入机身，这可以提高产品的安全性。电线缠绕在基座上。

KF 21

1972 年 | 设计：弗洛里安 · 塞弗特 / 哈特维希 · 卡尔克
Aromaster | No. 4051
白色，黄色，橘色

KF 30

1977 年 | 设计：哈特维希 · 卡尔克
Aromat | No. 4052
白色，黄色

咖啡机

1972—1978 年

Aromaster KF 20 咖啡机在设计和销售业绩上都是一个里程碑性的产品。*KF 21* 的壶身由哈特维希 · 卡尔克设计，他后来又设计了咖啡机的整体。

KF 35

1978 年 | 设计：哈特维希 · 卡尔克
Traditional / 2 | No. 4053
白色，黄色

这些产品型号都是由统一的部件构成，就像一个建筑工具包。在设备简单化的过程中，开关被设置在了一边。还有一些产品带有过滤抽屉。

KF 40

1984 年 | 设计：哈特维希 · 卡尔克
Aromaster 10 / plus, 10 / 12 / plus, 12 | No. 4057 / 63
白色，红色 / 灰色，红色 / 黑色，黑色

KF 70

1986 年 | 设计：哈特维希 · 卡尔克
Aromaster special 10 | No. 4074 / 4079
白色

咖啡机

1984—1994 年

KF 40 Aromaster 可以被称为“咖啡机的鼻祖”，而不仅仅是对于博朗的咖啡机而言。它也为热水壶（*KF 70*）提供了模板。

KF 80

1986 年 | 设计：哈特维希 · 卡尔克
Aromaster control 12 | No. 4073 / 4091
白色，黑色

KF 12

1994 年 | 设计：路德维希 · 利特曼
Aromaster 12 | No. 3075
白色，黑色

KF 80 拥有旋转式过滤器、一个电子钟和 12 杯大小的容量。*KF 12* 是一款更小的版本，拥有更加精致的手柄。

KF 180

1994 年 | 设计：罗兰 · 厄尔曼

AromaSelect | No. 3089 / 3097 / 3098

白色 / 黑色

KF 170

1995 年 | 设计：罗兰 · 厄尔曼

AromaSelect thermoplus | No.3102

白色

咖啡机

1994—2001 年

双锥形设计使设备看起来有一种雕塑质感。较小的盖子使密封更好，更能保留咖啡的香气。

KF 147

1999 年 | 设计：罗兰 · 厄尔曼 / 路德维希 · 利特曼
AromaSelect Millennium Edition | Nr. 3112
珠光钛 / 黑色

KF 178

2001 年 | 设计：罗兰 · 厄尔曼 / 路德维希 · 利特曼 / 迪特里希 · 卢布斯
AromaSelect Juwel Edition Thermo | No. 3117
银蓝色 / 绿色

AromaSelect 系列有各种各样的版本和颜色。精心设计的塑料喷嘴（而不是玻璃喷嘴）可以避免咖啡滴漏和溢出。

KF 550

2002 年 | 设计：比约恩 · 克林
AromaPassion KF 550 | No. 3104
黑色 / 银色

KF 600

2004 年 | 设计：比约恩 · 克林
Impression KF 600 | No. 3106
金属色

咖啡机

2002—2004 年

KF 550 和 *KF 600* 都具有自动开合功能，它们将现代技术和历史传承相结合：豪华的不锈钢的运用，在 *sixtant* 电动剃须刀中已有先例。

产品清单

1955—2005 年生产的博朗产品

本书中出现的产品型号和页码以黑体字表示。
带下划线的页码是指本书中设计“里程碑”中的产品。

Entertainment Electronics

Tabletop radios and radio-phonograph combinations

Year	Type	Name	Colour	Designer	Page
1955	**combi**	radio-phonograph combi./portable radio	light grey	W. Wagenfeld	**110**
	TS-G	Tischsuper, RC 60	maple, walnut	H. Gugelot/H. Müller-Kühn	**100**
	G 11	Tischsuper, RC 60	maple	H. Gugelot	**101**
	SK 1	Kleinsuper, FM	light blue, pale green, graphite, light beige	A. Braun/Dr. F. Eichler	74
	SK 2	Kleinsuper, FM and MW	as SK 1	A. Braun/Dr. F. Eichler	
1956	G 11	Tischsuper, RC 61 A	maple	H. Gugelot	
	PK 1	radio-phonograph combination, RC 61	walnut	Thun Workshops	**111**
	SK 3	Kleinsuper, FM and MW	pale green, light beige	A. Braun/Dr. F. Eichler	
	SK 4	Phonosuper, FM and MW, record player	white/red elm	H. Gugelot, D. Rams	76
	TS 1	Tischsuper, RS 60	red elm, walnut	Thun Workshops	
	TS 2	Tischsuper, WKS-Möbel, RC 61	red elm, walnut	WKS/Braun Design Dept.	
1957	G 11	Tischsuper, RC 62–2	maple	H. Gugelot	
	SK 2	Kleinsuper, FM and MW	graphite, light grey	A. Braun/Dr. F. Eichler	
	SK 4/1	Phonosuper, FM and MW, record player	white/red elm	H. Gugelot/D. Rams	
	SK 4/1 A	Phonosuper, FM and MW, record player	white/red elm	H. Gugelot/D. Rams	
	TS 3	Tischsuper, RC 62-3	red elm, walnut	H. Hirche	
1958	G 11	Tischsuper, RC 7	maple	H. Gugelot	
	SK 2-US	Kleinsuper, FM and MW	graphite	A. Braun/Dr. F. Aichler	
	SK 4/2	Phonosuper, FM and MW, record player	white/red elm	H. Gugelot/D. Rams	
	SK 5	Phonosuper, FM, MW, LW, record player	white/red elm	H. Gugelot/D. Rams	
	TS 3	Stereo-Tischsuper, RC 8	white beech, walnut	H. Hirche	
1959	G 11	Stereo-Tischsuper, RC 88/RC 818	maple	H. Gugelot	
	SK 2/2	Kleinsuper, FM and MW	graphite, light grey	A. Braun/Dr. F. Eichler	
1960	SK 5 C	Phonosuper, FM, MW, SW, record player	white/red elm	H. Gugelot/D. Rams	
	SK 6	Stereo-Phonosuper, FM, MW, LW, record player	white/red elm	H. Gugelot/D. Rams	
	TS 3-81	Stereo-Tischsuper, RC 81	red elm, walnut	H. Hirche	
	TS 3 A	Stereo-Tischsuper, RC 81 U		H. Hirche	
1961	**RT 20**	Tischsuper, RC 31	beech/white, pearwood/graphite	D. Rams	**103**
	SK 25	Kleinsuper, FM and MW	graphite, light grey	A. Braun/Dr. F. Eichler	**102**
	SK 61	Stereo-Phonosuper, FM, MW, LW, record player	white/red elm	H. Gugelot/D. Rams	
	TS 31	Stereo-Tischsuper, RC 82, C	teak	H. Hirche	
1962	SK 61 C	Stereo-Phonosuper, FM, MW, SW, record player	white/red elm	H. Gugelot/D. Rams	
1963	**SK 55**	Phonosuper, FM, MW, LW, record player	white/ash	H. Gugelot/D. Rams	**115**

Music cabinets

Year	Type	Name	Colour	Designer	Page
1955	MS 1	music cabinet, RC 60	red elm, walnut	Thun Workshops	
	MS 2	music cabinet, RC 60, 10-disc record changer	red elm, walnut	Thun Workshops	
	PK-G (1)	radio-phonograph combination RC 60, maple stand	maple	H. Gugelot	
	PK-G (1)	radio-phonograph combination RC 60, steel stand	maple/anthracite	H. Gugelot	
	PK-G 2	radio-phonograph combination RC 60	maple	H. Gugelot	
1956	**HM 1**	music cabinet, RC 61	red elm, walnut	H. Hirche	**123**
	HM 2	music cabinet, RC 61, 10-disc record changer	red elm, walnut	H. Hirche	
	HM 3	music cabinet, RC 61, 10-disc record changer	red elm, walnut	H. Hirche	
	HM 4	music cabinet, RC 61, 10-disc record changer + reel-to-reel tape recorder	red elm, walnut	H. Hirche	
	MM 1	music cabinet, RC 60	red elm, walnut	Thun Workshops	
	MM 2	music cabinet, RC 60, 10-disc record changer	red elm, walnut	Thun Workshops	
	MM 3	music cabinet, RC 60, 10-disc record changer	red elm, walnut	Thun Workshops	

Year	Type	Name	Colour	Designer	Page
	MS 3	music cabinet, RC 61, 10-disc record changer	red elm, walnut	Thun Workshops	
	PK-G 3	radio-phonograph combination, RC 61, maple stand	maple	H. Gugelot	
	PK-G 4	radio-phonograph combination RC 61, 10-disc record changer, maple stand	maple	H. Gugelot	**122**
1957	HM 5	music cabinet, RC 61-1	teak	H. Hirche	
	HM 6	music cabinet, RC 62, 10-disc record changer	teak, walnut	H. Hirche	
	MM 4	music cabinet, RC 61-1, 10-disc record changer	red elm, walnut	Thun Workshops	**122**
	PK-G 5	radio-phonograph combination, RC 62, maple stand	maple	H. Gugelot	
1958	HM 5	music cabinet, RC 7	teak	H. Hirche	
	HM 5	stereo music cabinet, RC 8	teak, walnut	H. Hirche	
	HM 6	stereo music cab., RC 7/RC 8, 10-disc rec. changer	teak, walnut	H. Hirche	**125**
	HM 7	music cabinet, RC 7, 10-disc record changer	red elm, walnut	H. Hirche	
	MM 4	music cabinet RC 7	red elm, walnut	Thun Workshops	
	MM 4	stereo music cabinet, RC 8 A, 10-disc rec. changer	red elm, walnut	Thun Workshops	
	PK-G 5	radio-phonograph combination, RC 7, maple stand	maple	H. Gugelot	
	R 10	stereo music cabinet, RC 81	red elm, teak	H. Hirche	**124**
	HM 7	stereo music cabinet, RC 8	red elm, walnut	H. Hirche	
1959	HM 5	stereo music cabinet, RC 81 A	teak, walnut	H. Hirche	
	HM 6	stereo music cabinet, RC 81, 10-disc rec. changer	teak, walnut	H. Hirche	
	MM 4	stereo music cabinet, RC 81 A, 10-disc rec. changer	red elm, walnut	Thun Workshops	
	RB 10	storage cabinet (tape recorder cabinet)	red elm, teak	H. Hirche	**124**
	RL 10	box speaker	red elm, teak	H. Hirche	**124**
	HM 7	stereo music cabinet, RC 81	red elm, walnut	H. Hirche	
1960	PK-G 5	stereo combination, RC 8, maple stand	maple	H. Gugelot	
	PK-G 5	stereo combination, RC 81 B, maple stand	maple	H. Gugelot	
	R 10 W	stereo music cabinet, RC 81, 10-disc rec. changer	red elm, teak	H. Hirche	
	RS 11	stereo music cabinet, RC 82-C	red elm, teak, walnut	H. Hirche	
	R 22	stereo music cabinet, RC 82-C, 10-disc rec. changer	walnut, teak	H. Hirche	**125**
1961	MM 41	stereo music cabinet, RC 82 A, 10-disc rec. changer	teak	Thun Workshops	
	PK-G 51	stereo combination, RC 82 B, maple stand	maple	H. Gugelot	
	RS 12	stereo music cabinet, RC 9	teak, walnut	H. Hirche	
	R 23	stereo music cabinet, RC 9, 10-disc record changer	teak, walnut	H. Hirche	

Transistor and portable radios

Year	Type	Name	Colour	Designer	Page
1956	**exporter 2**	portable radio with NA 2 power base	grey-blue/-, English red/white	Ulm Acad. Des. (redes.)	**106**
1957	PC 3	portable record player	light & dark grey	D. Rams/W. Wagenfeld	
	transistor 1	portable radio S/M/L	light grey	D. Rams	
1958	PC 3 SV	portable record player, equipped for stereo	light & dark grey	D. Rams/W. Wagenfeld	
	T 3	transistor radio	light grey	D. Rams/Ulm Acad. Des.	
	transistor 2	portable radio M/L	light grey	D. Rams	
1959	KTH 1/2	earphones in aluminium case	graphite/chrome/aluminium	D. Rams	
	P 1	battery record player	light grey	D. Rams	
	TP1	transistor radio-phonograph, combinesT 4 and P 1	light grey	D. Rams/Ulm Acad.	**82, 108**
	T 4	transistor radio	light grey	D. Rams	
	transistor k	portable radio S/M/L	light grey	D. Rams	
1960	PCK 4	portable stereo phonograph	light & dark grey	D. Rams	
	TP 2	transistor radio-phonograph, combines T 31 and P 1	light grey	D. Rams/Ulm Acad. Des.	
	T 22	portable radio F/S/M/L	light grey	D. Rams	**104**
	T 22-C	portable radio	light grey	D. Rams	
	T 23	portable radio 4 x S	light grey	D. Rams	
	T 24	portable radio S/M/L	grey-green	D. Rams	
	T 31	transistor radio	light grey	D. Rams/Ulm Acad. Des.	
1961	PCV 4	portable stereo amplifier-phonograph	graphite	D. Rams	

Year	Type	Name	Colour	Designer	Page
	T 52	portable radio F/M/L	light grey, blue-grey	D. Rams	**105**
1961	T 54	portable radio	blue-grey	D. Rams	
	T 220	portable radio F/S/M/L w/imitation leather cover	blue, black	D. Rams	
1962	**T 41**	transistor radio	light grey	D. Rams	**107**
	T 520	portable radio F/M/L	light grey, blue-grey, graphite	D. Rams	
	T 521	portable radio F/S/M	light grey, blue-grey, graphite	D. Rams	
	T 530	portable radio M/2 x S	light grey, blue-grey, graphite	D. Rams	
	T 540	portable radio S/M/L	light grey, blue-grey, graphite	D. Rams	
	TH	car mounting	alu.-coloured	D. Rams	
1963	T 221	portable radio F/M w/imitation leather cover	graphite	D. Rams	
	T 225	portable radio w/imitation leather cover	blue	D. Rams	
	T 510	portable radio F/M/L	light grey, blue-grey	D. Rams	
	T 580	Universal portable car radio F/M/L	white, graphite	D. Rams	
	T 1000	short-wave receiver	alu.-coloured/black, white dial	D. Rams	**86, 109**
1964	T 1000	short-wave receiver	alu.-coloured/black, black dial	D. Rams	
	TN 1000	mains adapter	dark grey	D. Rams	
1966	PK 1000	direction-finding antenna	black	D. Rams	
1968	PV 1000	direction-finding adapter	white	D. Rams	
	T 1000 CD	short-wave receiver	alu.-coloured/black, black dial	D. Rams	

Speaker units

Year	Type	Name	Colour	Designer	Page
1957	**L 1**	speaker for Atelier and SK 4	white/red elm	D. Rams	**114**
	L 3	speaker for studio 1	walnut/white/anthracite	G. Lander	**124**
1958	**L 2**	speaker mounted on runners	white/white beech, white/walnut	D. Rams	**126**
1959	**LE 1**	electrostatic speaker w/stand	light grey/graphite	D. Rams	**128**
	RL 10	box speaker	red elm/-, walnut/-, teak/anthracite	H. Hirche	
	L 01	additional speaker w/stand	white/alu.-col., graph. grey/chrome	D. Rams	**128**
	L 02	additional speaker	light grey/anthracite	D. Rams	**130**
1960	L 02 X	additional speaker w/control	light grey/anthracite	D. Rams	
	L 11	speaker for Atelier	white/red elm	D. Rams	
1961	L 12	speaker for Atelier	white/red elm	D. Rams	
	L 40	bookshelf speaker	white/-, graphite/-, walnut/alu.-coloured	D. Rams	**132**
	L 50	bass reflex speaker	white/alu.-coloured	D. Rams	
	L 60	bookshelf and floor-standing speaker	white/-, walnut/alu.-coloured	D. Rams	
	L 61	bookshelf and floor-standing speaker	white/-, graphite/-, walnut/alu.-coloured	D. Rams	
1962	L 20	bookshelf speaker	white/alu.-coloured	D. Rams	
	L 45	flat speaker	white/alu.-coloured	D. Rams	
	L 80	floor-standing speaker	white/-, walnut/fabric, perf.plate/white	D. Rams	
1963	L 25	flat speaker	white/-, graphite/alu.-coloured	D. Rams	
	L 46	flat speaker	white/-, graphite/-, walnut/alu.-coloured	D. Rams	
1964	L 40/1	bookshelf speaker	white/-, graphite/-, walnut/alu.-coloured	D. Rams	
	L 60-4	bookshelf and floor-standing speaker	white/-, graphite/-, walnut/alu.-coloured	D. Rams	
1965	L 700	floor-standing speaker	white/-, walnut/alu.-coloured	D. Rams	
	L 700-4	floor-standing speaker	white/-, walnut/alu.-coloured	D. Rams	
	L 1000	floor-standing speaker	white/alu.-coloured	D. Rams	**132**
	LS 75	PA column speaker	white/alu.-coloured	D. Rams	
	L 300	miniature speaker	white/alu.-coloured, black/black	D. Rams	
	L 450	flat speaker	white/-, graphite/alu.-coloured	D. Rams	
1966	L 800	floor-standing speaker	white/-, walnut/alu.-coloured	D. Rams	
	L 900	floor-standing speaker	white/-, walnut/alu.-coloured	D. Rams	
1967	EDL 2	PA disco speaker	white/alu.-coloured	D. Rams	
	L 250	bookshelf speaker	white/-, walnut/alu.-coloured	D. Rams	
	L 300/1	miniature speaker	white/alu.-coloured	D. Rams	

Year	Type	Name	Colour	Designer	Page
	L 450/1	flat speaker	white/-, graphite/alu.-coloured	D. Rams	
	L 460	speaker, round	white/alu.-coloured	A. Jacobsen	
	L 600	bookshelf speaker	white/-, walnut/alu.-coloured	D. Rams	
1968	ELR 1	PA line array speaker	white/alu.-coloured	D. Rams	
	L 250/1	additional speaker	white/-, walnut/alu.-coloured	D. Rams	
	L 400	bookshelf speaker	white/-, graphite/-, walnut/alu.-coloured	D. Rams	
	L 450-2	flat speaker	white/-, anthracite/-, walnut/alu.-coloured	D. Rams	
	L 910	studio/floor-standing speaker	white/-, walnut/alu.-coloured	D. Rams	
1969	L 300/2	miniature speaker	white/-, walnut/alu.-coloured	D. Rams	
	L 410	bookshelf speaker	white/-, graphite/-, walnut/alu.-coloured	D. Rams	
	L 470	flat speaker	white/-, graphite/-, walnut/alu.-coloured	D. Rams	
	L 610	bookshelf speaker	white/-, walnut/alu.-coloured	D. Rams	
	L 710	studio speaker	white/-, walnut/alu.-coloured, white/black	D. Rams	**94, 138**
	L 810	studio speaker	white/-, walnut/alu.-coloured	D. Rams	**134**
1970	EDL 3	PA disco speaker	white/alu.-coloured	D. Rams	
	EL 450	PA speaker	white/alu.-coloured	D. Rams	
	EL 250	PA speaker	white/alu.-coloured	D. Rams	
	L 310	flat speaker, small	white/-, walnut/alu.-coloured	D. Rams	
	L 500	bookshelf speaker	white/-, walnut/alu.-coloured	D. Rams	
	L 550	speaker, shallow	white/-, walnut/alu.-coloured	D. Rams	
1971	L 480	bookshelf speaker	white/-, anthracite/-, walnut/alu.-coloured	D. Rams	
	L 500/1	bookshelf speaker	white/-, black/-, walnut/alu.-coloured	D. Rams	
	L 550/1	flat speaker	white/-, walnut/alu.-coloured	D. Rams	
	L 620	bookshelf speaker	white/-, walnut/alu.-coloured	D. Rams	
	L 620/1	bookshelf speaker	white/-, black/-, walnut/alu.-coloured	D. Rams	
	LV 1020	powered speaker	white/-, walnut/alu.-coloured	D. Rams	
1972	**L 260**	shelf or wall speaker for cockpit 250/260	white/black	D. Rams	**151**
	L 420	bookshelf speaker	white/alu.-coloured	D. Rams	
	L 420/1	bookshelf speaker	white/-, black/-, walnut/alu.-coloured	D. Rams	
	L 480/1	bookshelf speaker, flat	white/-, black/-, walnut/alu.-coloured	D. Rams	
	L 485	flat speaker	white/-, black/-, walnut/alu.-coloured	D. Rams	
	L 555	flat speaker	white/-, walnut/alu.-coloured	D. Rams	
	L 810-1	floor-standing speaker	white/-, walnut/alu.-coloured	D. Rams	
1973	L 710/1	studio speaker	white/-, black/-, walnut/alu.-coloured	D. Rams	
	L 308	speaker 8°	white/black	D. Rams	**151**
	LV 720	powered speaker	white/-, black/-, walnut/alu.-coloured	D. Rams	
1974	L 425	bookshelf speaker	white/-, walnut/alu.-coloured	D. Rams	
	L 505	bookshelf speaker	white/-, black/-, walnut/alu.-coloured	D. Rams	
	L 625	bookshelf speaker	white/-, black/-, walnut/alu.-coloured	D. Rams	
1975	L 100	miniature speaker	black/black	D. Rams	
	L 320	bookshelf speaker	white/black, walnut/black	D. Rams	
	L 321	bookshelf speaker	white/-, walnut/alu.-coloured	D. Rams	
	L 322	bookshelf or wall speaker	white/black, walnut/black	D. Rams	
	L 530	bookshelf speaker	white/-, black/-, walnut/alu.-coloured	D. Rams	
	L 530 F	flat speaker	white/-, black/-, walnut/alu.-coloured	D. Rams	
	L 630	bookshelf speaker	white/-, black/-, walnut/alu.-coloured	D. Rams	
	L 715	studio speaker	white/-, black/-, walnut/alu.-coloured	D. Rams	
	L 730	bookshelf speaker	white/-, black/-, walnut/alu.-coloured	D. Rams	
	L 830	bookshelf and floor-standing speaker	white/-, black/-, walnut/alu.-coloured	D. Rams	
1976	L 200	bookshelf or wall speaker	white/alu.-coloured, black/black, brown/brown	D. Rams	
	L 2000	output compact studio speaker	white/alu.-coloured, black/black	D. Rams	
1977	L 300	bookshelf or wall speaker	white/alu.-coloured, black/black, brown/brown	D. Rams	
	L 350	bookshelf speaker	black/black	D. Rams	
	L 530 F	bookshelf or wall speaker	white/-, black/-, walnut/alu.-coloured, black/black	D. Rams	

Year	Type	Name	Colour	Designer	Page
1977	L 1030	floor-standing speaker	white/alu.-coloured, black/black	D. Rams	
	L 1030/4 US	floor-standing speaker	white/alu.-coloured, black/black, walnut/black	D. Rams	
1978	GSL 1030	floor-standing speaker	white/alu.-coloured, black/black	D. Rams	
	L 100 auto	car speaker	black/black	D. Rams/L. Littmann	
	L 1030	floor-standing speaker	walnut/black	D. Rams	
	L 1030/8	floor-standing speaker	black/black, walnut/black	D. Rams	
	LC 3	in concert, bookshelf speaker	black/black	D. Rams/P. Hartwein	
	SM 1002	studio mon., bookshelf speaker	white/-, black/-, walnut/alu.-coloured, black/black	D. Rams	
	SM 1003	studio mon., bookshelf speaker	white/-, black/-, walnut/alu.-coloured, black/black	D. Rams	
	SM 1004	studio mon., bookshelf speaker	white/-, black/-, walnut/alu.-coloured, black/black, walnut/brown	D. Rams	
	SM 1005	studio monitor, bookshelf or floor-standing speaker	white/-, black/-, walnut/alu.-coloured, black/black	D. Rams	**142**
1979	H 701	holophonie	black/black	P. Hartwein/P. Schneider	
	ic 50	in concert, booksh. and wall sp.	light grey, walnut/brown	D. Rams/P. Hartwein	
	ic 70	in concert, booksh. and wall sp.	black/black, walnut/brown	D. Rams/P. Hartwein	
	ic 90	in concert, booksh. and wall sp.	black/black, walnut/brown	D. Rams/P. Hartwein	
	LW1	bass speaker unit, tabletop speaker	black/-, walnut/-, oak/-, rosewood/black	D. Rams	
	SM 1006 TC	studio monitor, floor-standing sp.	black/black, walnut/black	D. Rams	
	SM 1002 S	studio monitor, square, bookshelf and wall speaker	white/-, black/-, walnut/alu.-coloured, black/black	D. Rams	
	SM 2150	studio monitor, floor-stand. sp.	alu.-coloured/-, black/-, grey/black	D. Rams/P. Hartwein	**144**
1980	BTB 50/70/90	Teleropa box speaker		D. Rams/P. Hartwein	
	ic 80	in concert	black/black, walnut/brown, brown/brown	D. Rams	
	ic 1002	in concert	walnut/black, walnut/brown	D. Rams/P. Hartwein	
	ic 1003	in concert	walnut/black, walnut/brown	D. Rams/P. Hartwein	
	ic 1004	in concert	walnut/black, walnut/brown	D. Rams/P. Hartwein	
	ic 1005	in concert	walnut/black, walnut/brown	D. Rams/P. Hartwein	
	L 8060 HE	bookshelf and wall speaker	black/black, walnut/brown	D. Rams/P. Hartwein	
	L 8070 HE	bookshelf and wall speaker	black/black, walnut/brown	D. Rams/P. Hartwein	
	L 8080 HE	bookshelf and wall speaker	black/black, walnut/brown	D. Rams/P. Hartwein	
	L 8100 HE	bookshelf, wall and floor-standing speaker	black/black, walnut/brown	D. Rams/P. Hartwein	
	LA sound	bass reflex speaker	black/black, walnut/brown	D. Rams/P. Hartwein	**144**
	SM 1001	studio mon., bookshelf speaker	black/black, white/alu.-coloured, walnut/alu.-coloured	P. Hartwein/P. Schneider	
	SM 1006	studio monitor, floor-stand. sp.	black/black, walnut/black	D. Rams	
1981	ic 60	in concert	black/black, walnut/brown	D. Rams/P. Hartwein	
	ic 100	in concert	black/black, walnut/brown	D. Rams	
	ic 1002	in concert	black/black	D. Rams/P. Hartwein	
	ic 1003	in concert	black/black	D. Rams/P. Hartwein	
	ic 1004	in concert	black/black	D. Rams/P. Hartwein	
	ic 1005	in concert	black/black	D. Rams/P. Hartwein	
1982	Bel 300 i	car speaker	black		
	LS 60	bookshelf speaker	black/black	P. Hartwein	
	LS 70	bookshelf speaker	black/black, white/white, walnut/black	P. Hartwein	**146**
	LS 80	bookshelf speaker	black/black, white/white, walnut/black	P. Hartwein	
	LS 100	bookshelf speaker	black/black, white/white, walnut/black	P. Hartwein	
	LS 120	bookshelf speaker	black/black, white/white, walnut/black	P. Hartwein	
	LS 150	bookshelf speaker	black/black	P. Hartwein	
1983	Bel 320 i	car speaker	black		

Year	Type	Name	Colour	Designer	Page
	LS 40	satellite speaker	black/black, white/white	P. Hartwein	**168**
	LS 130	floor-standing speaker	black/black, white/white	P. Hartwein	
	LS 150	bookshelf speaker	white/white	P. Hartwein	**171**
	LS 150 PA	powered floor-standing speaker	black/black, white/white	P. Hartwein	**148**
	SW 2	subwoofer	black/black, white/white	P. Hartwein	
1984	Bel 315 i	car speaker	black		
	LS 65	bookshelf speaker	black/black, white/white, walnut/black	P. Hartwein	
1985	CS 700	car speaker bass system	black		
1986	**LSV**	satellite speaker	black/black, white/white	P. Hartwein	**142**
1987	CM 5	CompactMonitor	black/black, white/white, grey/grey	P. Hartwein	
	CM 6	CompactMonitor	black/black, white/white, grey/grey	P. Hartwein	**148**
	CM 7	CompactMonitor	black/black, white/white, grey/grey	P. Hartwein	
	LS 150	bookshelf speaker	grey/grey	P. Hartwein	
	LS 150 PA	powered floor-standing speaker	grey	P. Hartwein	
	LS 200	floor-standing speaker	black/black, white/white, redwood	P. Hartwein	
	LTV	speaker for TV 3	black, crystal grey	P. Hartwein	
	S 10	car subwoofer	body		
1988	M 9	StandMonitor	black, crystal grey	P. Hartwein	
	M 90	StandMonitor	black, crystal grey	P. Hartwein	
1989	RM 5	RegalMonitor	black, white, crystal grey	P. Hartwein	
	RM 6	RegalMonitor	black, white, crystal grey	P. Hartwein	
	RM 7	RegalMonitor	black, white, crystal grey	P. Hartwein	
1990	M 10	StandMonitor	black, crystal grey, white, gloss black	P. Hartwein	
	M 12	StandMonitor	black, crystal grey, white, gloss black	P. Hartwein	
	M 15	StandMonitor	black, crystal grey, white, gloss black	P. Hartwein	

Headphones

Year	Type	Name	Colour	Designer	Page
1967	**KH 1000**	stereo headphones	black	R. Weiss	**172**
1968	**KH 100**	mono headph. for T 1000 CD	black	R. Weiss	**172**
1975	**KH 500**	stereo headphones	black	D. Rams	**172**

Speaker columns

Year	Type	Name	Colour	Designer	Page
1987	speaker columns for CM 5, CM 6, CM 7		black, crystal grey	P. Hartwein	

Receivers/pre-amplifiers

Year	Type	Name	Colour	Designer	Page
1972	CES 1020	receiver/pre-amplifier	anthr./black, anthr./alu.-coloured, black	D. Rams	
1980	AC 701	pre-amplifier	black	D. Rams/P. Hartwein	
1987	CC 4	receiver/pre-amplifier, atelier	black, crystal grey	P. Hartwein	

Receivers

Year	Type	Name	Colour	Designer	Page
1959	**CE 11**	receiver, studio 2	light grey/alu.-coloured	D. Rams	**84, 129**
	CE 12	receiver, studio 2	light grey/alu.-coloured	D. Rams	
1963	**CET 15**	receiver	light grey/alu.-coloured	D. Rams	**130**
1964	CE 16	receiver	light grey/alu.-coloured	D. Rams	
1965	CE 1000	receiver	anthracite/alu.-coloured	D. Rams	
1966	CE 500	receiver	anthracite/alu.-coloured	D. Rams	
	CE 500 K	receiver	anthracite/alu.-coloured	D. Rams	
1967	CE 250	receiver	anthracite/alu.-coloured	D. Rams	
1968	CE 1000/2	receiver	anthracite/alu.-coloured	D. Rams	

Year	Type	Name	Colour	Designer	Page
1969	CE 501	receiver	anthracite/alu.-coloured	D. Rams	
	CE 501/1	receiver	anthracite/alu.-coloured	D. Rams	
	CE 501/K	receiver	anthracite/alu.-coloured	D. Rams	
	CE 250/1	receiver	anthracite/alu.-coloured	D. Rams	
	CE 251	receiver	anthracite/alu.-coloured	D. Rams	**136**
1973	CE 1020	receiver	anthracite/alu.-coloured	D. Rams	
1977	CT 1020	receiver	anthracite/black	D. Rams	
1978	T 301	receiver	black, light grey	D. Rams/P. Hartwein	
	TS 501	receiver	black, light grey	D. Rams/P. Hartwein	**143**
1980	**T 1**	receiver, atelier 1	black, crystal grey	P. Hartwein	**147**
1982	**T 2**	receiver, atelier	black, crystal grey	P. Hartwein	**98, 149**

Amplifiers

Year	Type	Name	Colour	Designer	Page
1959	**CV 11**	power amplifier, studio 2	light grey	D. Rams	**84, 129**
1961	**CSV 13**	amplifier	light grey/alu.-coloured	D. Rams	**133**
1962	CSV 130	amplifier	light grey	D. Rams	
	CSV 60	amplifier	light grey/alu.-coloured	D. Rams	**133**
	CSV 10	amplifier	light grey/alu.-coloured	D. Rams	
1965	CSV 1000	amplifier	anthracite/alu.-coloured	D. Rams	
1966	**CSV 12**	amplifier	light grey/alu.-coloured	D. Rams	**131**
	CSV 250	amplifier	anthracite/alu.-coloured	D. Rams	
1967	CSV 60-1	amplifier	light grey/-, anthr./alu.-coloured	D. Rams	
	CSV 500	amplifier	anthracite/alu.-coloured	D. Rams	**135**
1968	CSV 1000/1	amplifier	anthracite/alu.-coloured	D. Rams	
1969	CSV 250/1	amplifier	anthracite/alu.-coloured	D. Rams	
1970	**CSV 300**	amplifier	anthracite/alu.-coloured	D. Rams	**137**
	CSV 510	amplifier	anthracite/alu.-coloured	D. Rams	
1978	A 301	amplifier	light grey, black	D. Rams/P. Hartwein	
	A 501	amplifier	light grey, black	D. Rams/P. Hartwein	**143**
1980	AP 701	high-power amplifier	black	D. Rams/P. Hartwein	
	A 1	amplifier, atelier 1	black, crystal grey	P. Hartwein	**147**
1982	**A 2**	amplifier, atelier	black, crystal grey	P. Hartwein	**98, 149**
1987	PA 4	power amplifier, atelier	black, crystal grey	P. Hartwein	

Control units

Year	Type	Name	Colour	Designer	Page
1959	**CS 11**	control unit for record player, studio 2	light grey/alu.-coloured	D. Rams	**84, 129**
1961	**RCS 9**	control unit	light grey/alu.-coloured	D. Rams	**127**
1962	TS 40	control unit	light grey/alu.-coloured	D. Rams	
1964	TS 45	control unit	light grey/-, graphite/alu.-coloured	D. Rams	
1968	**regie 500**	control unit	anthracite/alu.-coloured	D. Rams	**139**
1969	regie 501	control unit	anthracite/alu.-coloured	D. Rams	
	regie 501 K	control unit	anthracite/alu.-coloured	D. Rams	
1972	**regie 510**	control unit	anthr./alu.-coloured, anthr./black	D. Rams	**140**
1973	**regie 308**	control unit, 8°	black/white	D. Rams	**150**
	regie 308 S	control unit, 8°	black/white	D. Rams	
1974	regie 308 F	control unit, 8°	black/white	D. Rams	
	regie 520	control unit	anthracite/black	D. Rams	
1975	regie 450	control unit	anthracite/black	D. Rams	
1976	**regie 350**	control unit	anthracite/black	D. Rams	**141**
	regie 450 S	control unit	anthracite/black	D. Rams	
	regie 450 E	control unit	anthracite/black	D. Rams	
	regie 550	control unit	black	D. Rams	

464

Year	Type	Name	Colour	Designer	Page
1977	regie 525	control unit	black	D. Rams	
	regie 526	control unit	black	D. Rams	
	regie 528	control unit	black	D. Rams	
	regie 530	control unit, digital	black	D. Rams	
1978	regie 540 E	control unit	light grey	D. Rams	
	regie 550 d	control unit, digital	black, light grey	D. Rams	
	RA 1	control unit, analog	light grey, black	D. Rams/P. Hartwein	**145**
	RS 1	control unit, synthesizer	light grey, black	D. Rams/P. Hartwein	**163**
1981	R 1	control unit, atelier 1	black, crystal grey	P. Hartwein	
1987	R 4	control unit, atelier	black, crystal grey	P. Hartwein	
1986	R 2	control unit, atelier	black, crystal grey	P. Hartwein	

Compact systems with record players

Year	Type	Name	Colour	Designer	Page
1957	**studio 1**	compact system, RC 62-5	grey	H. Gugelot/H. Lindinger	**113**
	atelier 1	compact system, RC 62	white/red elm	D. Rams	**112**
1958	atelier 1	compact stereo system, RC 7	white/red elm	D. Rams	
1959	atelier 1	compact stereo system, RC 8	white/red elm	D. Rams	
	atelier 1-81	compact stereo system, RC 81	white/red elm	D. Rams	
1961	atelier 11	compact stereo system, RC 82	white/red elm	D. Rams	
	atelier 2	compact system, RC 9	white/red elm	D. Rams	
1962	atelier 3	compact system, RC 9	white/alu.-coloured	D. Rams	
	audio 1	compact system	white/-, graphite/alu.-coloured	D. Rams	
	audio 1 M	compact system	white/-, graphite/alu.-coloured	D. Rams	
1963	TC 20	compact system	white/graphite	D. Rams	
1964	**audio 2**	TC 45, compact system	white/-, graphite/alu.-coloured	D. Rams	**116**
1965	audio2/3	compact system	white/-, anthracite/alu.-coloured	D. Rams	
1967	audio 250	compact system	white/-, anthracite/alu.-coloured	D. Rams	
1969	audio 300	compact system	white/-, anthracite/alu.-coloured	D. Rams	
1970	**cockpit**	250 S, compact system	black/light grey	D. Rams	**117**
	cockpit	250 SK, compact system	black/light grey, black/red	D. Rams	
1971	audio 310	compact system	white/-, anthracite/alu.-coloured	D. Rams	
	cockpit	250 W, compact system	black/light grey	D. Rams	
	cockpit	250 WK, compact system	black/light grey	D. Rams	
1972	cockpit	260 S, compact system	black/white	D. Rams	
	cockpit	260 SK, compact system	black/white, black/red	D. Rams	
1973	**audio 308**	compact system, 8°	black	D. Rams	**96, 118**
	audio 400	compact system	black	D. Rams	**119**
1975	audio 308 S	compact system, 8°	black, black/alu.-coloured	D. Rams	
	audio 400 S	compact system	black	D. Rams	
1977	**C 4000**	audio system	anthracite/black	D. Rams	**121**
	P 4000	audio system	anthracite/black	D. Rams	
	PC 4000	audio system	anthracite/black	D. Rams	**120**

Record players

Year	Type	Name	Colour	Designer	Page
1955	G 12	record player, Valvo-Chassis, 3-tourig	maple	H. Gugelot	
1956	G 12	record player, PC-3-Chassis, 3-tourig	maple	H. Gugelot/W. Wagenfeld	
	PC 3	record player	grey/white	W. Wagenfeld/D.Rams/ G. A. Müller	**152**
1957	G 12	4-speed record player, PC 3 body	maple	H. Gugelot/W. Wagenfeld	
	G 12 V	4-speed record player, PC 3 body	maple	H. Gugelot/W. Wagenfeld	**153**
1958	G 12 SV	record player, equipped for stereo	maple	H. Gugelot/W. Wagenfeld	
1959	**PC 3-SV**	record player, equipped for stereo	white/graphite	W. Wagenfeld/D. Rams/G. A. Müller	**154**

Year	Type	Name	Colour	Designer	Page
1961	PCS 4	record player	white/graphite	D. Rams/G. A. Müller	
1962	PC 5	record player	light grey	D. Rams	
	PCS 5 A	record player	light grey, graphite	D. Rams	
	PCS 45	record player	light grey	D. Rams	
	PCS 51	record player	light grey	D. Rams	
	PCS 52	record player	light grey, graphite	D. Rams	
	PCS 5	record player	light grey, graphite	D. Rams	**133, 155**
1963	**PS 2**	record player	white/graphite	D. Rams	**154**
	PCS 5-37	record player	light grey, graphite	D. Rams	
	PCS 46	record player	light grey	D. Rams	
1965	PCS 52-E	record player	light grey, graphite	D. Rams	
	PS 400	record player	white, graphite	D. Rams	
	PS 1000/1000 AS	record player	anthracite	D. Rams	**90**
1967	PS 402	record player	white	D. Rams	
1968	PS 410	record player	white, graphite	D. Rams	
	PS 500/500 E	record player	black/black, anthr./alu.-coloured	D. Rams	**135, 155**
1969	PS 420	record player	white, anthracite	D. Rams	
	PS 600	record player	white, black, walnut	D. Rams	
1971	PS 430	record player	white, anthracite	D. Rams	
1973	PS 350	record player	black	D. Rams/R. Oberheim	
	PS 450	record player	black	D. Rams/R. Oberheim	
	PS 358/458	record player, 8°	black/white	D. Rams/R. Oberheim	**156**
1976	**PS 550**	record player	black, grey	D. Rams/R. Oberheim	**143**
1977	PS 550 S	record player	black, grey	D. Rams/R. Oberheim	
	PDS 550	record player	black, grey	D. Rams/R. Oberheim	**157**
1978	**PC 1**	integral studio system, record player and cassette recorder	black, grey	D. Rams/P. Hartwein	**145**
1979	PC 1 A	record player and cassette recorder	black, grey	D. Rams/P. Hartwein	
1980	**P 1**	record player, atelier 1	black, crystal grey	P. Hartwein	**147**
1981	P 501	record player	black	D. Rams/P. Hartwein	
	P 701	record player	black	D. Rams/R. Oberheim	
1982	P 2	record player, atelier	black	P. Hartwein	
	P 3	record player, atelier	black, crystal grey	P. Hartwein	
1984	**P 4**	record player, atelier	black, crystal grey	P. Hartwein	**98, 149**

Reel-to-reel tape recorders

Year	Type	Name	Colour	Designer	Page
1965	**TG 60**	reel-to-reel tape recorder	white/-, graphite/alu.-coloured	D. Rams	**92**
1967	TG 502/502-4	reel-to-reel tape recorder	white/-, anthr./alu.-coloured	D. Rams	
	TG 504	reel-to-reel tape recorder	white/-, anthr./alu.-coloured	D. Rams	**158**
	TGF 1	remote control	anthracite	D. Rams	
1968	TG 550	reel-to-reel tape recorder	anthracite/alu.-coloured	D. Rams	
	TGF 2	remote control	white	D. Rams	
1970	TD 1000	cover, TG 1000	anthracite	D. Rams	
	TG 1000	reel-to-reel tape recorder	anthr./anthr., -/alu.-coloured	D. Rams	**159**
	TGF 3	remote control, TG 1000	anthracite	D. Rams	
1972	TG 1000/4	reel-to-reel tape recorder	anthr./anthr., -/alu.-coloured	D. Rams	
1974	TG 1020	reel-to-reel tape recorder	anthr./anthr., -/alu.-coloured	D. Rams	
	TG 1020/4	reel-to-reel tape recorder	anthr./anthr., -/alu.-coloured	D. Rams	

Cassette recorders

Year	Type	Name	Colour	Designer	Page
1975	**TGC 450**	cassette recorder	anthracite	D. Rams	**160**
1978	**C 301**	cassette recorder	black, grey	D. Rams/P. Hartwein	**143, 160**

Year	Type	Name	Colour	Designer	Page
1979	C 301 M	cassette recorder	black, grey	D. Rams/P. Hartwein	
1980	**C 1**	cassette recorder, atelier 1	black, crystal grey	P. Hartwein	**147, 161**
1982	**C 2**	cassette recorder, atelier	black, crystal grey	P. Hartwein	**98, 149**
1983	C 3	cassette recorder, atelier	black, crystal grey	P. Hartwein	
1987	C 4	cassette recorder, atelier	black, crystal grey	P. Hartwein	
1988	C 23	cassette recorder, atelier	black, crystal grey	P. Hartwein	
CD players					
1985	**CD 3**	atelier	black, crystal grey	P. Hartwein	**162**
1986	**CD 4**	atelier	black, crystal grey	P. Hartwein	**162**
1988	CD 2	atelier	black, crystal grey	P. Hartwein	
	CD 5	atelier	black, crystal grey	P. Hartwein	
1989	CD 23	atelier	black, crystal grey	P. Hartwein	
Quadro hi-fi systems					
1973	CE 1020	receiver	anthracite	D. Rams	
	CSQ 1020	pre-amplifier w/SQ decoder	anthracite	D. Rams	
	PSQ 500	record player	anthracite	D. Rams	
1974	CD-4	demodulator	anthracite	D. Rams	
	QF 1020	remote control unit	anthracite	D. Rams	
Television sets					
1955	FS 1	tabletop set	walnut, red elm		
	FS 2	tabletop set w/stand	walnut, red elm		
	FS-G	tabletop set	maple, red elm	H. Gugelot	**164**
	FS-G	stand	maple, red elm	H. Gugelot	
1956	FS 2/12	floor-mounted set	walnut, red elm		
	FS 2/13	floor-mounted set	walnut, red elm		
	HFK	television-music cabinet	walnut, red elm	H. Hirche	
1957	HFS	television cabinet	walnut, red elm	H. Hirche	
1958	**FS 3**	tabletop set (accessory tubular steel stand)	walnut, red elm		**164**
	FS 4	tabletop set (accessory tubular steel stand)	walnut, red elm, teak	H. Hirche	
	HFS 1	television cabinet	walnut, red elm, teak	H. Hirche	
	HF 1	tabletop set (accessory tubular steel stand)	dark grey/light grey	H. Hirche	**80, 166**
1959	**HFS 2**	television cabinet	walnut, red elm, teak	H. Hirche	**165**
1961	FS 5	tabletop set (accessory tubular steel stand)	walnut, red elm, teak	H. Hirche	
1962	FS 51	tabletop set (accessory tubular steel stand)	walnut, red elm, teak	H. Hirche	
1963	FS 6	tabletop set (accessory tubular steel stand)	white/walnut, -/red elm, -/teak	H. Hirche	
1964	**FS 60**	tabletop set (accessory tubular steel stand)	white/walnut, -/red elm, -/teak	H. Hirche/D. Rams	**166**
	FS 80	floor-mounted set w/pedestal stand	light grey	D. Rams	**167**
1966	FS 80/1	floor-mounted set w/pedestal stand	light grey	D. Rams	
	FS 600	tabletop set	light grey, anthracite/walnut	D. Rams	
1967	**FS 1000**	tabletop set, colour	light grey	D. Rams	**167**
1969	FS 1010	tabletop set, colour	light grey	D. Rams	
1986	RC 1	remote control, atelier	black, crystal grey	P. Hartwein	
	TV 3	tabletop set, colour, atelier	black, crystal grey	P. Hartwein	**168, 169**
Video cassette recorder					
1988	VC 4	video cassette recorder, atelier	black, crystal grey	P. Hartwein	

Year	Type	Name	Colour	Designer	Page

Hi-fi PA systems

Year	Type	Name	Colour	Designer	Page
1963	PCS 5	record player chassis	alu.-coloured	D. Rams	
1965	LS 75	PA column speaker	white/alu.-coloured	D. Rams	
1967	DSM 1	disco mixing console	alu.-coloured	D. Rams	
	DSV 2	PA high-power amplifier	alu.-coloured	D. Rams	
	EDL 2	PA disco speaker	white/alu.-coloured	D. Rams	
	EKF 1	PA mains and control unit	alu.-coloured	D. Rams	
	ELF 1	PA ventilator unit	alu.-coloured	D. Rams	
	EMM 68-2	PA microphone mixer	alu.-coloured	D. Rams	
	EPL 1	PA record player drawer (not incl. record player)	alu.-coloured	D. Rams	
	ETE 500	PA tuner	alu.-coloured	D. Rams	
	ETG 60	PA reel-to-reel tape recorder	alu.-coloured	D. Rams	
	ETG 402/4	PA reel-to-reel tape recorder	alu.-coloured	D. Rams	
	ETG 502/4	PA reel-to-reel tape recorder	alu.-coloured	D. Rams	
	EVL 500-1	PA high-power amplifier	alu.-coloured	D. Rams	
	EVS 400	PA control amplifier	alu.-coloured	D. Rams	
	EVV 600	PA high-power amplifier	alu.-coloured	D. Rams	
	EVV 600	PA integrated amplifier	alu.-coloured	D. Rams	
	EGZ	PA main equipment rack	alu.-coloured	D. Rams	
	MP 1	stereo mixing console	alu.-coloured	D. Rams	
	SP 1	control console	alu.-coloured	D. Rams	
1968	DSM 1/1	disco mixing console	alu.-coloured	D. Rams	
	ELR 1	PA line array speaker	white/alu.-coloured	D. Rams	
1969	ETE 50	PA tuner	alu.-coloured	D. Rams	
1970	EDL 3	PA disco speaker	white/alu.-coloured	D. Rams	
	EL 250	PA speaker	white/alu.-coloured	D. Rams	
	EL 450	PA speaker	white/alu.-coloured	D. Rams	
1971	DSM 2	disco mixing console	alu.-coloured	D. Rams	

Stands, system cabinets

Year	Type	Name	Colour	Designer	Page
1967	system stand	metal base separate, 33.5 cm /36 cm deep (FS)	alu.-coloured	D. Rams	
	system stand	connecting plates: 80/75/66/53/50/45/ 43/40/28.5 cm wide	anthracite	D. Rams	
	system stand	record compartment 42 cm wide	light grey	D. Rams	
	stand	for FS 600	anthracite/alu.-coloured	D. Rams	
1968	**stand**	for FS 1000/1010	anthracite/alu.-coloured	D. Rams	**167**
1977	GT 500/501	audio tower rack	black	P. Hartwein	
		Systemwagen 1	black, white	P. Hartwein	
1978	**GS 1/2**	appliance stand for vert. and horiz. format	black, white	P. Hartwein	**170**
		Systemwagen 2	black, white	P. Hartwein	
1982	**AF 1**	pedestal stand, atelier	black, crystal grey	P. Hartwein/D. Rams	**98, 170**
1984	**GS 3/4/5/6**	appliance cabinet, atelier	black, crystal grey, white	P. Hartwein	**169, 171**
1989	RB 1	rollboard, atelier	black, crystal grey	P. Hartwein	

Braun Lectron

Year	Type	Name	Colour	Designer	Page
1967	Lectron	Mini-system, Expanded mini-system, Basic system, Expanded system 1/2/3, Basic and expanded system 1, System 300	white	D. Rams/J. Greubel	
	Lectron	Radio experiment set, Intercom experiment set	white	D. Rams/J. Greubel	

Year	Type	Name	Colour	Designer	Page
1969	Lectron	Pupils' practice system 1100/1101/1102/ 1200/1300, Demonstration system 3101/3201, Laboratory system – special/basic/expanded 1	white	D. Rams/J. Greubel	
	Lectron	Book laboratory	white	D. Rams/J. Greubel	

Photography and Film

Flash units

Year	Type	Name	Colour	Designer	Page
1958	**EF 1**	hobby standard	light grey	D. Rams	**184**
	EF 2/NC	hobby special	light grey	D. Rams	
1959	**F 60/30**	hobby	light grey	D. Rams	**185**
	ZL 5	additional flash wand	light grey	D. Rams	
1960	F 22	hobby	light grey	D. Rams	
1961	F 20	hobby	light grey	D. Rams	
	F 80	hobby professional	grey	R. Fischer	
1962	FZ 1	photo cell	light grey	D. Rams	
	F 21	hobby	light grey	D. Rams	**185**
	F 65	hobby	light grey, anthr.	D. Rams	
1963	**F 25**	hobby	grey	D. Rams	**186**
	F 26	hobby	grey	D. Rams	
1964	**EF 300**	hobby	grey	D. Rams	**187**
	F 40	hobby	grey	D. Rams	
1965	F 200	hobby	grey	D. Rams	
	F 260	hobby	grey	D. Rams	
	F 800	professional	grey	R. Fischer	
1966	**F 100**	hobby	light grey	D. Rams	**186**
	F 270	hobby	grey	D. Rams	
	F 650	hobby	grey	D. Rams	
	F 1000	studio flash system	black/alu.-coloured	D. Rams	
1968	F 110	hobby	grey	D. Rams	
	F 210	hobby	grey	D. Rams	
	F 700	professional	grey	D. Rams	
1969	F 220	hobby	grey	D. Rams	
	F 280	hobby	grey	D. Rams	
	F 290	hobby	grey	D. Rams	
	F 655	hobby	grey	D. Rams	**187**
	F 655 LS	hobby-mat	grey	D. Rams	
1970	F 240 LS	hobby-mat	black	D. Rams	
	F 111	hobby	black	D. Rams	**188**
	F 410 LS	hobby-mat	black	D. Rams	
1971	F 16 B	hobby	black	D. Rams	
	F 18 LS	hobby-mat	black	D. Rams	
	F 245 LSR	hobby-mat	black	D. Rams	
1972	40 VCR	2000 vario computer	black	R. Oberheim	
	F 022	2000 vario computer	black	R. Oberheim	**180, 188**
	F 17	hobby	black	D. Rams	
	F 027	2000 vario computer	black	R. Oberheim	
1974	17 B	hobby	black	R. Oberheim	
	17 BC	hobby	black	R. Oberheim	
	23 B	hobby	black	R. Oberheim	**188**
	23 BC	hobby	black	R. Oberheim	
	28 BC	hobby	black	R. Oberheim	
	28 BVC	vario computer	black	R. Oberheim	

Year	Type	Name	Colour	Designer	Page
1974	42 VCR	vario computer	black	R. Oberheim	
	F 900	professional	black	R. Oberheim	**189**
1976	280 BVC	vario computer	black	R. Oberheim	
	280 BC	vario	black	R. Oberheim	
	380 BVC	vario computer	black	R. Oberheim	**189**
	400 VC	vario computer	black	R. Oberheim	
	460 VCS	vario computer	black	R. Oberheim	
1977	34 VC	vario computer	black	R. Oberheim	
	42 VC	vario computer	black	R. Oberheim	
	F 910	professional	black	R. Oberheim	
1978	170 B	hobby	black	R. Oberheim	
	170 BC	hobby	black	R. Oberheim	
	200 B	hobby	black	R. Oberheim	
	200 BC	hobby	black	R. Oberheim	
	230 BP	hobby	black	R. Oberheim	
	260 B	hobby	black	R. Oberheim	
	260 BC	hobby	black	R. Oberheim	
	260 C	hobby	black	R. Oberheim	
	270 BK	hobby	black	R. Oberheim	
	310 BC	vario	black	R. Oberheim	
	370 BVC	vario computer	black	R. Oberheim	
	410 VC	vario computer	black	R. Oberheim	
	420 BVC	vario computer	black	R. Oberheim	
	440 VC	vario computer	black	R. Oberheim	
	500 VC	vario computer	black	R. Oberheim	
	900	vario control	black	R. Oberheim	
1980	320 BVC/SCA	vario distance	black	R. Oberheim	
	340 SCA/M SCA	vario zoom	black	R. Oberheim	
1981		macro flash	black	R. Oberheim	
1982	28 M	Ultrablitz	black	R. Oberheim	
	32 M	Ultrablitz	black	R. Oberheim	
	34 M	Ultrablitz	black	R. Oberheim	
	400 M	logic	black	R. Oberheim	
1983	38 M	Ultrablitz logic	black	R. Oberheim	
1989	SCA 1	vario control	black	R. Oberheim	

Nizo film cameras

Year	Type	Name	Colour	Designer	Page
1963	**FA 3**	spring mech. Variogon 1.8/9–30 mm Angénieux Zoom 1.8/7.5–35 mm	black/alu.-coloured	D. Rams/R. Fischer/ R. Oberheim	**190**
1964	**EA 1**	electric Variogon 1.8/9–30 mm	black/alu.-coloured	D. Rams/R. Fischer	**190**
1965	**S 8**	Variogon 1.8/8–40 mm	alu.-coloured	R. Oberheim	176
	S 8 M	Variogon 1.8/10–35 mm	alu.-coloured	R. Oberheim	
1966	S 8 E	Variogon 1.8/10–35 mm	alu.-coloured	R. Oberheim	
	S 8 L	Variogon 1.8/8–40 mm	alu.-coloured	R. Oberheim	
	S 8 T	Variogon 1.8/7–56 mm	alu.-coloured	R. Oberheim	**191**
1967	S 8 S	Variogon (Export)	alu.-coloured	R. Oberheim	
1968	S 36	Variogon 1.8/9–36 mm	alu.-coloured	R. Oberheim	
	S 40	Variogon 1.8/8–40 mm	alu.-coloured	R. Oberheim	
	S 55	Variogon 1.8/7–56 mm	alu.-coloured	R. Oberheim	
	S 56	Variogon 1.8/7–56 mm	alu.-coloured	R. Oberheim	**191**
	S 80	Variogon 1.8/10–80 mm	alu.-coloured	R. Oberheim	
	spezial	Variogon 1.8/7–56 mm	alu.-coloured	R. Oberheim	
1969	S 48	Variogon 1.8/8–48 mm	alu.-coloured	R. Oberheim	

Year	Type	Name	Colour	Designer	Page
1970	S 30	Variogon 1.8/10–30 mm	alu.-coloured	R. Oberheim	
	S 480	Variogon 1.8/8–48 mm	alu.-coloured	R. Oberheim	
	S 560	Variogon 1.8/7–56 mm	alu.-coloured	R. Oberheim	
	S 800	Variogon 1.8/7–80 mm	alu.-coloured	R. Oberheim	
	S 800 set	Variogon 1.8/7–80 mm	black	R. Oberheim	**192**
1972	S 1	Variogon 1.8/10–30 mm	black	R. Oberheim	
	S 2	Variogon 1.8/8–40 mm	black	R. Oberheim	
	S 48-2	Variogon 1.8/8–48 mm	alu.-coloured	R. Oberheim	
1973	**spezial 136**	Variogon 1.8/9–36 mm	alu.-coloured	R. Oberheim	**193**
	spezial 148	Variogon 1.8/8–48 mm	alu.-coloured	R. Oberheim	
1974	136 XL	Variogon 1.8/9–36 mm	alu.-coloured	R. Oberheim	
	148 XL	Variogon 1.8/8–48 mm	alu.-coloured	R. Oberheim	
	156	Variogon 1.8/7–56 mm	alu.-coloured	R. Oberheim	
	156 XL	Variogon 1.8/7–56 mm	alu.-coloured	R. Oberheim	
	481	Variogon 1.8/8–48 mm	alu.-coloured	R. Oberheim	
	561	Variogon 1.8/7–56 mm	alu.-coloured	R. Oberheim	
	801	Variogon 1.8/7–80 mm	black	R. Oberheim	
	801 set	Variogon 1.8/7–80 mm	alu.-coloured	R. Oberheim	
	professional	Variogon macro 1.8/7–80 mm	alu.-coloured	R. Oberheim	**195**
1975	106 XL	Variogon 1.8/8–48 mm	black	R. Oberheim	
	125	Variogon 1.8/9–36 mm	black	R. Oberheim	
	126	Variogon 1.8/7–48 mm	black	R. Oberheim	
	128	Variogon 1.8/7–56 mm	black	R. Oberheim	
1976	116	Nizogon 1.8/8–48 mm	black	R. Oberheim	
	148 macro	Variogon macro 1.8/8–48 mm	alu.-coloured	R. Oberheim	
	156 macro	Variogon macro 1.8/7–56 mm	alu.-coloured, black	R. Oberheim	
	206 XL	Variogon macro 1.8/7–56 mm	black	R. Oberheim	
	481 macro	Variogon macro 1.7/8–48 mm	alu.-coloured	R. Oberheim	
	561 macro	Variogon macro 1.7/7–56 mm	alu.-coloured	R. Oberheim	
	801 macro	Variogon macro 1.7/7–80 mm	alu.-coloured	R. Oberheim	
	801 macro set	Variogon macro 1.7/7–80 mm	black	R. Oberheim	
	1048 sound	Macro-Variogon 1.8/8–48 mm	alu.-coloured	P. Schneider	
	2056 sound	Macro-Variogon 1.4/7–56 mm	alu.-coloured	P. Schneider	**194**
1978	3048 sound	Macro-Variogon 1.8/8–48 mm	black	P. Schneider	
	3056 sound	Macro-Variogon 1.4/7–56 mm	black	P. Schneider	
	4056	Macro-Variogon 1.4/7–56 mm	black	P. Schneider	
	4080	Macro-Variogon 1.4/7–80 mm	black	P. Schneider	
1979	integral 5	Macro-Variogon 1.2/8–40 mm	black	P. Schneider	
	integral 6	Macro-Variogon 1.2/7.5–45 mm	black	P. Schneider	
	integral 6 S	Macro-Variogon 1.2/7.5–45 mm	black/alu.-coloured	P. Schneider	
	integral 7	Macro-Variogon 1.2/7–50 mm	black	P. Schneider	**182, 195**
1980	6056	Macro-Variogon 1.4/7–56 mm	black	P. Schneider	
	6080	Macro-Variogon 1.4/7–80 mm	black	P. Schneider	
1981	integral 10	Macro-Variogon 1.4/7–70 mm	black	P. Schneider	

Film projectors

Year	Type	Name	Colour	Designer	Page
1964	FP 1	Nizo film projector	light grey	D. Rams/R. Oberheim	
1965	**FP 1 S**	Nizo film projector	light grey	D. Rams/R. Oberheim	**196**
1966	FP 3 S	film projector	alu.-coloured	R. Oberheim	
1969	FP 5	film projector	alu.-coloured	R. Oberheim	
1971	FP 7	film projector	black	R. Oberheim	
	FP 25	film projector	black	R. Oberheim	
	FP 30	film projector	alu.-coloured	R. Oberheim	**197**

Year	Type	Name	Colour	Designer	Page
1973	FP 35	film projector	black	R. Oberheim	
	FP 35 S	film projector	black	R. Oberheim	
	Synton FP	sound synchronizing unit	black	R. Oberheim	
1974	FP 8	film projector	black/alu.-coloured	R. Oberheim	
1976	100	Visacustic multiplay, sound projector	black	P. Hartwein	
	1000	Visacustic stereo, sound projector	black	P. Hartwein	**198**
1977		Visacustic control unit	black	P. Hartwein	
1979	2000	Visacustic digital, sound projector	black	P. Hartwein	

Film accessories

1964	FF 1	film light	grey/alu.-coloured	R. Fischer	
1968	**FK 1**	film splicer	grey/alu.-coloured	R. Oberheim	**199**
	SB 1	film viewer	grey/alu.-coloured, black	R. Oberheim	
1972	FK 2	film splicer	black	P. Schneider	
1975	**ST 3**	shoulder tripod	black	P. Hartwein	**192**
1977	**FK 4**	film splicer	black	P. Schneider	**199**
	SB 2	film viewer	black	R. Oberheim	
1978	**1000**	Nizolux film light	black	R. Oberheim	**206**
	1000 G	Nizolux w/fan	black	R. Oberheim	

Slide projectors

1956	**PA 1**	automatic projector	light grey	D. Rams	**200**
1957	PA 2	automatic projector	light grey	D. Rams	
1961	D 40	automatic projector	light grey/alu.-coloured	D. Rams	
1962	D 5	Combiscope	light grey	D. Rams	
	D 10	small projector	light grey	D. Rams	**202**
	D 20	automatic low-voltage projector	light grey, graphite	D. Rams	**202**
1963	**D 6**	Combiscope	light grey	D. Rams	**201**
1964	D 21	automatic slide projector	light grey	D. Rams/R. Oberheim	
1965	D 45	automatic slide projector	alu.-coloured	D. Rams/R. Oberheim	
1966	**D 25**	automatic slide projector	light grey/dark grey	R. Oberheim	**203**
	D 47	automatic slide projector	alu.-coloured	D. Rams/R. Oberheim	
1967	D 15	semi-automatic slide projector	light grey/dark grey	R. Oberheim	
	D 46/46 J	automatic slide projector	alu.-coloured	D. Rams	
1968	D 35	automatic slide projector	alu.-coloured/grey	R. Oberheim	
1970	D 7	slide viewer and projector	grey	R. Oberheim	
	D 46/MV	Multivision special projector	alu.-coloured	P. Hartwein	
	D 300	automatic slide projector	black	R. Oberheim	**178, 204**
	PG	Multivision programme projector	anthracite		
1974	D 300 AF	automatic slide projector w/autofocus	black	R. Oberheim	
	PG 100	programme computer	black	P. Hartwein	
	Tandem	Professional	black	P. Hartwein	**205**
	Tandem	Variotuner	black	P. Hartwein	
	Tandem	projector	black	P. Hartwein	
	Tandem	remote control w/timer	black	P. Hartwein	

Photo camera

1968	**Nizo 1000**	pocket camera	black/alu.-coloured	R. Oberheim	**206**

Year	Type	Name	No.	Colour	Designer	Page

Clocks and Pocket Calculators

Desktop and alarm clocks

Year	Type	Name	No.	Colour	Designer	Page
1971	**phase 1**	battery and mains	4915–4917/4928	pearl white, red, olive green, trans.	D. Rams/D.Lubs	**224**
1972	**phase 2**	battery and mains, date or signal	4924/4925	black, red, yellow	D. Lubs	**224**
	phase 3	analog clock, mains	4927	black, white	D. Lubs	
1975	**AB 20/20 tb**	exact quartz/travel	4963	black	D. Rams/D. Lubs	**226**
	functional	Digital DN 18	4958	velour nickel-plated	D. Lubs	**225**
	functional	Digital DN 42	4815	black	D. Lubs	**210**
	digital compact	Digital DN 19	4937	white	D. Lubs	**224**
	AB 20 exact	quartz color	4963	grey, green, red, brown	D. Rams/D. Lubs	
1976	**DN 40**	electronic	4967	black, red, white	D. Rams/D. Lubs	**225**
1978	**AB 21/s**	signal quartz	4821/4836	black, red, white	D. Rams/D. Lubs	**226**
1979	**DN 50**	visotronic	4850	black	L. Littmann	**227**
	phase 4	analog clock, mains	4842	black, white	D. Lubs	
1980	**AB 11**	megamatic quartz	4834	black, white	D. Lubs	**228**
	DN 30	digital alarm	4832	black, white	D. Lubs	
1982	AB 20 sl	sensormat quartz	4838	black	D. Lubs	
	AB 22	quartz	4849	black, white	D. Rams/D. Lubs	
	AB 3/31 t/ts	compact quartz	4857/4829	black,white, brown, grey, light grey, blue	D. Lubs	
	AB 30	alarm quartz	4847	black, white, black/white	D. Lubs	**228**
	AB 310 ts	alarm quartz	4858	black	D. Lubs	
	AB 44	quartz	4851	black, white	D. Lubs	
1983	AB 3 (a)	compact quartz	4750	black, white, brown	D. Lubs	
	AB 30 s	quartz	4853	black/silver	D. Lubs	
	DN 30 s	digital alarm	4808	black, white	D. Lubs	
	DN 54	visotronic 4	4807	black	L. Littmann	
1984	**AB 2**	quartz	4761	black, white, yellow, green, other	J. Greubel/D. Rams	**229**
	AB 30 vs	voice control	4763	black	D. Lubs	
	AB 45 vsl	voice control	4762	black	D. Lubs	
1985	AB 30 sl	quartz	4768	black	D. Lubs	
	AB 46/24h	quartz	4765	black	D. Lubs	
	AB 312 vsl	voice control	4760	black	D. Lubs	**218, 230**
	AB 312 sl	quartz	4759	black, white	D. Lubs	
	KT timer	timer	4859	white	D. Lubs	
1986	AB 30 vs	Version SMD	4763	black	D. Lubs	
1987	**AB 1**	quartz	4746	black, white	D. Lubs	**230**
	AB 4	quartz	4749	black, white	D. Lubs	
	AB 35 rs	reflex control	4751	black	D. Lubs	
	AB 50 rsl	reflex control	4775	black	D. Lubs	
1988	AB 35	quartz	4761	black	D. Lubs	
	AB 50 l/sl	quartz	4772/4774	black	D. Lubs	
	AB 312 s	quartz	4770	black	D. Lubs	
	KTC/KC	comb. quartz clock + timer timer	4863/4859	white	D. Lubs	**229**
1990	AB 5	quartz	4748	black, white	D. Lubs	
	AB 313	quartz	4785	black	D. Lubs	
	AB 313 rsl	reflex control	4783	black	D. Lubs	
	AB 313 sl	quartz	4784	black, white	D. Lubs	
	AB 313 vsl	voice control	4786	black	D. Lubs	
1991	**DB 10 sl**	digital	3876	grey/green, grey	D. Lubs	**220, 231**

Year	Type	Name	No.	Colour	Designer	Page
1991	DB 10 fsl	time control digital radio-contr. clock	3877	black	D. Lubs	
1992	AB 7	quartz	4744	black, white, brown	D. Lubs	
	AB 40 sl	quartz	4742	black, white	D. Lubs	
	AB 40 vsl	voice control	4745	black	D. Lubs	**230**
1993	**AB 6**	quartz	4747	black	D. Lubs	**233**
	DAB 80 fsl	time control radio-contr. clock	3863	black	D. Lubs	**232**
	DAB 80 sl	electronic	3860	black	D. Lubs	
	DB 10 sl	digital	3876	black	D. Lubs	
1994	AB 1 A	quartz	3855	black, white	D. Lubs	
	AB 60 fsl	time control radio-contr. clock	3850	black	D. Lubs	**232**
1995	AB 60 rsl	reflex control	3851	black	D. Lubs	
	AB 314	basic quartz	3872	black	D. Lubs	
	AB 314 fsl	time control travel alarm clock, radio-contr.	3868	black	D. Lubs	
	AB 314 sl	quartz	3864	black, white	D. Lubs	**233**
	AB 314 rsl	reflex control infra red	3866	black	D. Lubs	
	AB 314 vm	voice memo	3867	black	D. Lubs	
1996	AB 55 fsl	time control radio-contr. clock	3856	black	D. Lubs	
	AB 55 rf	time control reflex	3858	black	D. Lubs	
	AB 55 vf	time control voice radio-contr. clock	3857	black	D. Lubs	
	AB 314 vsl	voice control	3865	black	D. Lubs	
	DB 12 fsl	time control temperature	3875	black	D. Lubs	**231**
1999	ABW 31	Classic Millennium Edition	4861	silver	D. Lubs	
	DB 12 fsl	time control temperature, Millennium Edition	3875	silver	D. Lubs	
	AB 5	quartz, Millennium Edition	4748	silver	D. Lubs	
2001	AB 1	quartz	4746	silver	D. Lubs	
	AB 1	quartz	4746	dark blue-metallic	D. Lubs	
2005	AB 25	quartz advance	3831	silver	P. Hartwein	
	AB 4	quartz	3830	silver	P. Hartwein	
	AB 5A	quartz classic	3829	silver	P. Hartwein	

Clock radios

Year	Type	Name	No.	Colour	Designer	Page
1978	**ABR 21**	signal radio	4826	black, white	D. Rams/D. Lubs	**214, 234**
	ABR 21	fm signal radio	4840	white	D. Rams/D. Lubs	
1981	**ABR 11**	megamatic radio	4846	black	D. Rams/D. Lubs	**234**
1990	**ABR 313 sl**	radio alarm quartz	4779	black	D. Lubs	**234**
1996	**ABR 314 df**	digital radio time control	3869	black	D. Lubs	**235**
1999	**ABR 314 df**	digital radio time control, Millennium Edition	3869	silver	D. Lubs	**235**

Wall clocks

Year	Type	Name	No.	Colour	Designer	Page
1979	**ABW 21**	domo quartz fix + flex	4833	black, white	D. Lubs	**236**
1980	ABW 22	domo quartz 2 fix + flex	4837	black, white	D. Lubs	
	ABW 21 d	domodesk quartz desktop version	4833	black, white	D. Lubs	**236**
	ABW 21 set	domoset quartz clock w/barometer	4855	black	D. Lubs	**236**
1981	**ABW 41**	domodisque	4839	black	D. Lubs	**216, 237**
1982	**ABK 30**	quartz	4861	white/-,yellow/-,blue/-,red/-, brown/white, black/black	D. Lubs	**237**
	ABW 30	quartz	4861	as ABK 30	D. Lubs	
1985	ABK 40	wall clock	4823	white, black	D. Lubs	
	ABK 20	wall clock	4780	red, white, blue, black, brown	D. Lubs	**238**
	ABW 20	wall clock	4780	red, white, blue, black, brown	D. Lubs	
	ABK 31	wall clock	4781	white/white, red/grey, brown/brown	D. Lubs	**238**
1987	**ABW 21**	quartz	4782	grey/blue/transparent	D. Lubs	**239**

Year	Type	Name	No.	Colour	Designer	Page
1988	**ABW 35**	quartz	4778	grey/transparent	D. Lubs	**239**
1999	ABW 31	Edition	4861	silver	D. Lubs	
Wristwatches						
1977	**DW 20**	quartz LCD digital	4812	chrome, black	D. Rams/D. Lubs	**240**
1978	**DW 30**	quartz LCD digital	4814	chrome (black not sold)	D. Rams/D. Lubs	**212**
1989	**AW 10**	quartz analog	4789	chrome, black	D. Lubs	**240**
1990	AW 20	quartz analog w/numerals	3802	chrome, black	D. Lubs	
1991	**AW 50**	quartz analog	3805	platinum	D. Lubs	**240**
1992	AW 50	quartz analog	3805	titanium ceramic	D. Lubs	
1994	AW 15	quartz analog	3801	chrome, black	D. Lubs	
	AW 20	quartz analog w/o numerals	3802	chrome, black	D. Lubs	
	AW 30	quartz analog	3803	chrome, black	D. Lubs	
1995	AW 60 S	Chronodate	3806	stainless steel	D. Lubs	
	AW 60 T	Chronodate	3806	titanium ceramic	D. Lubs	**241**
1998	AW 21	quartz analog (polished)	3804	silver/black	D. Lubs	
1999	AW 70	Chronodate Millennium Edition	3806	silver/black	D. Lubs	
2001	AW 75	Chronodate titanium	3806	titanium/black	D. Lubs	
2003	AW 12	quartz	3811	silver/blue	P. Hartwein	
	AW 22	quartz	3812	silver/black	P. Hartwein	**241**
	AW 24	quartz	3814	black/blue	P. Hartwein	**241**
	AW 55	quartz	3815	silver	P. Hartwein	
Pocket calculators						
1975	**ET 11**	control	4954	black	D. Rams/D. Lubs	**242**
1976	**ET 22**	control	4955	black	D. Rams/D. Lubs	**242**
1977	ET 23	control	4955	black	D. Rams/D. Lubs	
	ET 33	control LCD (slim LCD)	4993	black	D. Rams/D. Lubs/ L. Littmann	**222, 242**
1978	**ET 44**	control LCD	4994	black	D. Rams/D. Lubs	**243**
1981	ET 55	control LCD	4835	black	D. Rams/D. Lubs	
1983	ET 55	control LCD	4835	white	D. Rams/D. Lubs	
1987	ET 66	control	4776	black	D. Rams/D. Lubs	
	ETS 77	control solar	4777	black	D. Lubs/D. Rams	**243**
	ST 1	solar card	4856	black	D. Lubs	**244**
1991	**ET 88**	world traveller	4877	black	D. Lubs	**244**
1995	ET 90	protocol	4769	black	D. Lubs	
2002	ET 100	business control	4831	black	D. Lubs	
Lighters and Flashlights						
Table lighters						
1966	**TFG 1**	permanent	6826/601	plastic, black, grid pattern	R. Weiss	**254**
	TFG 1	permanent	6826/603	oxford leather, grained	R. Weiss	
	TFG 1	permanent	6826/607	polished chrome, grid pattern	R. Weiss	
	TFG 1	permanent	6826/608	silver-plated, grid pattern	R. Weiss	
	TFG 1	permanent	6826/609	gold-plated, grid pattern	R. Weiss	
	TFG 1	permanent	6826/610	silver, 925 Str	R. Weiss	
	TFG 1	permanent	6826/611	14-carat gold	R. Weiss	
1966	TFG 1	permanent	6826/612	18-carat gold	R. Weiss	
	TFG 1	permanent	6826/700	acrylic	R. Weiss	

Year	Type	Name No.	Colour		Designer	Page
	TFG 1	permanent	6826/700	morocco leather, smooth, silver-plated edge	R. Weiss	
	TFG 1	permanent	6826/700	oxford leather, grained, platinum-plated edge	R. Weiss	
	TFG 1	permanent	6826/700	morocco leather, smooth	R. Weiss	
1968	**T 2/TFG 2**	cylindric	6822/272	metal – silver-plated, longitudinal grooves	D. Rams	**248, 255**
	T 2/TFG 2	cylindric	6822/708	metal – silver-plated, smooth	D. Rams	
	T 2/TFG 2	cylindric	6822/712	plastic – red	D. Rams	
	T 2/TFG 2	cylindric	6822/713	plastic – blue	D. Rams	
	T 2/TFG 2	cylindric	6822/715	plastic – black, black top	D. Rams	
	T 2/TFG 2	cylindric	6822/716	plastic – black, chrome-plated top	D. Rams	
	T 2/TFG 2	cylindric	6822/717	plastic – orange	D. Rams	
	T 2/TFG 2	cylindric	6822/718	metal – chrome-plated, ring texture	D. Rams	
	T 2/TFG 2	cylindric	6822/730	acrylic	D. Rams	
	T 2/TFG 2	cylindric	6822/302	metal – chrome-plated, polished	D. Rams	
	T 2/TFG 2	cylindric	6822/303	metal – chrome-plated, longitud. grooves	D. Rams	
	T 2/TFG 2	cylindric	6822/304	metal – black, ring texture	D. Rams	
	T 2/TFG 2	cylindric	6822/305	metal – silver-plated, grid pattern	D. Rams	
1970	**T 3**	domino, battery ignition	6740/700	plastic – red	D. Rams	**250, 256**
	T 3	domino, battery ignition	6740/701	plastic – yellow	D. Rams	
	T 3	domino, battery ignition	6740/702	plastic – blue	D. Rams	
	T 3	domino, battery ignition	6740/703	plastic – white	D. Rams	
1976	domino	w/piezo ignition	6834/301	plastic – black, matte	D. Rams	
	domino	w/piezo ignition	6834/302	plastic – red	D. Rams	
	domino	w/piezo ignition	6834/303	plastic – yellow	D. Rams	
	domino	w/piezo ignition	6834/304	plastic – green	D. Rams	
	domino set	w/3 ashtrays	6855/301	plastic – black, matte	D. Rams	
	domino set	w/3 ashtrays	6855/302	plastic – red	D. Rams	
	domino set	w/3 ashtrays	6855/303	plastic – yellow	D. Rams	
	domino set	w/3 ashtrays	6855/304	plastic – green	D. Rams	

Pocket lighters

Year	Type	Name No.	Colour		Designer	Page
1971	**F 1**	mactron	6902/703	metal – chrome/black, grid pattern	D. Rams	**257**
	F 1	mactron	6902/237	metal – chrome, grid pattern	D. Rams	
	F 1	mactron	6902/237	metal – chrome, silver-plated, grid pattern	D. Rams	
	mach 2		6991/302	metal – black chrome-plated, grid pattern	D. Rams/F. Seiffert	**257**
	mach 2		6991/303	metal – velour chrome-plated, grid pattern	D. Rams/F. Seiffert	
	mach 2		6991/305	metal – silver-plated, rhodium-plated	D. Rams/F. Seiffert	
	mach 2		6991/307	plastic – black/chrome	D. Rams/F. Seiffert	
	mach 2		6991/311	metal – velour/black chrome-plated, smooth	D. Rams/F. Seiffert	
	mach 2		6991/312	metal – velour chrome-plated, smooth	D. Rams/F. Seiffert	
	mach 2		6991/313	metal – black chrome-plated, smooth	D. Rams/F. Seiffert	
	mach 2		6991/314	metal – gold-plated, grid pattern	D. Rams/F. Seiffert	
	mach 2		6991/314	metal – velour/black chrome-plated, grid pattern	D. Rams/F. Seiffert	
1972	**electric**	(mach 2 slim)	6060/301	metal – black, smooth	Gugelot Institute	**257**
	electric	(mach 2 slim)	6060/302	metal – chrome, smooth/brushed	Gugelot Institute	
	electric	(mach 2 slim)	6060/303	metal – black, longitud. grooves	Gugelot Institute	
	electric	(mach 2 slim)	6060/304	metal – chrome, longitud. grooves	Gugelot Institute	
1973	**T 4**	studio	6809/110	plastic – black, black button	Gugelot Institute	**258**
	T 4	studio	6809/111	plastic – black, orange button	Gugelot Institute	
	T 4	studio	6809/112	plastic – black, brown button	Gugelot Institute	
	T 4	studio	6809/113	plastic – black, green button	Gugelot Institute	
1974	centric		6817/331	black anodized	J. Greubel	
	centric		6817/332	light anodized	J. Greubel	
	centric		6817/333	black, longitud. grooves, w/border	J. Greubel	

Year	Type	Name	No.	Colour	Designer	Page
	centric		6817/334	chrome, longitud. grooves, w/border	J. Greubel	
	centric		6817/335	polished chrome	J. Greubel	
	centric		6817/336	chrome, transv. stripe pattern, w/border	J. Greubel	
	centric		6817/337	black, full-length longitud. stripe pattern	J. Greubel	
	centric		6817/338	chrome, grid pattern, w/border	J. Greubel	**258**
	energetic	solar	6933/001	metal – chrome, smooth (not sold)	D. Rams	
	weekend		6813/062	orange	D. Rams	
	weekend		6813/062	black	D. Rams	**258**
	weekend		6813/063	green	D. Rams	
	weekend		6813/063	black	D. Rams	
	weekend		6813/064	brown	D. Rams	
	weekend		6813/064	black	D. Rams	
	weekend		6813/033	black	D. Rams	
	weekend		6813/302	black	D. Rams	
	weekend		6813/302	chrome	D. Rams	
	weekend		6813/303	black, grid pattern	D. Rams	
	weekend		6813/303	black	D. Rams	
	weekend		6813/304	black, line pattern	D. Rams	
	weekend		6813/304	black	D. Rams	
1975	**dino**		6110/302	plastic – black	Busse Design (redesign)	**259**
	DERBY[1]			black	D. Rams	
	SMOKI[1]			blue, black, yellow, red, orange, brown, chrome-plated, striped guilloche	D. Rams	
1976	linear		6880/301	metal – chrome/black, grid pattern	D. Rams	
	linear		6880/302	metal – chrome, grid pattern	D. Rams	
	linear		6880/303	metal – chrome, stripe pattern	D. Rams	
	linear		6880/304	metal – polished chrome	D. Rams	
1977	contour		6848/301	chrome, matte	Gugelot Institute	
	contour		6848/302	black, matte	Gugelot Institute	
	contour		6848/305	chrome, line pattern, terminated by transv. line	Gugelot Institute	
	contour		6848/306	black, line pattern	Gugelot Institute	
	contour		6848/307	chrome, grid pattern	Gugelot Institute	
	contour		6848/308	chrome, black grip surface	Gugelot Institute	
	contour		6848/309	chrome, line pattern	Gugelot Institute	
	contour		6848/310	chrome, grid patern, black depressions	Gugelot Institute	
	duo		6070/302	black, smooth	Busse Design	**259**
	duo		6070/302	steel, smooth	Busse Design	
	duo		6070/303	black, grooved	Busse Design	
	duo		6070/303	steel, smooth	Busse Design	
	duo		6070/304	black, smooth	Busse Design	
	duo		6070/304	steel, gerillt	Busse Design	
	duo		6070/305	black, smooth	Busse Design	
	duo		6070/305	black, smooth	Busse Design	
	duo		6070/310	black, grooved	Busse Design	
	duo		6070/310	black, smooth	Busse Design	
	duo plus	w/fluid canister	6070/320	black, smooth	Busse Design	
	duo plus	w/fluid canister	6070/320	black, smooth	Busse Design	
1980	**dymatic**		6120/301	chrome, matte	D. Rams	**259**
	dymatic		6120/302	black	D. Rams	
	dymatic		6120/303	chrome, grooved, gloss	D. Rams	
1981	club		6135/700	chrome, gloss	D. Rams	
	club		6135/701	chrome, matte	D. Rams	
	club		6135/702	black, matte	D. Rams	
	club		6135/703	stainless steel, brushed	D. Rams	

Wand lighters

Year	Type	Name	No.	Colour	Designer	Page
1977	CG 1	wand lighter for kitchen[1]		white, blue, red, orange	L. Littmann	
1981	**variabel**	wand lighter	6130/700	brushed chrome	D. Rams	**260**
	variabel	wand lighter	6130/700	brushed stainless steel	D. Rams	
1985	BG 1	wand lighter for kitchen[1]		white, blue, red	D. Rams	

Flashlights

Year	Type	Name	No.	Colour	Designer	Page
1964	**manulux DT 1**	dynamo flashlight	826	dark olive, black	H. Gugelot/H. Sukopp	**261**
1970	**diskus**	battery-powered flashlight	904	black, yellow, orange, white	H. Gugelot	**262**
	manulux NC	rechargeable flashlight	5903	black	R. Weiss/D. Rams	**252, 261**

Electric Shavers

Year	Type	Name	No.	Colour	Designer	Page
1955	300 special DL 3			white/chrome/brown		
	300 special DL 3			white/brown/red		**282**
	300 special DL 3			white/chrome/red		
1957	**combi DL 5**	Typee 1, type A	5249	white	D. Rams/G. A. Müller	**282**
1958	S 60	Standard 1		white/chr. w/o hair trimmer	G. A. Müller	
1960	**S 60**	Standard 2		white/chr. w/o hair trimmer	G. A. Müller	**283**
	SM 3		5300	white w/type plate	G. A. Müller	
	SM 3		5300	white, anthracite	G. A. Müller	**283**
1962	**S 62**	Standard 3	5620	white/olive w/hair trimmer	G. A. Müller	**284**
	sixtant SM 31		5310	black/brushed matte finish	G. A. Müller/H. Gugelot	**268**
1963	combi 2		5220	white/grey, white/dark olive	R. Fischer	
	commander SM 5	mains, rech. batt.	5500	dark grey	R. Fischer	**284**
	special SM 2		5220	white/grey, white/dark olive	R. Fischer	
	special SM 22		5220	white/grey, white/dark olive	R. Fischer	
1965	S 63	Standard	5630	light grey/grey w/hair trimmer	G. A. Müller	
	stab B 1	battery	5960	light grey	R. Fischer	
	stab B 1	battery	5961	dark olive	R. Fischer	
1966	**stab B 2**	battery	5962–5965	light grey, blue, yellow, red	R. Fischer	**285**
	parat	BT SM 53, mains	5224	olive/chrome	D. Rams/R. Fischer	
1967	shaving mirror		5001	black, white, red-orange	F. Seiffert	
	sixtant BN	mains, rech. batt.	5511	black	R. Fischer	**286**
	sixtant NC	rech. battery	5510	black	R. Fischer	
1968	**stab B 3**	battery	5970	aluminium	R. Fischer	**285**
	sixtant S	Service	5330	black/silver	R. Fischer	
	sixtant S	Service	5333	black/black	R. Fischer	
	parat BT SM 53	battery 6/12 V, battery 12/24 V	5230	olive/chrome	D. Rams/R. Fischer	**284**
1969	**stab B 11**	battery	5969	aluminium	R. Fischer	**285**
	sixtant S automatic BN 2	rech. battery	5512	black	R. Fischer	
	special 202 SM 24		5240	white/chrome	D. Rams/R. Fischer	
1970	**cassett**	battery	5536–5538	red, yellow, black	F. Seiffert	**287**
	sixtant 6006		5340	black	R. Fischer	**286**
1971	**rallye/sixtant color**		5321–5323	red/-, yellow/-, black/black	F. Seiffert	**287**
	sixtant 6006 automatic	rech. battery	5515	black	R. Fischer/F. Seiffert	
	synchron S	mains[1]		black	D. Rams	
1972	cassett standard	battery	5529	black	F. Seiffert	
	garant		5250	black	R. Fischer	
	Intercontinental	rech. battery	5550	black/chrome	F. Seiffert/R. Oberheim	**287**
1973	sixtant S 50/60 Hz		5352	black	R. Fischer	

Year	Type	Name	No.	Colour	Designer	Page
	sixtant 6007		5346	black	D. Rams/R. Fischer	
	sixtant 8008		5380	black	D. Rams/F. Seiffert	
	sixtant 8008		5383	brown	D. Rams/F. Seiffert/ R. Oberheim	**288**
	Special	mains[1]		black	D. Rams	
	synchron plus		5381	black	D. Rams/F. Seiffert/ R. Oberheim/P. Hartwein	
	vario-set		5450	creamy white (not sold)	H. Kahlcke	**288**
1974	marcant		5260	black/black, red/red	R. Oberheim	
1976	**micron**		5410	black, textured surface	R. Ullmann	**288**
	micron L		5410	black, smooth	R. Ullmann	
1977	**intercity**	rech. battery	5545	black	R. Ullmann	**289**
	marcant S		5260	black/chrome	R. Oberheim	
	sprint	battery	5543	black	R. Ullmann	
1978	marcant S		5260	red/chrome	R. Oberheim	
	sixtant 2002/synchron standard		5209	dark blue, grey	R. Ullmann	**289**
1979	micron plus/2000	mains	5420	black, grip bumps	R. Ullmann	
	micron plus/2000	mains	5422	2 plastics	R. Ullmann	
	sixtant 4004/compact S		5372	smooth/chrome, ribbed/black	D. Rams/R. Oberheim/ R. Ullmann	**289**
1980	micron plus exclusive	mains	3423	black, grip bumps	R. Ullmann	
	micron plus de luxe/2000 metal	mains	5421/ 5426	stainless steel	R. Ullmann	
1981	sixtant 2003		5211	dark blue, black	R. Ullmann	
	synchron start/S (as 2003)		5212	black	R. Ullmann	
1982	**micron plus universal**	mains, rech. batt.	5561	stainless steel	R. Ullmann	**272, 290**
1983	micron 1000 universal	mains, rech. batt.	5563	black	R. Ullmann	
	sixtant (compact) two way	mains, rech. batt.	5553	black	R. Ullmann	
1984	**pocket**	battery	5526	black	R. Ullmann	**290**
	sixtant 2004		5213	black/chrome, black/black	R. Ullmann	**290**
	sixtant 5005		5372	white	R. Ullmann	
	sixtant (compact) battery	battery	5522	black	R. Ullmann	
1985	micron vario 2 electronic/3025 electronic	mains	5419	black	R. Ullmann	
	micron vario 3 universal L/3525 universal L	mains, rech. batt.	5567	grey/chrome-plated	R. Ullmann	
	micron vario 3 universal/3512 universal	mains, rech. batt.	5564	black	R. Ullmann	**274, 291**
	micron vario 3/L/3012	mains	5424	black	R. Ullmann	
1986	**linear 245**	mains	5235	black/red, grey, green	R. Ullmann	**291**
	linear rechargeable/linear 275	rech. battery	5365	grey/black, grey/red	R. Ullmann	**291**
	linear two way universal/linear 276 universal	mains, rech. batt.	5266	grey/red, grey/yellow	R. Ullmann	
	micron S universal/2505/2514/2515	mains, rech. batt.	5556	black	R. Ullmann	**292**
1988	3509 universal	mains, rech. batt.	5569	black, grey	R. Ullmann	
	3010	mains	5469	black	R. Ullmann	
	3510 universal	mains, rech. batt.	5569	black, grey	R. Ullmann	
	micron vario 3 universal cc/3550 cc	mains, rech. batt.	5470	grey/chrome-plated	R. Ullmann	
1989	808	mains	5428	black	R. Ullmann	
	2005	mains	5428	black	R. Ullmann	
	2014	mains	5428	black	R. Ullmann	
	2015	mains	5428	black	R. Ullmann	
	2050	mains	5428	black	R. Ullmann	
	linear 260 universal	mains, rech. batt.	5533	grey/black, grey/red, bl./bl.	R. Ullmann	
	linear 270 universal	mains, rech. batt.	5533	grey/black, black/black	R. Ullmann	
	linear 278 universal	mains, rech. batt.	5533	grey/black, grey/red, bl./bl.	R. Ullmann	

Year	Type	Name	No.	Colour	Designer	Page
1989	micron S	mains	5428	black	R. Ullmann	
	micron SL	mains	5428	black	R. Ullmann	
1990	**Flex control 4515/4520 universal**	mains, rech. batt.	5585/5509	black	R. Ullmann	**292**
	Flex control 4525 universal	mains, rech. batt.	5586	grey/chrome-plated	R. Ullmann	
	pocket	battery	5523	black	R. Ullmann	
	pocket de luxe	battery	5524	black	R. Ullmann	
	pocket de luxe traveller	battery	5525	black	R. Ullmann	
1991	**Flex control 4550 universal cc**	mains, rech. batt.	5580	grey/chrome-plated	R. Ullmann	**292**
1992	**action line**	mains	5479	black	R. Ullmann	**293**
	action line universal	mains, rech. batt.	5579	black	R. Ullman	
	Flex control 4510 universal	mains, rech. batt.	5584/5528	black	R. Ullmann	
	Flex control 4015	mains	5434/5538	black	R. Ullmann	
	sixtant 2006	mains	5235	black	R. Ullmann	
	vario 3009	mains	5469	black	R. Ullmann	
1993	Flex control 4505 universal	mains, rech. batt.	5501	black	R. Ullmann	
	Flex control 4010	mains	5437	black	R. Ullmann	**293**
	sixtant 2006 universal	mains, rech. batt.	5533	black	R. Ullmann	
1994	1008/1012	mains	5462	grey	R. Ullmann	
	1508/1512 universal	mains, rech. batt.	5597	grey	R. Ullmann	
	2040/2035	mains	5461	black	R. Ullmann	
	2540 universal	mains, rech. batt.	5596	black	R. Ullmann	**293**
	Flex control 4005	mains	5403	black	R. Ullmann	
	Flex control 4504 universal	mains, rech. batt.	5502	grey	R. Ullmann	
	Flex Integral 5510 universal	mains, rech. batt.	5506	black	R. Ullmann	
	Flex Integral 5015	mains	5507	black	R. Ullmann	
	Flex Integral 5515 universal	mains, rech. batt.	5505	black	R. Ullmann	
	Flex Integral 5525 universal	mains, rech. batt.	5503	grey/matte chrome-plated	R. Ullmann	
	Flex Integral 5550 universal	mains, rech. batt.	5504	grey/matte chrome-plated	R. Ullmann	**276**
	micron plus universal Classic-Platin Edition	mains, rech. batt.	5561	platinum finish	R. Ullmann	
1995	2060	2000, mains	5459	met. black/anthracite met.	R. Ullmann	
	2560 universal	2000, mains, rech. batt.	5596	black/anthracite met.	R. Ullmann	**294**
	5005	Flex Integral 5005	5468	black	R. Ullmann	
	Flex Integral 3 universal BG		5315	black/anthracite	R. Ullmann	
	Flex control 4501	rechargeable	5471	grey/anthracite	R. Ullmann	
	Flex control 4501	rechargeable	5471	black	R. Ullmann	
	Flex Integral 5314	universal	5466	black	R. Ullmann	
	Flex Integral universal 5316	universal	5465	metallic	R. Ullmann	
	Flex Integral 5414		5476	black	R. Ullmann	
	Flex Integral 5415		5477	black	R. Ullmann	
	pocket 8 h		5519/5520	grey	R. Ullmann	
	Traveller (1h)	pocket RC	5518	black	R. Ullmann	
1996	2540 S	Shave & Shape	5596	black	R. Ullmann	
	3008	micron vario 3008	5419	black	R. Ullmann	
	3011	micron vario 3011	5419	black, grip bumps	R. Ullmann	
	3508	micron vario 3508 universal	5569	black	R. Ullmann	
	3511	micron vario 3511 universal	5564	black, grip bumps	R. Ullmann	
	5315	Flex Integral 5315 universal	5465	black/anthracite	R. Ullmann	
	5414	Flex Integral 5414	5476	black	R. Ullmann	
	5414	Flex Integral 5414 Color-Selection	5476	red, met. green, met. blue	R. Ullmann	
	5415	Flex Integral 5415	5477	black	R. Ullmann	
	5415	Flex Integral 5414 Colour-Selection	5477	red, metallic blue	R. Ullmann	
	battery 4000	Flex control	5473	black	R. Ullmann	
	battery 5000	Flex Integral	5483	black/silver	R. Ullmann	

Year	Type	Name	No.	Colour	Designer	Page
	Flex Integral 5416	universal	5478	grey/chrome-plated	R. Ullmann	
	Flex Integral 3 GT		5313	grey/anthracite	R. Ullmann	
1997	1013	Braun 1000	5462	dark grey	R. Ullmann	
	1507		5597	dark grey	R. Ullmann	
	5414	Flex Integral 5414 Color-Selection	5476	yellow, black, red, met. green, met. blue	R. Ullmann	
	5415	Flex Integral 5415 Colour-Selection	5477	yellow, black, red, met. blue	R. Ullmann	
	5416	Flex Integral 5416 universal	5478	grey/matte chrome-plated	R. Ullmann	
	6015	Flex Integral ultra speed 6015	5707	anthracite	R. Ullmann	
	6510	Flex Integral ultra speed 6510	5706	anthracite	R. Ullmann	
	6515	Flex Integral ultra speed 6515	5705	anthracite	R. Ullmann	
	6525	Flex Integral ultra speed 6525	5703	matte chrome-plated	R. Ullmann	**295**
	6550	Flex Integral ultra speed 6550	5704	matte chrome-plated	R. Ullmann	
	Flex control 4500	rechargeable 4500	5472	black	R. Ullmann	
	Pocket Twist		5614	dark grey	R. Ullmann	
	Pocket Twist plus		5615	dark grey	R. Ullmann	
1998	1008		5462	black	R. Ullmann	
	1508		5597	black	R. Ullmann	
	3520	micron vario 3520	5564	black/silver	R. Ullmann	
	5010	Flex Integral 5010	5474	black	R. Ullmann	
	5010	Flex Integral 5010 – Japan	5475	black	R. Ullmann	
	5520	Flex Integral 5520	5505	matte chrome-plated	R. Ullmann	
	6550	Flex Integral Ultra Speed 6550	5704	24-carat gold	R. Ullmann	
	Flex Integral 5414	special edition World Cup '98	5476	black/white	R. Ullmann	
	micron vario 3020		5419	black/silver	R. Ullmann	
1999	370 PTP	Pocket Twist plus 370	5615	black/matte chrome-plated	R. Ullmann	
	370 PTP TB	Pocket Twist plus 370 Transparent	5615	transparent blue	R. Ullmann/C. Seifert	**295**
	375 PTP	Pocket Twist plus 375	5615	black/matte chrome-plated	R. Ullmann	**295**
	2540 S TB	Shave & Shape	5596	transparent blue	R. Ullmann/C. Seifert	**296**
	5414	Flex Integral 5414 Color-Selection	5476	milano blue, milano gold	R. Ullmann	
	6518	Flex Integral ultra speed 6518 Millennium Edition	5705	titanium-coated	R. Ullmann	
	6520	Flex Integral ultra speed 6520	5705	matte chrome-plated	R. Ullmann	
	7570	Syncro System 7570 Clean&Charge	5491	matte chrome-plated/black	R. Ullmann	
	IF 3615	InterFace IF 3615	5629	silver	R. Ullmann/P. Vu	
2000	6012	Flex Integral ultra speed 6012	5707	black	R. Ullmann	
	6512	Flex Integral ultra speed 6512	5706	black	R. Ullmann	**296**
	6522	Flex Integral ultra speed 6522	5703	matte chrome-plated	R. Ullmann	
	7015	Syncro 7015	5495	black	R. Ullmann	
	7505	Syncro 7505	5494	black	R. Ullmann	
	7515	Syncro 7515	5493	grey/metallic	R. Ullmann	
	7520	Syncro System 7520 Clean&Charge	5493	grey/metallic	R. Ullmann	
	7540	Syncro 7540	5492	matte chrome-plated/black	R. Ullmann	
	7630	Syncro System Logic 7630	5493	silver/blue	R. Ullmann	
	7680	Syncro System Logic 7680	5491	champagne	R. Ullmann	**298, 299**
	Clean&Charge	Clean&Charge	5301	black	R. Ullmann	**299**
	CCR 3	cleaning cartridge	5331		R. Ullmann	
	IF 3105	InterFace IF 3105	5447	blue	R. Ullmann/P. Vu	
	IF 3612	InterFace IF 3612	5629	black	R. Ullmann/P. Vu	
	IF 3615	InterFace IF 3615	5629	silver	R. Ullmann/P. Vu	
	4615	TwinControl	4615	silver	B. Kling/P. Vu	**296**
2001	370 PTP TB	E.Razor Pocket	5615	transparent black	R. Ullmann	
	2540 S TB	E.Razor Shave & Shape	5596	transparent black	R. Ullmann	
	5414	Flex Integral 5414	5476	silver	R. Ullmann	**294**
	5414	Flex Integral 5414 Vision	5476	burgundy	R. Ullmann	

Year	Type	Name	No.	Colour	Designer	Page
2001	5441cc	Flex Integral System 5441cc	5485	black/silver	R. Ullmann	
	5600	Flex XP 5600	5719	black	R. Ullmann	
	5614	Flex XP 5614	5723	silver/blue	R. Ullmann	
	7505 SI	Syncro 7505	5494	matte chrome-plated	R. Ullmann	
	7510	Syncro System 7510	5494	black	R. Ullmann	
	7516	Syncro System 7516	5494	matte chr.-plated/black	R. Ullmann	**298**
	IF 3614	InterFace IF 3614	5629	blue-metallic	R. Ullmann/P. Vu	
2002	**5612**	Flex XP 5612	5720	silver/black	R. Ullmann	**297**
	ECO	Flex XP ECO	5721		R. Ullmann	
	6620	FreeGlider 6620	5708	black	R. Ullmann	
	6680	**FreeGlider 6680**	5710	silver/blue	R. Ullmann	**297**
2003	6610	FreeGlider 6610	5708	silver/black	R. Ullmann	
	8595	Activator 8595	5643	silver	R. Ullmann	**278, 298**
	8595	Activator 8595	5645	silver, grey	R. Ullmann	**299**
	IF 3710	InterFace 3710	5449	black	R. Ullmann	
	IF 3770	InterFace 3770	5634	transparent blue	R. Ullmann	
	IF 3775	InterFace 3775	5635	silver-blue	R. Ullmann	
2004	**2675**	cruZer3 2675	5732	silver/black	R. Ullmann/Concept: O. Grabes/D. Wykes	**297**
	2865	cruZer3 2865	5733	silver/black	R. Ullmann/Concept: O. Grabes/D. Wykes	
	4715	TriControl 4715	5717	black	R. Ullmann	
	4740	TriControl 1740	5714	black/dark blue	R. Ullmann	
	4745	TriControl 4745	5714	grey	R. Ullmann	
	4775	TriControl 4775	5713	silver	R. Ullmann	
	5410	Flex Integral 5410	5474	black	R. Ullmann	
	5412	Flex Integral 5412	5474	silver	R. Ullmann/P. Vu	
	5443	Flex Integral 5443	5476	black	R. Ullmann/P. Vu	
	5446	Flex Integral 5446	5476	silver	R. Ullmann/P. Vu	
	5691	Flex XP System 5691	5732	silver/blue	R.Ullmann/P. Hartwein/ J. Greubel	
	5715	Flex XP II 5715	5726	blue/metallic	R. Ullmann	
	5770	Flex XP II 5770	5724	silver/blue	R. Ullmann	
	5775	Flex XP II 5775	5724	chrome	R. Ullmann	
	5790	Flex XP II System 5790	5732	silver/black	R. Ullmann	
	6680	FreeGlider 6680	5710	black/silver	R. Ullmann	
	7490	Synchro System 7493	5494	black/grey	R. Ullmann	
	7504	Synchro 7504	5494	black	R. Ullmann	
	8583	Activator 8583	5645	silver	R. Ullmann	
	8588	Activator 8588	5644	silver	R. Ullmann	

Beard and hair trimmers

Year	Type	Name	No.	Colour	Designer	Page
1986	**exact universal/5 universal**	mains, rech. batt.		black	R. Ullmann	**300**
1989	exact battery	battery	5594	grey	R. Ullmann	
1992	exact 6 memory universal	mains, rech. batt.	5281	black	R. Ullmann	
1993	exact 6 battery	battery	5521	black	R. Ullmann	
1999	EP 100	Exact Power EP 100	5601	blue	B. Kling/R. Ullmann	
2000	EP 20	Exact Power EP 20	5602	petrol	B. Kling/R. Ullmann	
	EP 20 AllStyle	AllStyle	5602	transparent black	B. Kling/R. Ullmann	
	EP 80	Exact Power EP 80	5601	silver/blue	B. Kling/R. Ullmann	
2001	**HC 20**	hair perfect	5606	blue/light green	B. Kling	**300**
	HC 50	hair perfect	5605	blue/bordeaux	B. Kling	
2004	EP 20 E.Razor	EP 20 E-Razor AllStyle	5602	transparent black	B. Kling	

Year	Type	Name	No.	Colour	Designer	Page
2005	**EP 15**	Exact Power EP 15	5602	black/light grey	B. Kling/R. Ullmann/B. Wilson	**300**
	HC 20	hair perfect	5606	blue/grey/brown	B. Kling/B. Wilson	
	EP 100	Exact Power EP 100	5601	silver/grey/blue	B. Kling/R. Ullmann/B. Wilson	**300**

Body Care Appliances

Epilators and lady shavers

Year	Type	Name	No.	Colour	Designer	Page
1971	**ladyshaver**		5650	white, orange	F. Seiffert	**318**
1972	**BM 12/BL 12**	underarmshaver, battery	5967	orange	F. Seiffert	**318**
	BM 12/BL 12	underarmshaver, battery	5971	red	F. Seiffert	
	BM 12/BL 12	underarmshaver, battery	5972	yellow	F. Seiffert	
1979	Lady Braun elegance		5660	white, green, red with case	R. Ullmann	
1981	Lady Braun elegance	2 batteries	5546	white	R. Ullmann	
1982	**Lady Braun elegance exclusive**	mains, rech. batt.	5565	red-transparent with case	R. Ullmann	**318**
1985	CC 1/M	wax hair remover/epilette[1]		white	D. Rams	
	Lady Braun elegance 2		5667	white	R. Ullmann	**319**
	Lady Braun elegance 3		5666	white, aubergine	R. Ullmann	
1987	CC 2	wax hair remover/epilette[1]		white, vanilla	L. Littmann	
1988	Lady Braun style rech.	rech. battery	5576	white	R. Ullmann	
	Lady Braun style	mains	5577	white	R. Ullmann	**319**
	Lady Braun style battery	battery	5568	white	R. Ullmann	
1989	**EE 1**	Silk-épil, mains	5285	white	Serge Brun	**314**
1990	Lady Braun style universal	mains, rech. batt.	5575	white	R. Ullmann	
	EE 2/EE 20	Silk-épil cosmetic, mains	5284	white	Serge Brun	
	EE 3	Silk-épil, mains, rech. batt.	5282	white	Serge Brun	
1991	automatic EE 4/duo/ plus automatic EE 40	Silk-épil, mains	5283/5290/ 5270	white	Serge Brun	
1992	duo/plus EE 10	Silk-épil, mains	5291/5271	white	Serge Brun	
	duo/plus EE 30	Silk-épil rech. mains, rech. batt.	5292/5272	white	Serge Brun	**314**
1993	**cosmetic EF 20**	Silk-épil, battery	5293	white	P. Schneider/P. Eckart	**315**
1995	cosmetic EF 25	Silk-épil, mains, cosmetic	5294	white	P. Schneider/P. Eckart	
	EE 100	Silk-épil select, mains	5296	white	P. Schneider	
	ER 100	Silk-épil select body system	5296	white	P. Schneider	
	EE 110	Silk-épil comfort	5306	white/yellow	P. Schneider	
	ER 220	Silk-épil comfort body system	5306	white/yellow	P. Schneider	
	EE 300	Silk-épil select rechargeable	5298	white	P. Schneider	**315**
	EE 330	Silk-épil comfort rechargeable	5308	white/yellow	P. Schneider	
	select rechargeable	Silk-épil mains, rech. batt.	5298	white	P. Schneider	
	transformer for Silk-épil	4.2 V and 12 V			B. Kling/P. Schneider	
1997	**EE 90**	Silk-épil comfort	5306	white/yellow	P. Schneider	**315**
	EE 111	Silk-épil comfort	5306	white/pink	P. Schneider	
1998	EE 1070	Silk-épil SuperSoft	5303	white/green	P. Schneider/J. Greubel	
	ER 1270	Silk-épil SuperSoft body system	5304	white/green	P. Schneider/J. Greubel	
	EE 1570	Silk-épil SuperSoft rechargeable	5305	white/mint	P. Schneider/J. Greubel	
1999	EE 1170	Silk-épil SuperSoft Plus	5303	white/mint	P. Schneider/J. Greubel	
	EE 1670	Silk-épil SuperSoft Plus rech.	5305	white/mint	P. Schneider/J. Greubel	
	ER 92	Silk-épil comfort body system	5306	white/yellow	P. Schneider	
	ER 1373	Silk-épil SuperSoft Plus body sys.	5304	white/lilac	P. Schneider/J. Greubel	
2000	**EE 1020**	Silk-épil SuperSoft	5303	sunshine	P. Schneider/J. Greubel	**316**
	EE 1170	Silk-épil SuperSoft Plus	5303	aqua	P. Schneider/J. Greubel	
	EE 1670	Silk-épil SuperSoft Plus rech.	5305	aqua	P. Schneider/J. Greubel	

Year	Type	Name	No.	Colour	Designer	Page
2000	ER 1373	Silk-épil SuperSoft Plus body system	5304	alabaster	P. Schneider/J. Greubel	
	Lady style	Lady style	5577	aqua	R. Ullmann/C. Seifert	
	Lady style	Lady style battery	5568	botanica	R. Ullmann/C. Seifert	
	Lady style	Lady style universal	5575	white, alabaster	R. Ullmann/C. Seifert	
2001	EE 1040	Silk-épil SuperSoft	5303	mint	P. Schneider	
	EE 1180 S	Silk-épil Sensitive Skin	5303	botanica	P. Schneider/J. Greubel/C. Seifert	
	ER 1383 S	Silk-épil Sensitive Skin	5304	alabaster	P. Schneider/J. Greubel/C. Seifert	
2002	**2170**	Silk-épil eversoft Solo	5316	yellow/silver	P. Schneider/J. Greubel	**316**
	2270	Silk-épil eversoft Easy Start Solo	5316	lilac/metallic	P. Schneider/J. Greubel/C. Seifert	
	2370	Silk-épil eversoft Body System	5316	violet/metallic	P. Schneider/J. Greubel	
	2470	Silk-épil eversoft Easy Start	5316	lilac/metallic	P. Schneider/J. Greubel/C. Seifert	**308**
2003	2170	Silk-épil eversoft Solo	5316	vanilla	P. Schneider/J. Greubel/C. Seifert	
	2270	Silk-épil eversoft Easy Start Solo	5316	lavender	P. Schneider/J. Greubel/C. Seifert	
	2370	Silk-épil eversoft Body System	5316	aubergine	P. Schneider/J. Greubel/C. Seifert	
	2470	Silk-épil eversoft Easy Start Body System	5316	lavender	P. Schneider/J. Greubel/C. Seifert	
	ER 1250	Silk-épil SuperSoft Body System	5304	alabaster	P. Schneider/J. Greubel/C. Seifert	
2004	**3270**	Silk-épil SoftPerfection Easy Start	5318	amethyst, silver	P. Schneider/J. Greubel/ C. Seifert/B. Kling	**317**
	3370	Silk-épil SoftPerfection Body System	5319	aquamarine	P. Schneider/J. Greubel/ C. Seifert/B. Kling	
	3470	Silk-épil SoftPerfection Easy Start Body System	5319	amethyst, silver	P. Schneider/J. Greubel/ C. Seifert/B. Kling	
2005	2130	Silk-épil eversoft Solo	5316	vanilla	P. Schneider/J. Greubel/B. Kling	
	2170 DX	Silk-épil eversoft Deluxe Solo	5366	rose quartz	P. Schneider/J. Greubel/B. Kling	
	2270 DX	Silk-épil eversoft Deluxe Easy Start Solo	5366	amethyst	P. Schneider/J. Greubel/B. Kling	
	2330	Silk-épil eversoft Body System	5357	lavender	P. Schneider/J. Greubel/B. Kling	
					B. Kling	
	LS 5100	Silk&Soft BodyShave LS 5100 battery	5327	pearl	B. Kling	
	LS 5300	Silk&Soft BodyShave LS 5300 mains	5329	pearl	B. Kling	
	LS 5500	Silk&Soft BodyShave LS 5500 rech. battery/mains	5328	transl. blue/silver transl. white/silver	B. Kling	**319**

Hair dryers

Year	Type	Name	No.	Colour	Designer	Page
1964	**HLD 2/20/21**	hair dryer	4410	black, white	R. Weiss	**320**
	HLD 23/231	hair dryer	4414	black, white	R. Weiss	**320**
1970	**HLD 4**	hair dryer	4416	red, blue, yellow	D. Rams	**321**
1971	**HLD 6/61**	hair dryer	4418	white, orange	J. Greubel	**322**
1972	HLD 3/31	Coiffeur/Set	4425	black, white	R. Weiss	
	HLD 5/50/51	hairstyling set/Man styler	4402/ 4406	orange, brown, black, white	R. Weiss/J. Greubel/ H. U. Haase	**323**
1975	HLD 80/58/518	hairstyling set/Man styler	4423	orange, red, black	R. Weiss/J. Greubel/H. U. Haase	
	HLD 1000/ PG 1000	Braun 1000	4407	white	J. Greubel	**324**
1976	**HLD 550**	hair dryer	4422	orange	H. U. Haase	**324**
1978	SD 800	hairstyling set	4423	red	R. Weiss/J. Greubel	
	SD 800-3	hairstyling set	4423	red	R. Weiss/J. Greubel	
	SDE 850	hairstyling set Protector	4470	white	R. Weiss/J. Greubel	
	SDE 850-3	hairstyling set Protector	4470	white	R. Weiss/J. Greubel	
	PGC 1000	super compact	4456	white/grey	H. U. Haase	**304**
	PGE 1200	Protector electronic sensor hairdryer	4455	white	H. U. Haase	**325**
1979	PGA 1000	travelair/international	4503	white, brown	R. Oberheim/H. U. Haase	
	PGD	travelair/international	4503	white, brown	R. Oberheim/H. U. Haase	
1980	PG 800	hair dryer[1]		green	D. Rams	

Year	Type	Name	No.	Colour	Designer	Page
1981	P 1500	compact	4516	beige	R. Oberheim	
	PE 1500	Protector electronic	4518	white	R. Oberheim	
1982	PG 1000	hair dryer		white	D. Rams	
	PGA/PGD/PGM/ PGI 1200	travelcombi/international/travelair/ mobil 1200		brown, white	H. U. Haase	
	PGS 1000	softstyler	4502	green	R. Oberheim/H. U. Haase	
	PGS/PGC 1200	softstyler/super compact	4457	green, white	H. U. Haase	**326**
	PSK/PK 1200/B	silencio1200/vario plus/plus cool	4479/4548	white, black, blue	R. Oberheim	**325**
	PS 1200	silencio 1200 vario	4547	beige, blue	R. Oberheim	
1983	IA	Bügelvorsatz	4459	white	R. Oberheim	
	PG 700	hair dryer w/hinged handle[1]		white	D. Rams	
	PST 1000	hair dryer[1]		white	D. Rams	
	Z/ZM/ZA/**BP 1000**	travelair mini/mobil mini/ international mini/compact1000		brown, aubergine, blue, white	R. Oberheim	**327**
1985	P 1200	silencio 1200	4528	blue	R. Oberheim	
	P 1600	silencio 1600	4533	grey	R. Oberheim	
	PD/PM/PA/ PI 1200/1250 sil	silencio/travelair/mobil/international/ travelcombi		white, grey, dark blue	R. Oberheim	
	PE 1600	silencio 1600 electronic	4532	white, black	R. Oberheim	
1986	PDC 1200	silencio 1200/service set/warm air pillow	4525	white/transparent	R. Oberheim	
1988	**P 1000**	silencio 1000	4588	grey, blue, violet	R. Oberheim	**326**
	P 1100	silencio 1100	4604	red	R. Oberheim	
	PC 1200/1250	silencio 1200/1250	4549	blue	R. Oberheim	**327**
	Pro 1500	silencio professional	4591	white	R. Oberheim	
	PX 1200	silencio 1200	4583	white, black	R. Oberheim	
1989	PF 1600	professional studio 12	4601	white	R. Oberheim	
	PFV 1600	professional control	4600	black	R. Oberheim	
1990	DF 3/4	Finger Diffuser	4583/4600	white, black	R. Oberheim	
1991	**HL 1800**	Control 1800 high-line	4493	white/black	R. Oberheim/J. Greubel	**328**
	HL 2000	Control 2000 high-line	4494	black	R. Oberheim/J. Greubel	
	TD/TC/TY/ TM/TV/TI 1250	silencio/international/mobil/ travelair/travelcombi		grey, black, blue, white	R. Oberheim	
1992	**C 1500 E/P**	Professional Power Salon Master	3503	white	R. Oberheim	**328**
	DFB 5/6	soft diffusor	4583/4600	black	R. Oberheim	
	DFB 7	soft diffusor plus	4583	black	R. Oberheim	
	DFW 5	soft diffusor	4583	white	R. Oberheim	
1993	PX 1600	silencio 1600	3509	white, black	R. Oberheim	
	PXE 1600	silencio electronic	3510	white, matte black	R. Oberheim	
	SVW 1	supervolume	3510	white	R. Oberheim/C. Seifert	
	SVB 1/2	supervolume	4605	black	R. Oberheim/C. Seifert	
1995	HS 1	volume shaper	3571	grey-violet/lilac	R. Oberheim/C. Seifert	
	HS 2	control shaper	3572	blue/black	R. Oberheim/C. Seifert	
	HS 3	style shaper	3585	grey-violet/lilac	R. Oberheim/C. Seifert	
	PFV 1600 SVB4	supervolume twist 1600 control	4600	black	R. Oberheim	
	PF 1600 SVB4	supervolume twist 1600	4601	black	R. Oberheim	
	PX 1200 SVB3	supervolume twist 1200	4583	black	R. Oberheim	
	PX 1200 SVW1	supervolume 1200	4583	white	R. Oberheim	
	TA 1250	travel silencio 1250 international	4497	black	R. Oberheim	
	DFB 3	diffuser attachment	4583	black	R. Oberheim	
	DFB 4	diffuser attachment	4600	black	R. Oberheim	
	DFW 3	diffuser attachment	4583	white	R. Oberheim	
	DFW 4	diffuser attachment	4601	white	R. Oberheim	
1996	PX 1200 SVL 3	supervolume twist	4583	white/grey	R. Oberheim	
1997	P 1000 SVB 1	supervolume 1000	4588	black	C. Seifert	

Year	Type	Name	No.	Colour	Designer	Page
1998	CP 1600 AA1	Sensation	3512	black/dark blue	B.Kling/J.Greubel	
	CPC 1600	Création cool	3514	black/dark green	B.Kling/J.Greubel	
	CPC 1600 DFB6	Création cool diffusor duo	3514	black/dark green	B.Kling/J.Greubel	
	CPS 1800 AA1	Sensation	3513	black/magenta	B.Kling/J.Greubel	
	CPSC 1800	Création cool select	3521	black/magenta	B.Kling/J.Greubel	
	PRSC 1800	Professional 1800	3522	black/grey/chrome	B. Kling/J. Greubel	**306, 329**
	PRSC 1800 DFB 5	Professional 1800 diffusor duo	3522	black/grey/chrome	B. Kling/J. Greubel	
1999	**A 1000**	cosmo 1000	3533	aqua	J. Greubel/C. Seifert/T. Winkler	**329**
	B 1200	Swing 1200	3516	black	T. Winkler	
	CPC 1600	Création cool Millennium Edition	3514	crystal black, cryst. blue	B.Kling/J.Greubel	
	PX 1200	Silencio 1200 Millennium Edition	4583	crystal black (matte), crystal blue (matte)	R. Oberheim	
2000	ATD 1000	cosmo travel	3534	black	J. Greubel/M. Shiba/T. Winkler	
	B 1200 DFB 5	Swing Diffusor 1200	3516	black	T. Winkler	
	B 1200 SVB 1	Swing Supervolume 1200	3516	black	T. Winkler	
	BC 1400	Swing cool	3519	metallic	T. Winkler	**330**
	PRSC 1800	Professional Style Mystic Gold	3522	mystic gold	B. Kling/J. Greubel	
2001	A 1000 Plus	cosmo 1000 platinum	3533	metallic	J. Greubel/C. Seifert/T. Winkler	
	ATD 1000 A	cosmo travel platinum	3534	metallic	J. Greubel/M. Shiba/T. Winkler	
	BC 1400 V2	Volume & more	3519	metallic	T. Winkler/C. Seifert	
	CP 1600	Création CP 1600	3511	blue	D. Lubs	
	CP 1600	Création Colour Edition Clivia	2671/2672	orange, green, lilac	J. Greubel/B. Kling/C. Seifert	**331**
	CPSC 1800 V3	Volume & more	3521	silver-metallic	B. Kling/J. Greubel/C. Seifert	
	PRSC 1800	Professional Style silver dust	3522	silver-metallic	B. Kling/J. Greubel/C. Seifert	
2002	A 1000	cosmo 1000	3533	silver-metallic	T. Winkler/D. P. Vu	
	ATD 1000 A	cosmo Travel platinum	3534	grey-metallic	T. Winkler/D. P. Vu	
	B 1200	Swing 1200	3516	pearl green	T. Werner/D. P. Vu	
	CP 1600	CP Braun Création	3511	sunshine	D. Lubs	
	CP 1600	Création CP 1600	3511	black, green-met.	D. Lubs	
	CPC 1600	Création cool CPC 1600	3514	blue-metallic	D. Lubs	
	CPC 1600 DF	Création cool diffusor duo	3514	blue-metallic	D. Lubs	
	CPSC 1800	Création cool select CPSC 1800	3521	silver-metallic	J. Greubel/B. Kling/C. Seifert	
	PRO 2000	FuturPro 2000 solo Pro 2000	3537	pearl-metallic	D. Lubs	**332**
	PRO 2000 DF	FuturPro 2000 diffusor	3537	silver/blue	D. Lubs	
2004	PRO 2000 Ion	FuturPro IonCare solo	3539	ocean-blow	P. Vu/D. Lubs	
	PRO 2000 Ion DF	FuturPro IonCare diffusor	3539	ocean-blow	P. Vu/D. Lubs	**332**
2005	C 1600	creation$_2$ C 1600	3540	green-metallic	P. Vu	
	C 1800	creation$_2$ C 1800	3541	violet-metallic	P. Vu	
	C 1800 DF	creation$_2$ C 1800 DF	3541	violet-metallic	P. Vu	
	C 1800 Ion DF	creation$_2$ IonCare C 1800 DF	3542	silver-blue	P. Vu	**333**
	e-Go Sport	e-Go Sport	3544	dark blue	P. Vu	
	e-Go Travel	e-Go Travel	3544	silver	P. Vu	

Roundstylers

Year	Type	Name	No.	Colour	Designer	Page
1977	**RS 60/65**	roundstyler set	4429	orange	H. U. Haase	**334**
	RS 61/66	roundstyler set	4427	orange	H. U. Haase	
1978	**RS 68**	roundstyler hood set	4449	red	H. U. Haase	**334**
1979	RS 67	roundstyler	4472	orange	H. U. Haase/R. Oberheim	
	RS 67 K/63 K/62 K	roundstyler cool curl	4473	white, beige, aubergine	H. U. Haase/R. Oberheim	
	RSE 70/71	roundstyler hood set	4448/4453	white	R. Oberheim/H. U. Haase/ R. Ullmann	
1982	**RSK 1005/1003**	cool curl roundstyler set	4522	white, black	R. Oberheim	**335**
	RSE 1003/1005	Protector roundstyler set	4523	white	R. Oberheim	

Year	Type	Name	No.	Colour	Designer	Page
1991	RS 62 W	roundstyler cool curl	4473	white	R. Oberheim	
1998	BS 1	Straight & Shape	3566	lilac	C. Seifert	

Hood dryers

Year	Type	Name	No.	Colour	Designer	Page
1971	HLH 1/3	Astronette	4986	orange	J. Greubel	
1974	HLH 2	Astronette	4987	black	J. Greubel	
1975	HLH 10	Super-Luftkissen hood hair dryer	4991	red	J. Greubel	
	HLH 11B	hood hair dryer/Astronette[1]		orange	D. Rams	
1977	HLH 15	Luftkissen styler	4435	red	J. Greubel	
1982	HLH 20	Gemini dual motor floating hood	4436	white	R. Oberheim	
1984	HLH 18	Uno floating hood	4544	white	R. Oberheim	
1992	SH 2	silencio balance	4594	white	R. Oberheim	
2001	HLH 18	Classic		aqua	D. Lubs	
	HLH 20	Elegance		vanilla	D. Lubs	

Air stylers/ curling irons

Year	Type	Name	No.	Colour	Designer	Page
1975	**DLS 10**	Quick curl	4441	orange	H. U. Haase	**336**
1976	DLS 20	Curl control	4442	red	H. U. Haase	
1977	DLS 12	Quick curl	4443	orange	H. U. Haase	
1979	**LS 35**	quick style	4504	white	M. S. Cousins	**336**
1982	LS 36	quick style	4526	white	R. Oberheim	
	LS 40/41	quick style duo/set		white	R. Oberheim	
	GC 2	independent styler	4506	white	R. Oberheim	**336**
1984	GC 1	independent curler	4509	white	R. Oberheim/J. Greubel	
	GC 40	independent combi	4559	white	R. Oberheim	
	LS 38	slim style	4543	white	R. Oberheim	
	LS 40 R	quick style combi	4428	white	R. Oberheim	
1985	LS 30/30 R	quick style compact	4565	white/black	R. Oberheim	
1986	AS 1/AS 2	silencio air styler/duo styler	4574	blue, white	R. Oberheim	
1988	GCC 3/50	gas curler/combi	4507	white	R. Oberheim	
	GCC 4	universelle gas styler	4539	white	R. Oberheim	
	LS 34	easy style	4570	red/grey, red/black	R. Oberheim	
1989	AS 11/12/13	silencio plus/duo plus/travel	4584/4484	white/grey, white	R. Oberheim	
1990	**FZ 10**	ZZ-look	4495	white/grey	R. Oberheim	**337**
	LS 33	curly style	4569	white	R. Oberheim	
1991	AS 8	silencio air styler	4483	blue	R. Oberheim	
	TC 22/TCC 30	tricurl/3-in-1 curl	4563	white, red/black	R. Oberheim	
	TC 23/TCB 10	trend style/trend curl	4482	black	R. Oberheim	
1992	AS 22	air styler vario	3520	black	R. Oberheim	
	AS 400/R	silencio air styler ultra	4485	white/grey	R. Oberheim	**337**
	GCS 5/70	gas curler slim	4560	black	R. Oberheim	
	GCS 6	gas curler slim	4498	black	R. Oberheim	
	TCC 20 A	2-in-1-curl	4486	white/grey	R. Oberheim	
	TCC 40/A	4-in-1-curl	3563	white/grey	R. Oberheim	**337**
	TCS 12	fashion curl	3570	white/grey	R. Oberheim	
	TCT 11	fashion curl	3562	white/grey	R. Oberheim	
1995	AS 400 BC	Big Curls ultra	4485	white/grey	C. Seifert	
1996	GCC 8	Big Curls independent	3586	white	C. Seifert	
	GCC 90	Big Curls independent	3587	white	C. Seifert	
1998	**BS 1**	Straight & Shape	3588	lilac	C. Seifert	**339**
	AS 400 duo	Volume Curls Duo	4485	white/blue	C. Seifert	
	AS 400 Set	Volume Curls Set	4485	white/blue	C. Seifert	

Year	Type	Name	No.	Colour	Designer	Page
2000	AS 200	Curls & Style	3580	lilac/light	R. Oberheim/C. Seifert	
	AS 400 BC&S	Maxi Curls & Style	4485	lavender/metallic	C. Seifert	
	AS 400 V&S	Volume & Style	4485	lavender/metallic	C. Seifert	
	AS 1000	power styler professional	4522	black/chrome	R. Oberheim/C. Seifert	**338**
	C 20	New Cordless Styler	3589	metallic blue/light blue	Till Winkler	
	C 20 S	New Cordless Styler	3589	metallic lilac/sky-blue	Till Winkler	
	C 100 S	New Cordless Styler	3589	anthracite/black	T. Winkler	
2001	C 20	Independent Curls & Waves	3589	lilac-metallic	T. Winkler	
2002	C 20	Independent Curls & Waves	3589	light green/lime-green	T. Winkler	
	C 20 S	Independent Steam	3589	stonewashed-blue	T. Winkler	
	C 200 S	New Cordless Styler	3589	rose/lilac	Till Winkler	
2003	**ASS 1000 Pro**	Steam & Style ASS 1000 Pro	3536	silver/lavender	L. Littmann	**338**
	C Club	New Cordless Styler	3589	rose	Till Winkler	
2004	C 20 S	Independent Steam	3589	lilac-metallic, violet	T. Winkler	
	C 30 S	Cordless Keramik Steam C 30 S	3589	ocean-blue, light blue	T. Winkler	
	C Pro S	Cordless Steam Styler	3589	silver	T. Winkler	**338**
	Club	New Cordless Styler	3589	pink-transparent	Till Winkler	
2005	C 20	Cordless Keramik C 20	3589	aqua-green	T. Winkler	
	ES 1	professional ceramic hair straightener	3543	black	P. Vu	**339**

Cosmetic/ body care

Year	Type	Name	No.	Colour	Designer	Page
1964	**HUV 1**	Cosmolux	4395	white/alu.-coloured	D. Rams/R. Weiss/ D. Lubs	**340**
1968	HB 1	cosmetic set	4430	black	R. Oberheim	
	HBM	manicure set	4984	alu.-coloured	R. Oberheim	
	HW 1	personal scale	4960	alu.-coloured/black	D. Rams	**340**
1970	HML 1	measuring stick	4437	alu.-coloured	R. Oberheim	
1974	**EPK 1**	Swing-hair, detangler comb only	4431	orange	J. Greubel	**323**
1975	SL 1	cosmetic mirror[1]		white	D. Rams	
1980	BC 1	Lady Braun beauty care	4505	white	R. Ullmann	

Infrared ear thermometers

Year	Type	Name	No.	Colour	Designer	Page
1996	pro 1	ThermoScan pro 1	6006	white	ThermoScan	
	pro LT	ThermoScan pro LT	6007	grey	ThermoScan	
1998	IRT 2020	ThermoScan Instant Thermometer	6015	white	ThermoScan (frog design)	
	IRT 3020	ThermoScan IRT 3020	6012	white/grey	B. Kling/D. Lubs/T. Winkler	
	IRT 3520	ThermoScan plus IRT 3520	6013	white	B. Kling/D. Lubs/T. Winkler	**342**
1999	**IRT Pro 3000**	ThermoScan IRT Pro 3000	6014	metallic silver/grey	B. Kling/D. Lubs/T. Winkler	**310, 342**
2004	IRT 4020	ThermoScan IRT 4020	6023	white/mint	J. Greubel/L. Littmann	
	IRT 4520	ThermoScan IRT 4520	6022	white/blue	J. Greubel/L. Littmann	
	IRT Pro 4000	ThermoScan IRT Pro 4000	6021	silver	J. Greubel/L. Littmann	**342**
2005	IRT 2000	ThermoScan compact	6026	white/mint	P. Vu	

Blood pressure monitors

Year	Type	Name	No.	Colour	Designer	Page
1998	BP 1000	VitalScan	6050	white/grey	B. Kling/D. Lubs	
	BP 1500	VitalScan plus	6052	white/grey	B. Kling/D. Lubs	**341**
2000	BP 2005	PrecisionSensor	6057	white	D. Lubs	
	BP 2510	PrecisionSensor	6954	white	D. Lubs	**341**
	BP 2510 UG	PrecisionSensor 2510 UG	6954	white	D. Lubs	
2001	BP 2550	PrecisionSensor	6053	dark blue	D. Lubs	
	BP 2590	PrecisionSensor	6059	silver	D. Lubs	

Year	Type	Name	No.	Colour	Designer	Page
2002	BP 1600	VitalScan Plus BP 1600	6057	white	P. Hartwein	
	BP 1650	VitalScan Plus BP 1650	6057	anthracite	P. Hartwein	**341**
2004	BP 2510 UG	SensorControl BP 2510 UG	6054	white	P. Hartwein	
2005	BP 3510	SensorControl EasyClick BP 3510	6083	blue	P. Hartwein	
	BP 3560 Pharmacy	SensorControl EasyClick BP 3560 Pharmacy	6085	silver	P. Hartwein	**341**

Oral Care Appliances

Year	Type	Name	No.	Colour	Designer	Page
1963	**mayadent**			white	W. Zimmermann	**346, 358**
1978	zb 1/d 1	electric toothbrush w/rech. battery	4801	white, black	R. Oberheim/R. Weiss	
1979	**md 1**	dental oral irrigator	4802	white, black	R. Oberheim	**358**
1980	DC 1	instant denture cleaner	4090	white	L. Littmann	
	md 2	aquaplus oral irrigator	4946	white	R. Oberheim	**359**
	zb 1t/d 1t	travel set w/rech. bat., el. toothbrush	4801	black	R. Oberheim	**359**
1984	**d 3/3t/31**	Dental/Timer, toothbrush and travel set	4804	white	P. Hartwein	**361**
1984	d 3a	toothbrush w/adapter	4804	white	P. Hartwein	
	md 3/30	Dental oral irrigator	4803	white	P. Hartwein	**360**
	OC 3/30/301	Dental Center/Timer, toothbrush and oral irrigator	4803	white	P. Hartwein	**348, 360**
1991	D 5025/5525/5011	Plak Control/timer/basic	4726	white	P. Hartwein	
	md 5000	Plak Control oral irrigator	4723	white	P. Hartwein	
	OC 5025/ 5525/5545	Plak Control Center	4723	white	P. Hartwein	**361**
1992	D 5525 T	Plak Control Travel timer	4725	white	P. Hartwein	
1994	D 5025 S/5525S/X/5545 S	Plak Control/timer set/family timer	4730	white/blue	P. Hartwein	
	D 5525 TS	Plak Control Travel timer/set	4725	white/blue	P. Hartwein	
	D 7011	Plak Control Solo	4728	white/blue	P. Hartwein	
	D 7022/7522	Plak Control/duo timer	4727	white/blue	P. Hartwein	**352**
	MD 5000 S	Plak Control oral irrigator	4723	white/blue	P. Hartwein	
	OC 5025 S/5525 S/5545 S	Plak Control Center	4723	white/blue	P. Hartwein	
1995	D 7025 Z	Plak Control	4726	white/blue	P. Hartwein	
	D 7521 K	Plak Control children	4726	white/blue	P. Hartwein	
	D 7521 K	Plak Control Kids	4728	blue/turquoise	P. Hartwein	**362**
	D 7525 Z	Plak Control timer	4726	white/blue	P. Hartwein	
	D 7525	Plak Control timer	4728	white/blue	P. Hartwein	
1996	D 7025	Plak Control	4728	white/blue	P. Hartwein	
	D 7511	Plak Control solo timer	4728	white/blue	P. Hartwein	
	D 9011	Oral-B Plak Control Ultra Solo	4713	white/mint	P. Hartwein	
	D 9022	Plak Control Ultra duo	4713	white/mint	P. Hartwein	
	D 9025	Oral-B Plak Control Ultra	4713	white/mint	P. Hartwein	
	D 9525	Plak Control Ultra timer	4713	white/mint	P. Hartwein	
	D 9525 T	Oral-B Plak Control Ultra Travel timer	4713	white/mint	P. Hartwein	
	D 9511	Plak Control Ultra timer	4713	white/mint	P. Hartwein	
	D 9522	Plak Control Ultra duo timer	4727	white/mint	P. Hartwein	
	IC 2522	Interclean Ultra System	3725	white/mint	P. Hartwein	**362**
	ID 2000	Interclean Body	3725	white/mint	P. Hartwein	
	ID 2025	Interclean Tower	3725	white/mint	P. Hartwein	**362**
	ID 2021	Interclean Solo	3725	white/mint	P. Hartwein	
	ID 2025 T	Interclean deluxe	3725	white/mint	P. Hartwein	
	MD 31	oral irrigator	4803	white/blue	P. Hartwein	**363**
	MD 9000	Oral Irrigator	4723	white/mint	P. Hartwein	
	OC 5545 TS	Plak Control Center timer	4723	white/blue	P. Hartwein	
	OC 9025	Oral-B Plak Control Ultra Center	4714	white/mint	P. Hartwein	

Year	Type	Name	No.	Colour	Designer	Page
1996	**OC 9525**	Plak Control Ultra Center timer	4714	white/mint	P. Hartwein	**363**
	OC 9545 T	Plak Control Ultra Center timer	4723	white/mint	P. Hartwein	
1997	D 7511	Plak Control solo timer		white/blue	P. Hartwein	
	D 9011	Plak Control Ultra solo	4713	white/mint	P. Hartwein	
	D 9025	Plak Control Ultra	4713	white/mint	P. Hartwein	
	OC 9025	Plak Control Ultra Center	4714	white/mint	P. Hartwein	
1998	D 6011	Plak Control solo	4728	white/blue	P. Hartwein	
	D 9025 Z	Plak Control Ultra	4713	white/mint	P. Hartwein	
	D 9500	Plak Control Ultra timer	4713	white/mint	P. Hartwein	
	D 9525 Z	Plak Control Ultra timer	4713	white/mint	P. Hartwein	
	D 15.525	Plak Control 3D standard	4729	white/silver-grey	P. Hartwein	
	D 15.525 X	Plak Control 3D deluxe	4729	white/silver-grey	P. Hartwein	
1999	D 15.511	Plak Control 3D solo	4729	white/silver-grey	P. Hartwein	
	MD 15	OxyJet	4715	white/silver-grey	P. Hartwein	
	OC 15.525	OxyJet 3D Center	4715	white/silver-grey/cyan	P. Hartwein	**364**
	OC 15.545 X	OxyJet 3D Center deluxe	4715	white/silver-grey	P. Hartwein	
2000	D 8011	Plak Control	4731	white/mint	P. Hartwein	
	D 10.511	children's toothbrush	4733	d.&l. lilac, blue/yellow	P. Hartwein/T. Winkler	**365**
2001	D 2	batt.-powered toothbrush for children		green/blue/red	B. Kling	
	D 4010	Plak Control batt.-powered toothbrush	4739	white/green	B. Kling/P. Vu	**366**
	D 15.513 T	Plak Control 3D travel	4729	white/silver-grey	P. Hartwein	
	D 17.511	3D Excel solo	4736	white/blue	B. Kling/P. Vu	
	D 17.525	3D Excel standard	4736	white/blue	B. Kling/P. Vu	**366**
	D 17.525 X	3D Excel deluxe	4736	white/blue	B. Kling/P. Vu	
	D 2010	AdvancePower Kids batt.-powered toothbrush	4721	light blue/orange/red	B. Kling	**365**
2002	**D 4510**	AdvancePower batt.-powered toothbrush	4740	white/blue	P. Vu	**366**
	D 8525	Oral-B Plak Control timer D 8525	4731	white/mint	P. Vu	
2003	D 17.500	Oral-B Professional Care 7000 handpiece	4736	blue/white	B. Kling/P. Hartwein/P. Vu	
	D 17.511	Oral-B Professional Care 7000	4736	blue/white	B. Kling/P. Vu	
	D 17.525	Oral-B Professional Care 7500	4736	blue/white	B. Kling/P. Vu	
	D 17.525 X	Oral-B Professional Care 7500 dlx	4736	blue/white	B. Kling/P. Vu	
	MD 15 A	Oral-B Professional Care 5500 oral irrigator	3718	white/blue	P. Hartwein/B. Kling	
	MD 17	OxyJet	3719	blue/white	B. Kling	
	OC 15.525 A	Oral-B Professional Care 550 Center	3718	white/blue	P. Hartwein/B. Kling	
	OC 17.525	Oral-B Professional Care 7500 Center	3719	blue/white	B. Kling/P. Hartwein	
	OC 17.545	Oral-B Professional Care 7500 dlx Center	3719	blue/white	B. Kling/P. Hartwein	
2004	D 15.511 XL	Oral-B Professional Care 5000 XL	4729	blue/white	B. Kling/P. Hartwein	
	D 17.525 XL	Oral-B Professional Care 5500 XL	4729	blue/white	B. Kling	**367**
	D 18.565	Oral-B Professional Care 8500	3728	silver/white	B. Kling/M. Orthey	
	D 18.585 X	Oral-B Professional Care 8500 DLX	3728	silver/white	B. Kling/M. Orthey	
	S 18.525.2	Oral-B Sonic Complete	4717	blue/white	P. Vu	**367**
	S 18.535.3	Oral-B Sonic Complete DLX	4717	blue/white	P. Vu	
2005	MD 18	Oral-B Professional Care 8500 Oxy-Jet	3719	silver/white	B. Kling/P. Hartwein	
	OC 18.585 X	Oral-B Professional Care 8500 DLX OxyJet Center	3719	silver/white	B. Kling/P. Hartwein	

Toothbrushes

Year	Name	Type	Feature	Designer	Page
1987	**Oral-B Plus**	toothbrush		P. Schneider/J. Greubel	350
	Oral-B Plus	interdental handle	interdental cleaner	P. Schneider/J. Greubel	**368**
1988	Oral-B Angular	toothbrush	1-component material	P. Schneider/J. Greubel	
1989	Oral-B	floss holder	interdental cleaner	P. Schneider/J. Greubel	
	Oral-B Indicator	toothbrush	indicator bristles	P. Schneider/J. Greubel	
	Oral-B Angular Indicator	toothbrush	indicator bristles	P. Schneider/J. Greubel	**368**

Year	Type	Name	No./Colour/Material	Designer	Page
1990	**Oral-B Plus travel**	travel toothbrush		P. Schneider/J. Greubel	**368**
1991	**Oral-B Advantage**	toothbrush	1-component material	P. Schneider/J. Greubel	**369**
1994	**Oral-B Advantage**	toothbrush	2-component material	P. Schneider/J. Greubel	**369**
	Oral-B Advantage Plus	toothbrush	2-component material/new head	P. Schneider/J. Greubel	
1996	**Oral-B CrossAction**	toothbrush	2-component material	P. Schneider/J. Greubel	**354**
2002	**Oral-B New Indicator**	toothbrush	2-component material/transp./opaque	T. Winkler/P. Vu	**370**
2003	Oral-B Indicator Interdental Set	interdental cleaner	2-component material/transp./opaque	T. Winkler	
	Oral-B Advantage Next Generation	toothbrush	2-component material	B. Kling	**370**
	Oral-B CrossAction Vitalizer	toothbrush	3-component material/new head	P. Schneider/J. Greubel/ T. Winkler	**369**
	Oral-B New Classic	toothbrush	2-component material	B. Kling	**370**
	Oral-B CrossAction Power	batt.-pow. tothbrush		Till Winkler	**370**
2004	Oral-B Kolibri	interdental cleaner	battery-powered	Till Winkler	
	Oral-B Advantage Artica	toothbrush	3-component material/ transp./new head	B. Kling	

Household Appliances

Kitchen machines

1957	**KM 3/31**	food processor, basic model	4203/4206	white/blue	G. A. Müller	**376, 402**
		attachments:				
		shredder 1 and 2		white/blue		
		mixing attachment		transparent		
		meat grinder		white/blue		
		citrus press		transparent		
		coffee grinder		transparent		
		cookbook				
1964	**KM 32/B/321**	food processor, basic model	4122/4123	white/green	G. A. Müller/R. Oberheim	**403**
		attachments:				
	KS 32	shredder for KM 32/B/321	4613	white/green	G. A. Müller/R. Oberheim	
	KX 32	mixing attachment for KM 32/B/321	4614	transparent	G. A. Müller/R. Oberheim	
	KGZ 2	meat grinder for KM 32/B/321	4610	white/green	G. A. Müller/R. Oberheim	
	KMZ 2	citrus press for KM 32/B/321	4612	transparent	G. A. Müller/R. Oberheim	
	MXK 3	coffee grinder for KM 32/B/321	4615	transparent	G. A. Müller/R. Oberheim	
1965	**KM 2**	Multiwerk, basic model	4130	white	D. Rams/R. Fischer	**403**
		attachments:				
	KMZ 2	citrus press for KM 2		white	D. Rams/R. Fischer	
	KMK 2	stone-mill coffee grinder for KM 2	4620	white	D. Rams/R. Fischer	
1982	MC 1Vario	food processor[1]		white	H. Kahlcke	
1983	UK 1/9/19/11/90/ 95/100/110/120	Multipractic series	4243/4259	white	H. Kahlcke	
1984	**KM 20/200/210/ 250/40/400/410/430**	Multipractic electronic series	4261/4262	white	H. Kahlcke	**405**
		attachments:				
	UKZ 1/4	citrus press no. 4243 for UK	4261/4262	transparent	H. Kahlcke	
	UKRT 2/4	whipping attachment no. 4261 for UK	4261/4262	white	H. Kahlcke	
	UKT 2	whipped-cream pot no. 4558 for UK	4261/4262	white	H. Kahlcke	
	UKE 1/4/R 5	juicer no. 4289 for UK	4262	white	H. Kahlcke	
	UKM 1/10	grain mill no. 4237 for UK	4262	white	H. Kahlcke	
	UKW 1	kitchen scale no. 4243 for UK	4261/4262	white	H. Kahlcke	**405**
	UKC 4	chopping attachment for UK	4261/4262	white	H. Kahlcke	
1985	KS 33	shredder for KM 32/B/321	4247	white/green	H. Kahlcke	

Year	Type	Name	No.	Colour	Designer	Page
1986	**KGM 3/31**	grain mill	4239	white	H. Kahlcke	**406**
1990	MC 100	food processor[1]		white	H. Kahlcke	
	MC 200	food processor[1]		white	H. Kahlcke	
1993	K 850	Multisystem 1	3210	white	L. Littmann	
	K 1000	Multisystem 1 to 3	3210	white	L. Littmann	**407**
	KC 1	System 3 expansion set	3210	transparent	L. Littmann	
	KER 1	juicer for K 1000	3210	grey	L. Littmann	
	KU 2	System 2 expansion set	3210	transparent	L. Littmann	
1994	KPC 1	citrus press	3210	transparent	L. Littmann	
1996	K 600	CombiMax 600	3205	white	L. Littmann	
	K 650	CombiMax	3205	white	L. Littmann	**408**
	K 700	CombiMax 700	3202	white	L. Littmann	
	K 750	CombiMax 750	3202	white	L. Littmann	
	PJ 600	CombiMax	3200	white/transparent	L. Littmann	
	SJ 600	juicer attachment	3200	grey/transparent	L. Littmann	

Mixers/ food processors

Year	Type	Name	No.	Colour	Designer	Page
1958	MX 3/31	Multimix	4213/4215	white/blue	G. A. Müller	
1962	KGZ 2	meat grinder for MX 32/32 B	4610	white	G. A. Müller	
	KMZ 2	citrus press for MX 32/32 B	4612	transparent	G. A. Müller	
	KS 32	shredder for MX 32/32 B	4613	white/green	G. A. Müller	
	MX 32/32 B	Multimix	4142	white/green	G. A. Müller	**402**
	MXK 3	coffee grinder for MX 32/32 B	4615	transparent	G. A. Müller	
1967	MX 111	Multimix toy version	4946	white		
1979	**ZK1/2/5-9/100-500**	Multiquick series attachments:	4249/4250	white	H. Kahlcke	**404**
	ZK 3	mixing attachment	4250	transparent	H. Kahlcke	
	ZK 4	shredder	4250	white	H. Kahlcke	
1982	**KGZ 3/31**	meat grinder	4242	white	H. Kahlcke	392, **406**
1983	**MC 1/2**	Multiquick compact/electronic	4171	white	H. Kahlcke	**404**
1985	KS 33	shredder for MX 32/32 B	4247	white/green	H. Kahlcke	
1995	G 1100 K	Power Plus 1100 meat grinder	4195	white/green	L. Littmann/H. Kahlcke	
2000	M 700	Multimix	4643	vanilla	L. Littmann	
	K 3000	Multisystem 3-in-1	3210	white/silver	C. Seifert/L. Littmann	**409**
2001	G 1300 K	Power Plus 1300 meat grinder	4195	white	L. Littmann/H. Kahlcke	
	MX 2000	PowerBlend MX 2000	4184	white	L. Littmann	
	MX 2050	PowerBlend MX 2050	4184	white	L. Littmann	**408**

Handmixers/ handblenders

Year	Type	Name	No.	Colour	Designer	Page
1960	**M 1/11**	Multiquirl	4220/4221	light grey	G. A. Müller	**410**
1963	**M 12/121/125**	Multiquirl	4112	white	G. A. Müller/R. Weiss	**411**
1966	MR 2	itc handblender	4942	white	R. Garnich	
1968	**M 140**	Multiquirl	4115	white	R. Weiss	**411**
	MS 140	shredder	4618	white	R. Weiss	
	MZ 140	citrus press	4622	white	R. Weiss	
	MZ 142	Turbomesser	4263	grey	R. Weiss	
1973	MR 4	Minipimer[1]		white	D. Rams	
1978	MR 5	handblender[1]		white	D. Rams	
1979	MR 62	handblender[1]		white	L. Littmann	
1981	**MR 6**	vario handblender	4972	white/red	L. Littmann	**413**
1982	**MR 30**	junior handblender	4172	white	L. Littmann	**413**
	MR 72	handblender[1]		white	L. Littmann	

Year	Type	Name	No.	Colour	Designer	Page
1985	MR 7	vario handblender	4166	white	L. Littmann	
	MR 74	handblender[1]		white	L. Littmann	
1986	MR 73	handblender[1]		white	L. Littmann	
1987	**MR 300/CA/ HC/M/305**	compact handblender/ Multiquick 300 series	4169	white	L. Littmann	**413**
1989	MR 700	Vario-Set handblender	4181	white	L. Littmann	
1991	MR 730	handblender[1]		white	L. Littmann	
	MR 743	handblender[1]		white	L. Littmann	
1992	MR 350/HC	Multiquick 350 series	4164	white	L. Littmann	
1994	CA-M	chopping attachment	4642	white	L. Littmann	
	HA-M	handblender attachment	4642	white	L. Littmann	
	M 700	Multimix	4643	white	L. Littmann	
	M 800/810/820/ 830/870/880	Multimix duo/trio/quatro	4262	white	L. Littmann	**412**
1995	CA 5	handblender[1]		white	L. Littmann	
	MR 500	Multiquick 500	4187	white	L. Littmann	
	MR 500 CA	Multiquick/Minipimer control plus	4187	white/anthracite	L. Littmann	
	MR 500 HC	Multiquick control plus	4187	white/anthracite	L. Littmann	**394, 414**
	MR 500 M	Multiquick 500 M	4189	white	L. Littmann	
	MR 500 MCA	Multiquick	4189	white	L. Littmann	
	MR 505	Multiquick/Minipimer control plus	4187	white/anthracite	L. Littmann	
	MR 505 M	Multiquick/Minipimer control plus	4187	white/anthracite	L. Littmann	
	MR 550	Multiquick	4189	white	L. Littmann	
	MR 550 CA	Multiquick control plus vario	4189	white/black	L. Littmann	
	MR 550 M	Multiquick/Minipimer control plus vario	4189	white/black	L. Littmann	
	MR 555 CA	Multiquick 555 CA	4189	white	L. Littmann	
	MR 555 MCA	Multiquick/Minipimer control plus vario	4189	white/black	L. Littmann	**414**
1997	MR 400	handblender[1]		white, yellow, light blue, dark lilac	L. Littmann	
1998	MR 350 CA	Multiquick 350 CA	4164	white	L. Littmann	
	MR 400	Multiquick 400		white	L. Littmann	
	MR 400 CA	Multiquick 400 CA	4185	white	L. Littmann	
	MR 400 HC	Multiquick	4185	white	L. Littmann	
	MR 404	Multiquick 404	4185	yellow, blue	L. Littmann	
	MR 405	Multiquick 405	4185	white	L. Littmann	
	MR 430	Multiquick 430	4185	white	L. Littmann	
	MR 430 CA	Multiquick 430 CA	4185	white	L. Littmann	
	MR 430 HC	Multiquick	4185	white	L. Littmann	
1999	MR 404	Multiquick	4185	vanilla, aqua, chameleon	L. Littmann	
	MR 440 HC	Multiquick Baby Set	4185	chameleon	L. Littmann	
2000	M 700	Multimix	4683	vanilla	L. Littmann	
2001	**MR 5000/5550**	Multiquick/Minipimer professional	4191	white/grey	L. Littmann	**400, 414**
	MR 5550 BCHC	Multiquick/Minipimer professional	4191	white/grey	L. Littmann	
	MR 5550 CA	Multiquick/Minipimer professional	4191	white/grey	L. Littmann	
	MR 5550 M	Multiquick professional	4191	white	L. Littmann	
	MR 5550 MCA	Multiquick/Minipimer professional	4191	white/grey	L. Littmann	
	MR 5550 MBCHC	Multiquick professional	4191	white	L. Littmann	
2002	MR 404	Multiquick MR 404	4179	atlantic, sahara	L. Littmann/C. Seiffert	
2003	**MR 4000**	Multiquick Advantage	4193	white/turquoise	L. Littmann	**415**
	MR 4000 HC	Multiquick Advantage	4193	white/blue	L. Littmann	
	MR 4050 HC	Multiquick Advantage	4193	white/blue	L. Littmann	
2004	CT 600	FreshWare containers	4194	transparent	L. Littmann	
	CT 900	FreshWare containers	4194	transparent	L. Littmann	
	CT 1200	FreshWare containers	4194	transparent	L. Littmann	
	CT 3100	FreshWare containers	4194	transparent	L. Littmann	

Year	Type	Name	No.	Colour	Designer	Page
2004	MR 4050 HC-V	Multiquick Fresh System	4193	white/blue	L. Littmann	
	MR 5550 MCA-V	Multiquick Fresh System	4191	white/blue	L. Littmann	**415**
2005	MR 5000 FS	Multiquick Fresh Set	4194	white/blue, transp.	L. Littmann	
Juicers/ citrus presses						
1957	MP 3/31	Multipress	4203/4206	white	G. A. Müller	
1965	**MP 32**	Multipress	4152	white	G. A. Müller	**416**
	MPZ 1	Citruspresse	4153	white	R. Oberheim/R. Weiss	**417**
1970	**MP 50**	Multipress	4154	white	J. Greubel	**416**
1972	MPZ 2/21/22	citromatic/de luxe	4155/4979	white	D. Rams/J. Greubel	
1982	**MPZ 4**	citromatic 2	4173	white	L. Littmann	**418**
	MPZ 4	citromatic[1] citrus press		white	L. Littmann	
1983	MP 70	juicer[1]		white	L. Littmann	
1985	MR 63	citromatic[1] citrus press		white	D. Rams	
	MPZ 5	citromatic 3	4173	white	L. Littmann	
1988	**MP 80**	Multipress Plus automatic	4290	white	H. Kahlcke	**420**
1990	**MP 75**	Multipress compact	4235	white	L. Littmann	**420**
1992	MPZ 6	citromatic 6 compact	4161	white	L. Littmann	
	MPZ 7	citromatic 7 vario	4161	white	L. Littmann	**418**
1994	**MPZ 22**	citromatic/de luxe	4979	white	D. Rams/J. Greubel	**384, 417**
2003	**MPZ 9**	citromatic MPZ 9	4161	white	L. Littmann/S. Wuttig/I. Heyn	**419**
Grills						
1962	**HG 1**	combination grill	HG 1	chrome/black	R. Weiss	**421**
1970	HTG 1	tabletop grill	4001	aluminium/black	J. Greubel	
1971	HAT 51	Imbisstoaster Lunchquick	4014	aluminium/black	J. Greubel	
	HTG 2	Multigrill	4002	aluminium/black	J. Greubel	
Hotplates						
1972	**TT 10**	thermos tray	4005	aluminium/black	F. Seiffert	**422**
	TT 20	thermos tray	4005	aluminium/black	F. Seiffert	
	TT 30	thermos tray	4005	aluminium/black	F. Seiffert	
Water kettles						
1961	**HE 1/12**	water kettle	4911	chrome/black	R. Weiss	**442**
1999	**WK 210**	AquaExpress	3217	aqua, chameleon, vanilla, white	J. Greubel/L. Littmann	**442**
	WK 300	AquaExpress	3219	titanium, black	J. Greubel/L. Littmann	**443**
2001	WK 308	AquaExpress Juwel Edition	3219	silver-blue, silver-green	J. Greubel/L. Littmann/ D. Lubs	
2002	WK 210	AquaExpress WK 210	3217	atlantic, sahara	J. Greubel/L. Littmann/ C. Seiffert	
	WK 300	AquaExpress WK 300	3219	black/silver	L. Littmann	
2004	**WK 600**	Impression WK 600	3214	metallic	L. Littmann	**443**
Toasters						
1961	HT 1	toaster	4270	chrome/black	R. Weiss	
1963	**HT 2**	Automatictoaster	4011	chrome/black	R. Weiss	**423**

Year	Type	Name	No.	Colour	Designer	Page
1980	**HT 6**	toaster	4037	grey/silver, brown/silver	H. Kahlcke	**423**
	HT 50/55/56/57	infrarot electronic sensor	4104	white, red, black	H. Kahlcke	
	HT 40/45/46/47	electronic toaster	4102	white, red, black	H. Kahlcke	
1991	HT 70/75	Multitoast electronic-sensor	4107	white, red, black	L. Littmann	
	HT 80/85	Multitoast electronic-sensor	4108	white, red, black	L. Littmann	**424**
	HT 90/95	Multitoast infrared-sensor toaster	4109	white, red, black	L. Littmann	
1992	HT 180	Multitoast 180 toast + sandwich	4105	white	L. Littmann	
1994	HT 165	Multitoast 165 toast + sandwich	4105	white	L. Littmann	
2004	**HT 550**	MultiToast HT 550	4119	black, white, anthracite	L. Littmann	**425**
	HT 600	Impression HT 600	4118	metallic	L. Littmann	**425**
2005	**HT 450**	MultiToast HT 450	4120	black, white	L. Littmann	**424**

Coffee machines

Year	Type	Name	No.	Colour	Designer	Page
1972	**KF 20**	Aromaster	4050	white, yellow, orange, red, dark red, olive	F. Seiffert	**386**
1973	KTT	tea infuser	4050	black	F. Seiffert	
1976	**KF 21**	Aromaster	4051	white, yellow, orange	F. Seiffert/H. Kahlcke	**450**
1977	**KF 30**	Aromat	4052	white, yellow	H. Kahlcke	**450**
1978	**KF 35**	Traditional/2	4053	white, yellow	H. Kahlcke	**451**
1984	**KF 40/45/60/65**	Aromaster 10/plus 10/12/plus 12	4057/63	white, red/grey, red/black, black	H. Kahlcke	**390, 452**
	KF 50/55	Aromaster thermo 10	4058	white	H. Kahlcke	
	TF 1	tea filter	4057	transparent	H. Kahlcke	
1986	**KF 70/75**	Aromaster special 10/de luxe 10	4074/4079	white	H. Kahlcke	**452**
	KF 80/82/83	Aromaster control 12	4073/4091	white, black	H. Kahlcke	**453**
	KF 90/92	Aromaster control 10 s	4082/4097	white	H. Kahlcke	
1988	KF 22/26/32/36/ 8/10/8-plus/10-plus	Aromaster compact	4083	white, red/black, black	H. Kahlcke	
	KF 72/76	Aromaster 10/special de luxe	4094/4096	white	H. Kahlcke	
1989	KF 42/41 T/46/62/66	Aromaster 10/combi/plus/12/plus	4088/4093	white, red/grey, red/black, black	H. Kahlcke	
1990	KF 43T/43/ 47/63/67	Aromaster 43 combi/43/47, plus/63/63, 47/63/67 plus	4087/4069/ 4076/4077	white, red/black, black	H. Kahlcke/L. Littmann	
1991	KF 85	Aromaster 85 sensor control	3092	white, black	H. Kahlcke/L. Littmann	
1992	KF 74	Aromaster 74	3090	white	H. Kahlcke/L. Littmann	
1994	**KF 12**	Aromaster 12	3075	white, black	L. Littmann	**453**
	KF 140/145/ 150/155	AromaSelect 10/12	3093/3094/ 3095	white, red, black	R. Ullmann	
	KF 180/185/160	AromaSelect	3089/3097/ 3098	white, black	R. Ullmann	**454**
1995	KF 130	AromaSelect PureAqua	3111	white	R. Ullmann/L. Littmann	
	KF 130	AromaSelect PureAqua	3122	black	R. Ullmann/L. Littmann	
	KF 140	AromaSelect PureAqua 10	3066	white, black	R. Ullmann	
	KF 145	AromaSelect PureAqua 10	3067	white, black, red	R. Ullmann	
	KF 150	AromaSelect PureAqua 12	3068	white	R. Ullmann	
	KF 155	AromaSelect PureAqua 12/18	3069	white, black	R. Ullmann	
	KF 155	AromaSelect PureAqua 12/18	3069/3114	white	R. Ullmann	
	KF 170	AromaSelect thermoplus	3102	white	R. Ullmann	**454**
	KF 170	AromaSelect PureAqua 8/12	3072/3117	white	R. Ullmann	
	KF 185	AromaSelect PureAqua 12/18	3071/3116	white, black	R. Ullmann	
	KFT 150	AromaSelect PureAqua 12/18	3120	white	R. Ullmann	
	TF 2	AromaSelect tea filter	3120	white	R. Ullmann	
1997	KF 16	Aromaster pure aqua	3076	white	L. Littmann	

Year	Type	Name	No.	Colour	Designer	Page
1997	KF 37	Aromaster 37 compact	3085	white, black	H. Kahlcke	
	KFT 16	Aromaster PureAqua	3076	white	L. Littmann	
1998	KF 140	AromaSelect PureAqua	3111	blue, yellow	R. Ullmann/L. Littmann	
	KF 145	AromaSelect PureAqua	3112	blue, yellow	R. Ullmann/L. Littmann	
	KF 147	AromaSelect Pearl-Black Collection	3112	pearl-blue, green/black	R. Ullmann/L. Littmann	
1999	KF 130	AromaSelect PureAqua	3122	vanilla, aqua, chameleon	L. Littmann	
	KF 147	AromaSelect Millennium Edition	3112	pearl titanium/black	R. Ullmann/L. Littmann	**455**
	KF 177	AromaSelect Pearl-Black Collection	3117	pearl blue, pearl green	R. Ullmann/L. Littmann	
	KF 177	AromaSelect Pearl-Black Collection Millennium Edition	3117	pearl titanium/black	R. Ullmann/L. Littmann	
	KF 190	AromaSelect PureAqua Cappuccino	3123	titanium/black	L. Littmann/P. Vu	
2000	KF 37	Aromaster 37 compact	3085	vanilla	H. Kahlcke	
2001	KF 148	AromaSelect Juwel Edition	3112	silver-blue/silver-green	R. Ullmann/L. Littmann/D. Lubs	
	KF 178	AromaSelect Juwel Edition Thermo	3117	silver-blue/silver-green	R. Ullmann/L. Littmann/D. Lubs	**455**
2002	KF 130	Aroma Select KF 130	3122	sahara, atlantic	L. Littmann/C. Seiffert	
	KF 500	AromaPassion KF 500	3104	white/grey	B. Kling	
	KF 510	AromaPassion KF 510	3104	white/silver	B. Kling	
	KF 550	AromaPassion KF 550	3104	black/silver	B. Kling	**456**
	KF 580 E	AromaPassion time control KF 580 E	3105	black/silver	B. Kling	
2003	KF 540	AromaPassion	3104	black/silver	B. Kling	
2004	**KF 600**	Impression KF 600	3106	metallic	B. Kling	**456**

Espresso machines

Year	Type	Name	No.	Colour	Designer	Page
1991	E 250 T	Espresso Master	3062	white, matte black	L. Littmann	
	E 400 T	Espresso Master professional	3060	black/chrome	L. Littmann	**444**
1994	**E 20**	Espresso Master	3058	black	L. Littmann	**445**
	E 40	Espresso Master plus	3057	black	L. Littmann	
	E 300	Espresso Cappuccino Pro	3063	black	L. Littmann	
1995	**KFE 300**	Caféquattro	3064	black	L. Littmann	**445**
1996	E 600	Espresso Cappuccino Pro	3063	black	L. Littmann	

Coffee grinders

Year	Type	Name	No.	Colour	Designer	Page
1965	**KMM 1/121**	Aromatic coffee grinder w/stone-mill system	4398	white/red, white/green	R. Weiss	**446**
1967	**KSM 1/11**	Aromatic coffee grinder w/hammer mech.	4024/26	white, orange, red, green yellow, chrome/black	R. Weiss	**382, 447**
1969	**KMM 2**	Aromatic coffee grinder w/stone-mill system	4023	white, red, yellow	D. Rams	**448**
1970	CR 1	Aromatic[1] coffee grinder		white, yellow, red	D. Rams	
	CR 2	Aromatic[1] coffee grinder		white, red, yellow	D. Rams	
1975	**KMM 10**	Aromatic coffee grinder w/stone-mill system	4036	white, yellow	R. Weiss/H. Kahlcke	**446**
1978	CR 31	Aromatic[1] coffee grinder		white, yellow		
1979	KMM 20	Aromatic coffee grinder w/stone-mill system	4045	white, yellow	R. Weiss/H. Kahlcke	
	KSM 2	Aromatic coffee grinder w/hammer mech.	4041	white, yellow	H. Kahlcke	**449**
1980	CR 3	Aromatic[1] coffee grinder		white, yellow, orange, red		
1994	**KMM 30**	CaféSelect coffee/espresso grinder	3045	white, black	L. Littmann/J. Greubel	**449**
1995	M 30	Aromatic[1] coffee grinder		white	L. Littmann	

Heaters

Year	Type	Name	No.	Colour	Designer	Page
1959	**H 1/11**	heater w/thermostat	4305	white/grey	D. Rams	**380, 432**
1960	H 2/21	heater w/thermostat	4510	white/grey	D. Rams	
1962	**H 3/31**	heater w/thermostat	4513	white/grey	D. Rams	**432**

Year	Type	Name	No.	Colour	Designer	Page
1965	**H 6**	convection heater	4386	grey	R. Fischer/D. Rams	**433**
	HZ 1	room thermostat	4630	light grey	D. Rams	
1966	H 4	heater[1]	4514			
1967	**H 7**	heater[1]	4517	grey, brown	R. Weiss/D. Rams	**434**
1970	H 9	heater[1]		light grey	L. Littmann	
1973	**H 5**	Novotherm	4302	white, olive green, orange/black	J. Greubel	**434**
1979	H 91	heater[1]		light grey	L. Littmann	
1983	H 10	air heating apparatus	4358	white/black	L. Littmann	
1984	H 20	axial[1] heater		white, black	D. Rams	
	H 92	heater[1]		grey	L. Littmann	
1985	H 102	heater[1]		light grey	L. Littmann	
1986	H 103	heater[1]		light grey	L. Littmann	
1989	**H 30**	heater[1]		black/grey	L. Littmann	**435**
1991	H 104	heater[1]		white/black	L. Littmann	
1992	**H 200**	heater[1]		black/grey	L. Littmann	**435**
Tabletop heaters/ air filter						
1961	**HL 1/11**	Multiwind	4530	light grey, graphite	R. Weiss	**436**
1962	HL 2/23	car fan	4382	dark grey, brown	R. Weiss	
1971	**HL 70**	tabletop heater	4550–4552	white, brown, yell.	R. Weiss/J. Greubel	**436**
1973	**ELF 1**	Air-Control	4451	white, black	J. Greubel	**437**
Irons						
1979	PV 2	dry iron[1]		white/blue	L. Littmann	
1984	**PV 4 series**	vario 200/plus/special/de luxe	4374	white	L. Littmann	**438**
1986	PV 5 series	vario 5000/plus/special/ de luxe/protector	4374	white, green, blue	L. Littmann	
1987	PV 6 series	vario 6000/standard/plus/special/ protector electro	4332/4334/ 4378/4381	white, blue	L. Littmann	
1989	**PV 3 series**		4323–4325/4347	white/black	L. Littmann	**439**
1992	PV 7 series	saphir 7000/ultra/sensor/protector	4388/4389/4399	white	L. Littmann	
	PV 5 series	5000/standard/super/special/ protector saphir 5000/standard/super	4322/4333/4262–4365	white/grey	L. Littmann	
1995	PV 1000	Turbo-jet	4316	white/grey	J. Greubel/L. Littmann	
	PV 1002	Turbo-jet	4318	white/grey	J. Greubel/L. Littmann	
	PV 1005	Turbo-jet	4313	white/grey	J. Greubel/L. Littmann	
	PV 1010	Turbo-jet	4314	white/grey	J. Greubel/L. Littmann	
	PV 1200	Ceramic-jet	4319	white/mint	J. Greubel/L. Littmann	
	PV 1205	Ceramic-jet	4394	white/green	J. Greubel/L. Littmann	**440**
	PV 1202	Ceramic-jet	4300	white/mint	J. Greubel/L. Littmann	
	PV 1210	Ceramic-jet	4683	white/green	J. Greubel/L. Littmann	
	PV 1212	Ceramic-jet	4682	white/mint	J. Greubel/L. Littmann	
	PV 1500	steam iron[1]		white	J. Greubel/L. Littmann	
	PV 1505	Saphir-jet	4315	white/blue	J. Greubel/L. Littmann	
	PV 1510	Saphir-jet	4684	white/blue	J. Greubel/L. Littmann	
	PV 1512	Saphir-jet	4687	white/blue	J. Greubel/L. Littmann	
	PV 1550	Saphir-jet	4686	white/blue	J. Greubel/L. Littmann	
	PV 2200	steam iron[1]		white	J. Greubel/L. Littmann	
1996	PV 1502	Saphir-jet	4685	white/blue	J. Greubel/L. Littmann	
	PV 2500	steam iron[1]		white	J. Greubel/L. Littmann	
1997	PV 2000	steam iron[1]		white	J. Greubel/L. Littmann	

Year	Type	Name	No.	Colour	Designer	Page
1997	PV 2002	Combi-jet	4691	white/grey	J. Greubel/L. Littmann	
	PV 2005	Combi-jet	4691	white/grey	J. Greubel/L. Littmann	
	PV 2202	ProGlide-jet	4692	white/mint	J. Greubel/L. Littmann	
	PV 2205	ProGlide-jet	4692	white/green	J. Greubel/L. Littmann	
	PV 2210	ProGlide-jet	4692	white/green	J. Greubel/L. Littmann	
	PV 2502	Saphir-jet	4689	white/blue	J. Greubel/L. Littmann	
	PV 2505	Saphir-jet	4689	white/blue	J. Greubel/L. Littmann	
	PV 2510	Saphir-jet	4689	white/blue	J. Greubel/L. Littmann	
	PV 2512	Saphir-jet	4689	white/blue	J. Greubel/L. Littmann	
	PV 2550	Saphir-jet	4693	white/blue	J. Greubel/L. Littmann	
1999	PV 3102	OptiGlide-jet	4695	vanilla	J. Greubel/L. Littmann	
	PV 3110	OptiGlide-jet	4695	vanilla	J. Greubel/L. Littmann	
	PV 3205	ProGlide-jet	4696	dark green	J. Greubel/L. Littmann	
	PV 3210	ProGlide-jet	4696	light green	J. Greubel/L. Littmann	
	PV 3505	Saphir-jet	4697	light blue	J. Greubel/L. Littmann	
	PV 3512	Saphir-jet	4697	blue	J. Greubel/L. Littmann	
	PV 3570	Saphir-jet	4697	light blue	J. Greubel/L. Littmann	
	PV 3580	Saphir-jet	4698	light blue	J. Greubel/L. Littmann	
2000	SI 6210	steam iron[1]		pastel grey, pastel blue, white	L. Littmann/J. Greubel	
	SI 6220	FreeStyle SI 6220	4696	light blue	L. Littmann/J. Greubel	
	SI 6230	steam iron[1]		white	L. Littmann/J. Greubel	
	SI 6510	FreeStyle SI 6510	4696	lilac	L. Littmann/J. Greubel	**398**
	SI 6530	FreeStyle Saphir	4694	green	L. Littmann/J. Greubel	
	SI 8510	ProStyle SI 8510	4697	light blue	J. Greubel/L. Littmann	
	SI 8570	ProStyle SI 8570	4697	light blue	J. Greubel/L. Littmann	
	SI 8580	ProStyle SI 8580	4698	light blue	J. Greubel/L. Littmann	
	PV 8512	steam iron[1]		white	J. Greubel/L. Littmann	
2001	**SI 6575**	FreeStyle Saphir	4694	silver-metallic	L. Littmann/J. Greubel	**440**
2002	SI 6585	steam iron[1]		w./green, blue/green, pastel blue, white/grey, blue	L. Littmann/J. Greubel	
	SI 4000	Easy Style SI 4000	4670	blue	L. Littmann	
2003	SI 3120	OptiStyle SI 3120	4695	light green	J. Greubel/L. Littmann	
	SI 3230	OptiStyle SI 3230	4671	light blue	J. Greubel/L. Littmann	
	SI 6120	steam iron[1]		white	L. Littmann/J. Greubel	
	SI 6250	steam iron[1]		blue, lilac	L. Littmann/J. Greubel	
	SI 6260	steam iron[1]		lilac	L. Littmann/J. Greubel	
	SI 6550	steam iron[1]		green	L. Littmann/J. Greubel	
	SI 6560	Freestyle SI 6560	4674	light lilac	L. Littmann/J. Greubel	
	SI 6590	Freestyle SI 6590	4675	silver-metallic	L. Littmann/J. Greubel	
	SI 6595	steam iron[1]		white/met., dark blue	L. Littmann/J. Greubel	
	SI 8520	ProStyle SI 8520	4672	blue-metallic	J. Greubel/L. Littmann	
	SI 8520	steam iron[1]		white/blue-metallic	J. Greubel/L. Littmann	
	SI 8590	ProStyle SI 8590	4672	blue-metallic	J. Greubel/L. Littmann	
	SI 8595	ProStyle SI 8595	4673	blue-metallic	J. Greubel/L. Littmann	
	SI 8590	steam iron[1]		white/blue-metallic	J. Greubel/L. Littmann	
2004	SI 9200	FreeStyle Excel SI 9200	4678	green	L. Littmann/M. Orthey	
	SI 9500	FreeStyle Excel SI 9500	4677	blue	L. Littmann/M. Orthey	**441**

Year	Type	Name	No.	Colour	Designer	Page

Other Appliances

Year	Type	Name	No.	Colour	Designer	Page
1961	**HGS 10/20**	tabletop dishwasher		white	manufactured in USA	**429**
1964	**HMT 1**	Multitherm electric skillet	4921	chrome/black	R. Weiss/D. Lubs	**422**
	HTK 5	freezer		white	D. Rams	**431**
	KZ 1/11	kitchen waste grinder	4950	white/green	manufactured in USA	
1970	H 0 750	oil radiator[1]		white	D. Rams	
	AM 2	hand-held vacuum cleaner[1]		white/blue	H. Kahlcke	
	AT 1	vacuum cleaner[1]		white/blue	D. Rams	
1971	CO 1	Abrematic[1] can opener		white	J. Greubel	
1972	DS 1	Sesamat can opener	4922	white	D. Rams/J. Greubel	
1973	**US 10**	universal slicer electric	4933	white	K. Dittert	**426**
	US 20	universal slicer electronic	4926	white	J. Greubel	**427**
1974	AM 6	hand-held vacuum cleaner[1]		white/blue	H. Kahlcke	
	WT 10	drymatic clothes dryer	4990	white	J. Greubel	**430**
1975	AM 4	hand-held vacuum cleaner[1]		white/blue, orange	H. Kahlcke	
	AT 4	vacuum cleaner[1]		white/blue	D. Rams	
1976	AT 2	vacuum cleaner[1]		white/blue	H. Kahlcke	
	AT 5	vacuum cleaner[1]		white/blue	H. Kahlcke	
	AM 5	hand-held vacuum cleaner[1]		white/blue, brown	H. Kahlcke	
	AM 7	hand-held vacuum cleaner[1]		white/blue	H. Kahlcke	
	FP 1	floor polisher[1]		white/grey	D. Rams	
1977	AT 3	vacuum cleaner[1]		white/blue	D. Rams	
	YG 1	yoghurt maker[1]		white	D. Rams	
1978	**EK 1**	electric knife[1]		white	L. Littmann	**428**
	LM 1	electric carpet cleaner[1]		white	D. Rams	
	LM 2	electric carpet cleaner[1]		white	D. Rams	
	PS 2	radiator[1]		white	H. Kahlcke	
	PS 3	radiator[1]		white	H. Kahlcke	
1980	FP 2	floor polisher[1]		white/grey	D. Rams	
	WF1	water filter[1]		white	H. Kahlcke	
1982	AT 7	vacuum cleaner[1]		grey	D. Rams	
	AT 8	vacuum cleaner[1]		orange	D. Rams	
1983	H 10	radiator[1]		white/black	L. Littmann	
1984	YG 2	yoghurt maker[1]		white	L. Littmann	
1985	AT 6	vacuum cleaner[1]		white, green, grey	D. Rams	
	FR 2	deep fryer[1]		black	L. Littmann	
1996	**FS 10**	MultiGourmet steamer	3216	white	L. Littmann	**428**
	FS 20	MultiGourmet plus steamer	3216	white	L. Littmann	

1 Manufactured in Barcelona, without further details

Registered trademarks: 3D Excel, Activator, Allstyle, AquaExpress, AromaPassion, AromaSelect, Aromaster, Aromatic, Braun exact, Flex control, Braun linear, Braun reflex, Braun silencio, Braun universelle, Braun voice control, CaféSelect, Ceramic-jet, citromatic, Combi-jet, Combimax, cosmo, cruZer[3], E.Razor, Flex, Flex Integral, Flex XP, FreeGlider, FreeStyle, Impression, Independent, Interclean, InterFace, Lady Braun, micron, Minipimer, MultiGourmet, Multimix, Multipractic, Multipress, Multiquick, OptiStyle, OxyJet, Plak Control, Plak Control 3D, Pocket Twist, PowerBlend, PowerMax, ProGlide-jet, Professional Care, PrecisionSensor, Protector, Silencio, Silk-épil, Saphir, Shave & Shape, Silk&Soft, sixtant, Smart Logic, Straight & Shape, supervolume, supervolume twist, Swing, synchron, Syncro, ThermoScan, TriControl, VitalScan, volume shaper, control shaper, style shaper, Turbo-jet.

博朗设计·人物小传

奥托·艾舍：（1922—1991 年）德国平面设计艺术家、设计师和作家，乌尔姆设计学院联合创始人。曾任乌尔姆设计学院负责人，并在 1954 年担任视觉传达专业讲师。企业形象设计先驱，曾为 1972 年慕尼黑奥运会设计企业形象。1955—1958 年就职于博朗，同一时期的博朗设计师还有汉斯·古杰洛特，他塑造了博朗全新的企业形象：具有连贯性、清晰且理性。之后，这一形象由沃尔夫冈·施米托付诸实践。

阿图尔·布劳恩：出生于 1925 年，马克斯·布劳恩之子。企业家、技术专家和发明家。完成学业后，他在父亲的公司学习电气工程。1951—1967 年，他与哥哥欧文共同管理公司，欧文帮助他将公司重组。此外，他还负责技术革新和生产环节，曾与弗里茨·艾希勒共同设计里程碑产品 *SK 1* 台式收音机。

欧文·布劳恩：（1921—1992 年）马克斯·布劳恩之子。企业家、艺术鉴赏家和爵士乐迷，“博朗奖”创立者。在那个时代，他被认为是极富情怀又雄心勃勃的人。1946—1949 年学习工商管理。父亲去世后，欧文与弟弟一起经营博朗公司，是博朗设计项目背后的驱动力。他和他的朋友兼顾问弗里茨·艾希勒一样，被认为是博朗设计理念的一部分，不仅涉及技术创新，还创造了独特的企业形象（沃尔夫冈·施米托）和产品设计（迪特·拉姆斯）。欧文·布劳恩的好友还包括艺术家阿诺德·博德，设计师奥托·艾舍、汉斯·鲍曼（Hans T. Baumann）、汉斯·古杰洛特、赫伯特·希尔施和彼得·拉克（Peter Raacke），以及企业家菲利普·罗森塔尔。欧文离开公司后，全身心地投身于医学领域，这是他真正热爱的事业，并在 1988 年获得了“医学博士”称号。

马克斯·布劳恩：（1890—1951 年）企业家和发明家。在东普鲁士的乡村长大。第一次世界大战以前在柏林工作（AEG 和西门子公司），其间，他掌握了机械和电气工程方面的知识，并在 1921 年创办自己的电器工作室；1928 年，位于法兰克福的第一座工厂大楼建成；1929 年生产了第一台收音机；早在 20 世纪 30 年代，他就在“博朗收音机”品牌中应用了国际化的定位；20 世纪 40 年代生产了第一台手摇手电筒，并在 1950 年开始生产家用电器和电动剃须刀。

里道·巴斯：工业设计师、企业家。20 世纪 70 年代为博朗设计产品，包括 1977 年生产的 *duo* 袖珍打火机。

克劳斯·科巴格：出生于 1921 年，物理学家，曾与沃纳·海森伯格（Werner Heisenberg）等学者一起做研究工作。1957—1986 年在博朗工作。产品研发人员，检验中心负责人、新产品开发部工程部主管。为工程部建立文件管理系统，离开博朗后投身于编写产品历史的工作中。1968 年他成为“博朗奖”评审团的技术顾问。

卡尔·迪泰特：出生于 1915 年，家具和工业设计师，1958 年为博朗设计了 *US 10* 通用切片机。

弗里茨·艾希勒：（1911—1991 年）艺术史学家、画家、电影导演、设计团队创建者。1935 年获得戏剧研究的博士学位。1953 年开始从事自由职业，1955—1978 年在博朗任职；后来在监理会工作直到 1990 年。艾希勒是欧文·布劳恩的密友兼顾问。这位“艾博士”很快成为美学领域的顶级顾问。他负责与乌尔姆设计学院（奥托·艾舍、汉斯·古杰洛特）的联系。作为博朗设计的指导精神，博朗将其视为嵌入文化框架的跨学科项目，在技术、广告和营销之间——他自己扮演着中介的角色，尤其是在沟通（沃尔夫冈·施米托）和产品设计（迪特·拉姆斯）之间。最初他也参与设计产品，并确保配色方案是一致的，比如 *SK 4* 和 *sixtant* 剃须刀。里程碑产品：*SK 1* 台式收音机，与阿图尔·布劳恩共同设计完成（P74）。

理查德·费希尔：出生于 1935 年，工业设计师，曾在乌尔姆设计学院学习。1960—1968 年在博朗工作。从 1963 年开始，先后设计多款电动剃须刀、家用电器和摄影器材，包括 1961 年的 *hobby* 专业闪光灯。

朱里根·格罗贝尔：出生于 1938 年，工业设计师，毕业于威斯巴登应用科技大学。1967—1973 年在博朗工作；1973—1975 年在伦敦设计研究中心 DRU 工作。曾为伦敦交通局做设计工作。他曾设计了多款身体护理和家用电器产品，包括烤架和加热器。还参与 Lectron 学习系统的研发工作。在博朗致力于流线形的产品设计，比如 *Multipress MP 50* 榨汁机、*MPZ 2* 电动榨汁机、*DS 1* 开罐器和 *HLD 6/61* 吹风机。自 1976 年以来，他作为独立为设计师为博朗和其他公司设计产品。

汉斯·古杰洛特：（1920—1965 年）建筑师、工程师、产品和家具设计师。出生于荷兰，在瑞士长大。曾在乌尔姆设计学院任教，并在那里结实了欧文·布劳恩，他被欧文·布劳恩称为“在奥托·艾舍的帮助下，博朗设计的真正创造者”。他与奥托·艾舍和赫尔伯特·林丁格尔共同塑造新的企业形象。采用系统的工作方式，设计了音频设备、剃须刀和闪光灯。里程碑式产品：与迪特·拉姆斯共同设计的 *SK 4* 无线电留声机组合，与格里德·艾尔弗雷德·马勒共同设计的 *sixtant* 剃须刀。

海因茨·乌尔里克·哈泽：出生于 1949 年，工业设计师。毕业于德国伍珀塔尔大学，曾担任多家建筑师事务所的规划师。1973—1978 年在博朗工作，设计出多款卷发棒和吹风机，包括里程碑产品 *PGC 1000*。

彼得·哈特维恩：出生于 1942 年。曾是木匠学徒，后来在一所应用艺术学院学习室内设计，曾在多家建筑事务所进行结构工程规划。1967—1970 年在位于慕尼黑的彼得·塞德莱因工作室（Peter C. von Seidlein’s office）担任工业建筑师。1970 年，他作为一名工业设计师开始在博朗工作，设计了摄影器材（幻灯片和电影放映机）、留声机（1977 年）、口腔护理设备和血压监测仪等项目。从 1990 年开始，他参与了各项涉及企业形象的工程，比如位于克龙贝格的行政大楼。里程碑产品：*atelier* hi-fi 系统（P98）、*OC 3* 牙科中心（P348）和 *D 7022 Plak Control* 电动牙刷（P352）。

赫伯特·希尔施：（1910—2002 年）建筑师、家具和工业设计师。他就读于包豪斯学校，曾与德国建筑大师路德维希·密斯·凡德罗共同工作。第二次世界大战后成为现代主义的先锋人物。曾组织多场展览会，如 1952 年“好的产业形态”（Die Gute Industrieform）。1958—1963 年在博朗工作，负责设计收音机、电视机，以及欧文·布劳恩的家。里程碑产品：*HF 1* 台式电视机（P80）。

阿恩·雅各布森：（1902—1971 年）丹麦建筑师、家具和工业设计师。将工业生产与有机形式相结合。1967 年为博朗设计 *L 460* 圆形扬声器。

哈特维希·卡尔克：出生于 1942 年，工业设计师。1970—1988 年在博朗工作，随后与弗洛里安·塞弗特共同设计演播室系列产品。采用分析法，延续博朗早年明晰的线条设计。负责家用电器设计。里程碑产品：*KGZ 3 / 31* 绞肉机（P392），和 *KF 40* 咖啡机（P390）。

比约恩·克林：出生于 1965 年，工业设计师。曾就读于汉堡艺术学院，与迪特·拉姆斯同校。1992 年荣获博朗奖第二名。从 1993 年开始在博朗工作。除了设计产品之外，他还负责配色和趋势研究。主要负责口腔护理和身体护理产品，以及家用电器和剃须刀的设计。里程碑产品：与朱里根·格罗贝尔共同设计的 *PRSC 1800* 吹风机（P306），与迪特·拉姆斯、蒂尔·温克勒共同设计的 *IRT Pro 3000* 耳温计（P310）。

赫尔伯特·林丁格尔：出生于 1933 年，平面艺术家、工业设计师。1955—1958 年在博朗工作，是乌尔姆设计学院古杰洛特工作室成员之一。负责设计 *studio* 1 hi-fi 系统。他在论文中提出的留声机“构建块系统”背后的基本思想，受到古杰洛特的鼓励。里程碑产品：与汉斯·古杰洛特和迪特·拉姆斯共同设计的 *SK 4* 无线电留声机组合（P76）。

路德维希·利特曼：出生于 1946 年，工业设计师。曾就读于埃森富克旺设计学院。1972 年博朗奖获得者。1973 年开始在博朗工作。主要从事家用电器领域的设计。分析人体工程学的途径，近阶段的作品越来越多地趋向于自由曲面设计，而且专注于软硬材料结合技术。塑造出一种雕刻般的富有情感的形式。里程碑产品：*MR 500* 手持搅拌机（P394）、*MR 5000* 手持搅拌机（P400），以及 *S1 6510 Freestyle* 蒸汽熨斗（P398）。

迪特里希 · 卢布斯：出生于 1938 年，工业设计师。船舶制造专业，1962—2001 年在博朗工作。自 1995 年起担任设计部副主任。1971 年开始负责产品制图，主要设计钟表和袖珍计算器。里程碑产品：*functional*（P210）和 *AB 312 vsl* 台式闹钟（P218），*DB 10* 电波闹钟（P220）和 *DW 30* 腕表（P212），*ABW 41* 壁挂钟（P216），与迪特 · 拉姆斯共同设计的 *ABR 21* 收音机闹钟（P214），以及 *Thermoscan* 体温计（P310）。

罗里 · 麦加里：1979 年出生于加拿大安大略省剑桥市，工业设计师。曾就读于多伦多安大略艺术与设计学院。2003 年参加博朗奖的展会。2004 年开始在博朗工作。主要负责口腔护理产品的设计。

格尔德 · 艾尔弗雷德 · 马勒：（1932—1991 年）工业设计师。曾就读于威斯巴登应用艺术学校，在那里结识了迪特 · 拉姆斯。1955—1960 年在博朗担任工业设计师。主要负责设计剃须刀和家用电器产品。他善于分析、系统的处理方式，代表了博朗早期设计的一条重要路线。里程碑产品：*KM 3* 食品加工机（P376），与汉斯 · 古杰洛特、弗里茨 · 艾希勒共同设计的 *sixtant SM31* 剃须刀（P268）。

罗伯特 · 奥伯黑姆：出生于 1938 年，工业设计师。曾就读于威斯巴登应用艺术学校。1960—1994 年在博朗工作，1973 年担任设计部副主任。主要负责胶片和摄影器材，以及头发护理产品的设计。运用有机的、符合人体工程学的分析方法设计了一些早期的黑色产品。里程碑产品：*Nizo S 8* 胶片摄影机（P176），*D 300* 幻灯机（P178）和 *F 022* 闪光装置（P180）。

马库斯 · 奥塞：出生于 1973 年，工业设计师。曾就读于美因茨应用科技大学，与弗洛里安 · 塞弗特同校，还在位于澳大利亚墨尔本的斯温本科技大学学习。曾在多家设计工作室做自由设计师，其中一些在日本。从 2001 年开始在博朗工作。主要负责电脑周边产品的设计，还有家用电器（*Freestyle Excel* 蒸汽熨斗）、钟表（与彼得 · 哈特维恩共同设计的 *AW 200 F* 电波腕表）和口腔护理产品（与比约恩 · 克林共同设计的 *D 18*）。

迪特 · 拉姆斯：出生于 1932 年，产品和家具设计师。曾就读于威斯巴登应用艺术学校学习建筑。1955—1997 年在博朗工作。1961—1995 年担任设计部主任，相对于执行董事会、工程、市场和公关部门来说，拉姆斯是践行"卓越设计"的先锋人物。1981 年在汉堡造型艺术学院任教。1988—1998 年任德国设计委员会主席。拉姆斯设计了多款收音机和留声机产品，还有打火机、钟表和家用电器。设计理念主要是借鉴古典现代主义。里程碑产品：与汉斯 · 古杰洛特共同设计的 *SK 4* 无线电留声机组合（P76），以及 *TP 1* 晶体管无线电留声机（P82）、*studio 2* 模块化系统（P84）、*T 1000* 短波接收器（P86）、*PS 1000* 电唱机（P90）、*TG 60* 盘式磁带录音机（P92）、*L 710* 演播室扬声器（P94）、*audio 308* 带电唱机的紧凑系统（P96）；与莱因霍尔德 · 韦斯共同设计的 *manulux NC* 手电筒（P252），*T 2* 和 *T 3* 台式打火机（P248、250）、*ABR 21* 收音机闹钟（P214）、*H 1 / 11* 电暖气（P380）。

沃尔夫冈 · 施米托：出生于 1930 年，平面艺术家、广告大师和摄影师。1952—1980 年在博朗工作。1952 年在网格的基础上设计了博朗的标志，基于奥托 · 艾舍倡导的理性原则，在塑造企业形象方面做出了重要贡献。1958 年，博朗公司广告部成立，施米托担任经理；1962 年担任主管，当时雇用了 50 多名员工，并有自己的电影和动画工作室。自 20 世纪 50 年代以来，他一直在拍摄爵士乐音乐家，其中一些主题被用于博朗的广告中。1970 年开发了吉列的标志后来稍作修改并沿用至今。20 世纪 70 年代，负责为博朗在全球范围内寻找代理商。后来，在美国俄亥俄州哥伦布市和德国施瓦本格明德市教授视觉传达。

彼得 · 施耐德：出生于 1945 年，工业设计师，在南美洲长大。曾就读于埃森富克旺设计学院。1973 年博朗奖获得者，之后进入博朗公司工作。从 20 世纪 80 年代开始负责对外合作事宜（如与德意志银行、赫斯特公司、汉莎航空等的合作）。为 Jafra 化妆品公司开发了新的 CI 产品；与吉列子公司 Oral-B 合作，为博朗开拓了新的牙刷产品线。1995 年任设计部主管，为博朗注册了商标。1996 年担任博朗奖评审团主席。他的设计作品涉及各个领域，主要是胶片、摄影机、口腔护理和身体护理产品。理念是以未来为导向，并兼顾情感因素。里程碑产品：*Nizo Integral* 胶片摄影机（P182），*Silk-épil eversoft* 脱毛器（P308），*Oral-B Plus* 牙刷（P350），以及与朱里根·格罗贝尔共同设计的 *Oral-B Cross Action* 牙刷（P354）。

科妮莉亚·塞弗特：出生于 1961 年，工业设计师。曾就读于普福尔茨海姆设计学院，并担任助理一职直到 1991 年。1991—2003 年在博朗工作，主要负责设计身体护理产品，包括 *supervolume* 吹风机。

弗洛里安·塞弗特：出生于 1943 年，工业设计师。曾就读于埃森富克旺设计学院，并在美因茨应用科技大学任教。1968 年第一届博朗奖获得者。1968—1973 年就职于博朗。之后成为独立设计师，与位于威斯巴登的哈特维希·卡尔克合作工作室，为博朗和其他公司工作。主要设计家用电器和剃须刀。倡导在进行产品设计时，将分析方法与情感结合起来的理念。里程碑产品：*KF 20* 咖啡机（P386）。

罗兰·厄尔曼：出生于 1948 年，工业设计师。曾在法兰克福的西门子公司接受技术培训，就读于奥芬巴赫设计学院。1972 年他进入博朗公司工作。从 1977 年开始，以设计剃须刀为主，为塑造现代电动剃须刀的外观做出了重要贡献，革新了剃须刀专利技术。他是软硬材料结合技术的主要开发者之一，采用将有机形式与对古典现代主义的引用结合起来的分析方法。他协调了先进的设计理念，在多个产品领域做出重要贡献。他设计了最畅销的 *Aromaselect* 咖啡机。里程碑式作品：*mocron plus* 电动剃须刀（P272）、*micron vario 3* 电动剃须刀（P274）、*Flex Integral 5550* 电动剃须刀（P276）和 *Activator* 电动剃须刀和清洁中心（P278）。

Duy Phong Vu：1972 年出生于越南，工业设计师。在彼得·施耐德的指导下发表论文。在达姆施塔特设计学院学习模型制作和设计。1998 年开始在博朗工作。主要负责设计身体护理和口腔护理产品，包括与其他制造商的合作。他设计了 *Oral-B sonic complete* 电动牙刷。

威廉·瓦根费尔德：（1900—1990 年）工业设计师，曾在包豪斯学校学习设计。20 世纪 30 年代，曾为多家玻璃制造商工作，20 世纪 50 年代宣扬“古典现代主义与优良造型结合起来”。1954—1958 年为博朗做设计工作（深受博朗设计的“导师”欧文·布劳恩的信赖），设计作品包括 *combi* 便携式留声机、剃须刀插座和 *PC-3* 电唱机。

本杰明·威尔逊：1979 年出生于澳大利亚墨尔本，工业设计师。曾就读于澳大利亚斯威本国立设计学院（Swinburne National School of Design）。2001—2002 年在斯威本设计中心工作。1999—2003 年在国际中心实习。2003 年博朗奖参赛者。从 2003 年开始在博朗工作，主要从事口腔护理和趋势与研究（Future Lab）领域的设计。

蒂尔·温克勒：出生于 1965 年，工业设计师。曾在卡塞尔大学从事设计研究工作，1995 年从乌尔姆国际设计论坛获得授权。1996 年开始在博朗工作。1998 年作为博朗奖评审委员会助理，主要负责 *Oral-B* 多款牙刷的设计，包括 New Indicator。

莱因霍尔德·韦斯：出生于 1934 年，工业设计师。毕业于乌尔姆设计学院。1959—1967 年在博朗工作；从 1962 年开始担任设计部的副主任。为公司引进了模型制作技术。主要从事家用电器领域的设计工作，负责将许多新产品引入这个领域，并分析技术结构与设计之间的相互作用。里程碑产品：*KSM 1/11* 咖啡研磨机（P382）。

斯文·伍蒂格：出生于 1970 年，工业设计师。达姆施塔特应用科技大学接受工业职员的培训，并学习设计。1998—2004 年与英戈·海恩创办设计虚拟设计工作室（vierdeedesign design office）。2001 年博朗奖获得者。从 2004 年开始在博朗工作，主要从事设计和企业形象，以及与博朗奖理念相关的工作。

克劳斯·齐默尔曼：出生于 1945 年，模型构建大师。在法兰克福接受模型制作的培训。从 1968 年开始在博朗工作。1974 年于比勒费尔德模型建筑学校硕士毕业。从 1987 年担任博朗设计模型制作总监。他开启了这一领域的关键篇章：从最初简单的可视化到复杂的高科技应用，能够实现复杂的产品设计和高度的完善。在曲面外观的设计发展中起到了重要作用，尤其是在软硬材料结合技术和颜色数据库的创建方面。

致谢

衷心感谢博朗公司对本书的鼎力支持与密切合作，没有它的支持，这本书就不可能成功出版。特别感谢彼得・施耐德，他与我们共同碰撞出这本书的伟大想法，也为本书提供了宝贵的意见和建议。此外，还要感谢伯恩哈德・怀尔德（Bernhard Wild）、迪特・拉姆斯、格林德・克雷斯、 霍斯特・考珀（Horst Kaupp，CCS）、克劳斯・科巴格和乔斯法・冈萨雷斯，以及所有曾经的和现任的博朗设计师，他们为本书提供了很多与设计相关的信息和工作中的动人故事。

参考资料

- Braun phonograph catalogues, 1955–1990
- Standards for the visual presentation of information and advertising, Braun, ca. 1960
- Annual reports, 1961–2002
- Braun photo and film catalogues, 1961–1979
- Unsere Haltung. Brauns Unternehmensphilosophie (German/English), Braun 1979
- Braun typography standards, Braun 1979–2004
- Ansichten zum Design [Views on Design]; Braun Design – the realization of a business plan; Guidelines for correspondence, Guidelines for Braun packaging design; Braun retrospective 1921–79; Company history (pamphlets in slipcase), Braun 1979/1980
- Braun catalogues, 1955–2005
- Braun beispielsweise, Sonderdruck Kunst. Design, Wirtschaft, 1983
- Ansichten zum Design [Views on Design], 1988
- Braun Design. Principles and standards, Braun communications department, 1989
- Braun Design, Braun GmbH / Peter Schneider 2002
- Interview transcripts, 2002–2005, including all current Braun designers and the designers Herbert Lindinger, Hartwig Kahlcke and Florian Seiffert, as well as Claus C. Cobarg, Dieter Rams, Wolfgang Schmittel, Dieter Skerutsch and Bernhard Wild (Supervisory Board Chairman of Braun GmbH)
- Design models, presentation in 2003

www.braun.com

www.braunpreis.de

www.braun-sammlung.info